Une mémoire de mammouth

Yves Coppens

Une mémoire de mammouth

La science au fil des jours

Odile Jacob

En couverture. Mammouth de la grande île Liakhov, Sibérie, offert au Muséum de Paris en 1912 et monté par mes soins en 1957. Galerie de paléontologie du Muséum national d'histoire naturelle. (Photographie © Francis Latreille, 2000.)

15, RUE SOUFFLOT, 75005 PARIS

www.odilejacob.fr

ISBN : 978-2-7381-5768-3

À Martine et à Quentin, un bouquet d'histoires souriantes et un collier de gouttes savantes, en hommage particulièrement affectueux.

En hommage à celles et à ceux qui m'ont inspiré, Christine Cheyron-Lavache, Audrey Gabelle, Sophie Cardusi, Frédéric Malek, Mathieu Kendrick, Anne-Margot Ramstein, Alexandra Sand, Élodie Gossuin, Sylvie Tellier, Katarzyna Kaszycka, David Lordkipanitze, Christian Azzopardi, Jean-Jean Vero, Jean-Louis Orengo, Jean et Simone Lefebvre, Rita Franco, Thomas Langrand, Jean-Claude Merlin, et en hommage aussi à celles et à ceux sans qui ces rencontres n'auraient pas eu lieu, Laurence Caillet, Jean-Pierre Mohen, Jean-Noël Carpentier, Patrick Périn, Christophe Le Pennec, Claude Hemmer, Bertrand Flornoy, Gilles Cousin, Muriel Mayette, Rebecca Irvin, Bernard Buigues, Bernard Vandermeersch, Valentin Carayol, Michel Polacco, Marie-Odile Monchicourt, Robert Clarke, Pierre-François Puech, Jean Gaumy, Marc Saugier, Arthur Mourant, Philippe et Isabelle Demarly, Sophie Goedefroit, Laurent-Jacques Costa, Claude Delamare-Debouteville, Vincent Audras, Frédéric et Sophie Lefebvre, Pierre Guyot.

Mais je n'oublie pas la petite Cadum 2006, la petite Anglaise 1989, tous les petits élèves passés, actuels et futurs de « mes » huit écoles, mais aussi ceux du collège de Liart, du collège de Carnac, de l'école de Jakarta, du lycée de Massy et de l'université de Bretagne-Sud, « mes » filleuls de la promotion 1984 de la Fondation de la Vocation, des promotions 1988-2000 des prix scientifiques Philip Morris, des promotions 1994-2001 des prix de la Société d'encouragement au progrès, des invités 2001 du Festival du raid et de l'aventure des Angles, de la promotion 2004 des lauréats des prix Rolex à l'esprit d'entreprise, de la promotion 2010 des ingénieurs de l'école des mines d'Albi, de la promotion 2015-2016 des pensionnaires de la Villa Médicis et tellement d'autres filleuls de tellement d'autres prix, promotions, fondations. Et je n'oublie évidemment pas non plus tous ceux qui m'ont demandé de les diplômer, de les décorer, de les préfacer. Merci à tous du fond du cœur.

Et en hommage « naturaliste » à bien des langoustes corses, à une puce et à un rongeur éthiopiens, à un papillon djiboutien, à un petit singe pakistanais, à une autruche et à un mastodonte namibiens, à un crocodile ougandais, à quelques zébus malgaches, à une vache de La Capelle, à un des saumons d'Avron… à un pied de vigne de Saint-Germain-des-Prés, à un cyprès du Canada, à un pin de Rome, à un ginkgo du Finistère, à deux noyers d'Alsace, à beaucoup, beaucoup, de pissenlits des Ardennes et à un gros caillou de l'espace, bien plus vieux que Mathusalem.

Introduction

Comme les trente-six histoires qui sont racontées dans ce livre concernent des épisodes de mon existence, et que mon existence n'a guère été séparée de la paléontologie et des disciplines scientifiques qui lui tournent autour, l'astronomie, la géologie, la biologie, la préhistoire, l'histoire ancienne, l'histoire médiévale, mais aussi l'histoire moderne et l'histoire contemporaine, toutes ces sciences, naturelles et humaines, se retrouvent forcément partout, au cœur des aventures que j'ai choisi de parcourir, sous la forme de « gouttes », gouttes de science ou gouttes d'histoire. Et, pour que le lecteur s'y retrouve dans ces gouttes de couleurs variées, j'ai décidé de commencer le livre par une généreuse mise en bouche chronologique des 14 derniers milliards d'années de l'histoire du monde ! Je commencerai donc par mettre les choses en ordre avant de les raconter dans le désordre ou dans un ordre différent. Ce sera ainsi l'objet de ce que j'ai appelé l'« Ouverture ».

Mais, l'affaire des gouttes étant réglée, il convient de se demander maintenant ce que sont les « histoires ». Comme à toute personne, comme, à plus forte raison, à tout scientifique voyageur, il m'est arrivé bien des aventures ! Si l'on ajoute ainsi à science et terrain curiosité, disponibilité, adaptabilité et amour des gens, on réunit sans doute les mots clés de ma sélection de petits événements (« Il était une fois ! »), qui raconte l'histoire tout court, celle de ma vie certes, mais celle aussi de la vie de mon époque. Il paraît que j'ai « une bonne mémoire », comme on dit, ce que l'on nomme parfois une mémoire d'éléphant ! Si on paléontologise un peu cette jolie expression, elle devient sans peine « une mémoire de mammouth » !

J'ai traversé, jusqu'ici, quatre-vingt-sept années de vie passionnée, passionnante et heureuse et comme j'aime bien les gens et que j'aime bien les sujets que je traite, cette fidélité, ou cette suite dans les idées, a fait qu'un certain nombre de mes petites histoires a eu des prolongements, des rebondissements, des résurgences, souvent inattendus, toujours bienvenus. Mais ces enchaînements que j'adore sont traités ici, soit dans des chapitres qui leur sont totalement consacrés, soit au sein de chapitres thématiques beaucoup plus larges au cœur desquels ils se trouvent injectés et j'ai volontairement mélangé les deux genres, dans une joyeuse pagaille ! Et ainsi de suite, trente-six fois, comme les trente-six chandelles d'un choc exquis, mais aussi parce qu'il fallait bien que je m'arrête ! Ce fut un plaisir pour moi d'écrire les histoires du premier type, simples et rondes, retombant d'elles-mêmes sur leurs pattes. Obsédé par les « listes », j'ai eu autant de plaisir à écrire les chapitres du deuxième type, mais beaucoup de mal à freiner ma plume, à m'empêcher d'y être exhaustif – c'est une maladie sans doute ; j'avais même préparé des « gouttes d'inventaires » pour livrer au lecteur, en annexe, la liste des jurys de thèse que j'ai vécus, celle des paquebots sur lesquels j'ai parlé, celle des préfaces que j'ai rédigées, etc., un CV en somme, que je ne suis jamais parvenu « dans le civil » à tenir à jour !

Comme il s'agit, par ailleurs, d'histoires personnelles, et non de fictions, je suis évidemment présent un peu partout ; mais comment faire pour se raconter sans se mettre en scène ? C'est la face quelque peu prétentieuse du genre, mais que je n'ai pas souhaité contourner ; je ne suis pas sûr, en effet, de savoir créer un personnage – ou plusieurs – et réussir à le (ou les) glisser dans ma « coquille » ; je n'ai jamais – pas encore – pratiqué le roman ; mais c'est une mauvaise excuse ! Je suis en fait très heureux de me « raconter », j'espère que ça se voit, que ça se lit, que ça s'entend. Je souhaite l'avoir fait avec « sincérité », humour (je ne sais pas le faire autrement), pour que ces « Moi, je... » ne soient pas trop pesants et que mon cabotinage me soit, peut-être, en partie, pardonné.

Quand on est jeune, on est souvent filleul, quand on vieillit, on est souvent parrain ! Au point que j'avais pensé appeler ce livre *Le Parrain* ! En d'autres termes, celui qui accepte, sur l'honneur, de « prendre dans ses bras » une personne ou une cause, un animal ou une plante, un objet ou un lieu... On ne choisit pas ses filleuls, mais, si on les accueille, avant de leur offrir cette deuxième paternité (*godfather*, disent les Anglais), on a accepté de les accompagner dans leur histoire et d'y engager sa propre responsabilité. C'est un contrat, un acte sacré. C'est donc un superbe bouquet de filleuls que je veux, avec leur accord, vous offrir aujourd'hui.

Son plan ? Mes trente-six rencontres se sont faites, pour vingt-trois d'entre elles, avec des personnes ; elles feront l'objet de la première partie dite « Histoire humaine ». Les treize autres rencontres qui se sont faites avec des animaux, des plantes et des roches constitueront la seconde partie dite « Histoire naturelle », et ces trente-six rencontres ne pourront s'empêcher de proposer de la science partout, en gouttes de brumes ou d'averses. L'histoire humaine s'organise en cinq superchapitres, se succédant comme se sont succédé les classes d'âge de mes interlocuteurs, du bébé étonné, puis de l'enfant et de l'adolescent éblouis aux jeunes gens épanouis, aux adultes accomplis et aux très adultes, que l'on appelle seniors, à nouveau éblouis comme des enfants ou des adolescents ! Quant à l'histoire naturelle, elle se décline, comme dans les livres scolaires d'antan, en zoologie, botanique et géologie.

Le mode d'emploi n'est pas très compliqué : le produit est en effet à consommer avec un esprit indulgent et léger, plutôt par petites gorgées, avec ou sans les gouttes (présentées pour cela dans un emballage différent).

Figure 1. *Promotion 2019 du master ès sciences (Évolution, patrimoine naturel, société) du Muséum national d'histoire naturelle.* (*Photographie* © *MNHN/Patrick Lafaite.*)

Venons-en aux remerciements. Comme toujours, j'en ai beaucoup, beaucoup, à exprimer, tous avec chaleur.

À tout seigneur, tout honneur, c'est à Odile que je présente d'abord mes hommages et ma reconnaissance affectueuse. Elle a bien voulu accepter ce nouvel ouvrage de mémoires d'un ami cabot qui n'en finit pas de se raconter, mais elle ne lui en a pas moins fait savoir que cet ouvrage serait le dernier de cette catégorie. D'accord, Odile !

C'est vers son équipe que je me tournerai ensuite, l'équipe des éditions qu'Odile Jacob a su réunir, toutes ces personnes qui m'ont assisté, de mes premiers textes maladroits (Odile elle-même et Gaëlle Fontaine) à la mise en ordre de ces textes toilettés, de leurs chapitres, de leurs polices, de leurs images (Jeanne Pérou, Cécile Binjamin), jusqu'à leur promotion tous azimuts et naturellement leur gloire (Marie de Oliveira) et ses retombées (Mathilde Mast, Émilie Corbineau).

Mais, avant d'arriver rue Soufflot, manuscrit dans l'ordi, l'auteur a dû faire appel, tout au long de ses récits, à son dessinateur préféré, Sacha Gepner, à sa documentaliste de cœur, Monique Tersis, à des témoins, porteurs de souvenirs ou d'images, et qui, sollicités, ont bien voulu ouvrir leur mémoire ou offrir leurs documents. Citons, dans l'ordre des chapitres du livre, Christine Cheyron-Lavache, Jean Courtin, Laurence Caillet, Jean-Noël Carpentier, Christine Boujot, Serge Cassen, Fabien Durand, Caroline Ruth, Sabine Van Vlaenderen, Jean-François Semah, Dominique Leglu, Francis Latreille, Valentin Carayol, Jean Gaumy, Marc Saugier,

Sophie Goedefroit, Fabien Azzopardi, Marie-Hélène Brian, Thierry Bouët, Martine Rateau-Holbach, Thomas Langrand.

Je remercie aussi toutes mes sources d'information, traités, dictionnaires, encyclopédies et bien sûr le génial Wikipédia. Je n'ai guère eu besoin de ces sources pour mes gouttes de science, relevant de mon expertise, mais j'y ai allègrement « pompé », avec d'ailleurs beaucoup de plaisir, pour une partie de l'information nécessaire à la rédaction de certaines de mes gouttes d'histoire.

OUVERTURE

L'histoire de l'univers, de la Terre, de la vie et de l'homme

Figure 2. *Mon monde. Galerie de paléontologie du Muséum national d'histoire naturelle, 1970.* (DR.)

La science, que je sers, est une compagne de charme et de rigueur, dont je veux montrer, ici, au fil des jours de ma vie, l'omniprésence. À chaque chapitre, chaque événement, chaque histoire, choisis pour le propos de ce livre, un sujet de science s'est imposé. L'égrainage de ce que j'ai appelé, par discrétion, les gouttes de science ou les gouttes d'histoire est devenu ainsi le vrai tissu de l'ouvrage. Et c'est pour ranger ces gouttes, dans l'ordre le meilleur que je connaisse, celui du temps, que j'écris cette ouverture.

Les astronomes (dont John Mather, un ami) sont parvenus à mesurer l'âge de notre première perception de l'univers ; il atteint presque 14 milliards d'années. Il devient ainsi possible de raconter les 14 derniers milliards d'années de « notre » histoire.

Et ce sera l'histoire d'une matière qui ne cessera jamais de changer. « Rien n'est permanent, sauf le changement », écrivait, avec une incroyable clairvoyance, Héraclite d'Éphèse, au VIe siècle avant Jésus-Christ. Et cette matière se serait développée, formant d'abord de grandes structures (?), genre pancakes (!), qui auraient accouché de structures moins grandes, les galaxies, elles-mêmes génitrices d'étoiles. Et c'est ainsi que naîtra la nôtre, le Soleil, dans une galaxie appelée Voie lactée, il y a un peu moins de 5 milliards d'années (4,6 milliards). Et, comme à chaque naissance de cette nature, beaucoup de matière, demeurée inutilisée, « traîne » en orbite autour de la jeune étoile, retenue par sa gravité ; un beau fatras d'objets divers (planètes, comètes, astéroïdes, météorites qui se bousculent, s'entrechoquent, se blessent, se cassent et augmentent ainsi encore le nombre de déchets de notre coin du ciel) va finir par constituer ainsi ce que l'on appelle un système stellaire (pour nous, le « système solaire »).

On a longtemps cru ce ciel immuable ! Belle naïveté ! On a vite découvert qu'il avait lui aussi une histoire et une histoire toujours en cours. On a aussi pensé que le Soleil était éternel !

On sait aujourd'hui que sur les 10 milliards d'années qu'il a à vivre, il ne lui en reste que la moitié ! Ayant au moins confiance en notre planète, on a été longtemps convaincu que la Terre avait « toujours » eu, dans le ballet des objets astronomiques, la place qu'elle a aujourd'hui et que par ailleurs l'orbite qu'elle parcourt avec constance avait au moins une certaine stabilité. Que nenni ! L'astronomie nous raconte que la Terre et Mars, par exemple, sont de « nouveaux venus » dans cette région qu'ils occupent aujourd'hui dans le ciel. Et la paléontologie et ses précieux fossiles nous montrent par ailleurs que l'année n'a pas toujours eu 365 jours ; elle a été parfois plus longue. La géologie et la paléoclimatologie nous enseignent par ailleurs que, d'une part, notre planète n'a pas toujours tourné « rond » et qu'elle a, d'autre part, changé parfois son inclinaison sur son écliptique (plan de son orbite), entraînant par exemple les rafraîchissements polaires d'il y a 10 et 3 millions d'années, essentiels, comme on le verra, dans l'histoire de notre émergence. Et les multiples calculs actuels nous apprennent encore que la Lune, d'apparence si fidèle, est bel et bien, elle-même, en train de s'éloigner de nous, ce qui ne sera pas sans conséquences ! On ne peut pas être tranquilles quelques millions d'années sans se voir dérangés par les caprices des cieux !

Eh bien, dans ce livre, il sera question de quelques-uns de ces déchets de tout système stellaire, des « roches » du nôtre, qui tournent avec beaucoup d'autres, dans une curieuse salsa, entre l'orbite de Mars et celle de Jupiter (« Le caillou du ciel – Entre Mars et Jupiter [4 milliards et demi d'années] ») !

Voilà donc notre planète, il y a 4 milliards 600 millions d'années, prenant encore bien des coups, mais se fabriquant petit à petit son atmosphère (dégazage) et ses océans (eau locale et eau des comètes). Les géologues appellent « éon hadéen » (éon étant une unité de temps géologique) la période qui va de la naissance de la planète à sa livraison en gaz et en eau, de 4,6 à 4 milliards d'années donc. Vers 4 milliards d'années, en effet, tout est en place pour la suite du spectacle et au fond de son eau, la matière, qui n'a jamais cessé de se compliquer, va le faire une fois de plus, et passer de l'inerte au vivant ! Drôle d'histoire ! Ces objets dits « vivants » seront d'abord des particules (virus par exemple), puis de véritables cellules (bactéries par exemple), particules et cellules équipées d'une longue molécule qui personnalisera le phénomène de duplication. Nous apprenons ainsi que la vie qui nous habite a une origine unique, que les virus qui nous embêtent, les herbes que l'on écrase et les petits oiseaux qui nous survolent sont tous des cousins, à divers degrés de parenté certes, mais néanmoins des parents incontestables. Cet extravagant phénomène de la vie est ainsi notre bien précieux patrimoine, celui de notre planète, mais celui d'autres objets du système solaire peut-être aussi, et d'autres objets d'autres systèmes stellaires peut-être encore, qui sait ?

Et l'histoire de ce curieux état des choses, faisant de chaque être une « personnalité », va se dérouler de manière tout aussi curieuse. La vie va d'abord user sans modération de cette capacité à se reproduire ; et puis, couvrant la planète, elle va très vite se diversifier pour adapter son existence aux milieux rencontrés (biodiversité) et va développer en même temps ce caractère obsessionnel de la défense de la survie de cette adaptation (l'espèce) qu'elle est fière d'avoir réalisée. Il s'agit bien sûr à chaque adaptation de l'application du phénomène dit « de sélection naturelle », c'est-à-dire d'émergence, par hasard, d'une mutation plus volontiers à l'aise, par chance, dans le milieu nouveau dans lequel son porteur doit s'installer pour survivre. Des rencontres de certaines de ces « créatures » vont alors se faire, des alliances se passer, des associations se signer. Chacune de nos cellules est ainsi habitée, depuis 2 milliards d'années, par un hôte que l'on nomme mitochondrie, qui n'a jamais voulu quitter les lieux et n'a même pas daigné partager sa personnalité – nous avons bel et bien deux ADN dans chacune de nos cellules (« La Miss de Mulhouse – Les mitochondries du Protérozoïque [2 milliards d'années] »). Et notre corps est aussi habité, comme chacun le sait, par une foule de petits êtres qui facilitent notre existence tout en vivant heureux ! Ayant eu quelques problèmes sanitaires en rentrant d'un de mes longs séjours en Afrique tropicale, j'avais vu à Paris un médecin qui m'avait demandé un prélèvement ; après analyse, il avait alors conclu à peu près ainsi son investigation : « Pas de problèmes graves. Mais votre intestin est un véritable musée ! » Comme quoi voyager enrichit les esprits, mais aussi les corps ! Tout cela se passe durant les éons que les géologues appellent Archéen (de 4 à 2,5 milliards d'années) et Protérozoïque (de 2,5 milliards à 541 millions d'années). Tout le reste du temps, de 541 millions d'années, censés être l'âge d'une explosion de la vie (ce que je crois être surtout l'âge d'une explosion des découvertes de sites fossilifères !), à aujourd'hui, porte le nom de Phanérozoïque, divisé en Paléozoïque (Primaire), Mésozoïque (Secondaire) et Cénozoïque (Tertiaire et Quaternaire). C'est durant le Protérozoïque que la visite des mitochondries a dû se réaliser dans les cellules du monde dit « animal », les chloroplastes ayant joué la même alliance cette fois exclusivement dans les cellules du monde dit « végétal » ; ce n'est pas l'endroit pour en débattre, mais rappelons tout de même que l'on sait, depuis longtemps, que la division animal/végétal est très floue, sauf dans les formes qu'ont prises certains de ces êtres au bout d'un certain temps d'évolution. La classification du monde vivant est à peu près organisée aujourd'hui, de manière d'ailleurs plus pratique que satisfaisante, en acaryotes (virus), procaryotes, unicellulaires sans noyau (archées, bactéries) et eucaryotes, unicellulaires ou pluricellulaires à noyau (végétaux [quand même], mycètes, et animaux [quand même aussi !]).

Les géologues écrivent donc l'histoire de la planète (histoire très agitée dans la répartition des terres et des mers, dans la surrection des montagnes et le déroulement de leur érosion, dans la succession des climats et celle des transformations consécutives des paysages et de leur contenu) ; et ce sont les paléontologues qui écrivent l'histoire de la partie vivante de ce contenu. Comme il convient de comprendre le contenant avant d'aborder l'étude de ce qu'il contient, l'honneur de s'exprimer les premiers revient donc aux géologues. Ils apparaîtront ainsi souvent dans ce livre, pour décrire par exemple l'orogenèse hercynienne du massif ardennais, développée au Paléozoïque, du Cambrien (541-485 millions d'années) au Dévonien (419-358 millions d'années), massif contre lequel vont venir battre les mers du Mésozoïque (Jurassique [201-145 millions d'années] et Crétacé [145-66 millions d'années] du bassin de Paris [« Le pissenlit des Ardennes – Les plages mésozoïques du bassin de Paris [200 millions d'années]] ») ; pour décrire encore les bassins houillers carbonifères (498-358 millions d'années) d'Albi et d'Alès (« Le jardin de Philadelphe – Le bassin houiller d'Albi [350 millions d'années] ») ou les schistes permiens de Lodève, aux toutes premières empreintes de tétrapodes (298-252 millions d'années) (« Les empreintes de Saint-Lizier – L'ichnologie »). Le Mésozoïque, duquel datent ces mers du Bassin parisien, est donc aussi une immense période, celle, entre autres, des dinosaures – ce n'est pas rien ! –, mais l'histoire prétentieuse de ces « reptiles » un peu particuliers, perchés sur leurs membres verticaux, se terminera en eau de boudin (!) ; leur disparition (on n'a pas fini de chercher de grandes catastrophes spectaculaires pour expliquer le départ de ces grands reptiles spectaculaires) s'accompagnera, entre autres, de celle des ammonites, de celle des bélemnites, démontrant, de manière plus discrète, qu'une chute de météorite, que les transgressions et régressions marines et les changements climatiques induits en sont une explication plus géologiquement routinière, mais tout aussi satisfaisante. Beaucoup d'autres changements s'opèrent alors en effet dont on ne parle guère, développement des mammifères (on en parle un peu), apparition des mammifères placentaires, au détriment des mammifères ovipares (on n'en parle pas du tout), apparition des angiospermes (plantes à graines cachées dans des fruits), se développant au détriment des gymnospermes (plantes à graines nues) (on n'en parle pas du tout non plus) (« Le Bébé Cadum – Genièvre et genévrier [300 millions d'années] », « Les pins de la Villa – Gymnospermes et angiospermes [300 et 100 millions d'années] »).

Et puis le Cénozoïque, les 66 derniers millions d'années, va naître bientôt, porteur de grandes nouvelles, la naissance des primates par exemple, arboricoles et frugivores (« La puce de Shungura – Les premiers primates [80 millions d'années] », « Les faluns du devoir – Une mer du Cénozoïque [15 millions d'années] »), et bientôt celle des hominidés (notre famille) et celle de l'homme (notre genre). *Kohatius coppensi* de l'Éocène du Pakistan (56-34 millions d'années) illustrera brillamment (en ma compagnie) l'entrée (ou presque) de notre ordre sur la scène de l'évolution ; des préhumains du Tchad, du Kenya, d'Afrique du Sud (Mio-Pliocène, 7-3 millions d'années) prépareront en fanfare la naissance du premier homme (Plio-Pléistocène, 3 millions d'années) dont il sera souvent question, mais qui ne sera véritablement matérialisé ici que par son arrivée en Eurasie (Géorgie et Indonésie) (« Le bébé de Moussoro – Un bout du berceau de l'humanité [7 millions d'années] », « Le collège de Montigny-lès-Cormeilles – Lucy [3,2 millions d'années] », « Le Mickey d'or du futur – L'origine de la radio et de la télévision [100 ans] », « Les saumons de Philippe – L'origine du théâtre [3 millions d'années] », « L'étudiante de Poznań – Les homininés de Kromdraai [2,5 millions d'années] », « L'école de Jakarta – Les premiers habitants de l'Indonésie [1,8 million d'années] », « Le lauréat de Genève – Les hommes fossiles de Dmanisi [1,8 million d'années] », « Le bébé de Londres – Les premiers habitants de la France [1,2 million d'années] »). Et nous n'oublierons pas, au passage, que les hominidés sont nés d'une adaptation à un assèchement des tropiques il y a 10 millions d'années en Afrique, conséquence d'un refroidissement de la Terre (une affaire d'astronomie) et que l'homme est né lui-même à son tour de la nécessité d'adaptation à un nouvel assèchement, il y a 3 millions d'années en Afrique, conséquence d'un nouveau refroidissement (encore une histoire d'astronomie). Qui dit homme dit développement de l'encéphale en volume et en complexité et développement consécutif de la conscience. Naît ainsi le temps des objets fabriqués, le temps de la préhistoire. Et, une fois enclenché ce processus de la culture, vont se décliner successivement les époques dites « paléolithique », « mésolithique », « néolithique » et « des métaux », jusqu'à ce que la découverte de l'écriture (linéaire) fasse entrer, par convention, l'humanité dans l'histoire. Et on trouvera, dans ces pages, bien des pierres, taillées ou polies, bien des os, percutés ou gravés, mais on trouvera aussi de merveilleuses sculptures en ivoire de mammouth (la bien jolie dame de Brassempouy, dont tous les préhistoriens sont secrètement amoureux) et d'insolites instruments de musique en os d'oiseaux ou en claviers de pierre (les flûtes de Hohle Fels ou les lames de Ndut Lieng Krak, dont tous les musiciens sont ouvertement admiratifs) (« Les croisières du savoir – Les radeaux de Timor [70 000 ans] », « La carrière de Saint-Césaire – Les derniers des néandertaliens [30 000 ans] », « Le collège de Liart – La dame d'ivoire [25 000 ans] », « La spatule du photographe – La synesthésie [300 ans] », « Les langoustes d'Ajaccio – Les premiers habitants de la Corse [11 000 ans] », « La leçon d'Ishango – La musique [25 000 ans] », « Le collège de Carnac – La plus vieille architecture monumentale [7 000 ans] »,

« Le permafrost des îles Liakhov – Les derniers des mammouths [2 800 ans] »).

Et puis les historiens vont, à leur tour, entrer en scène et diviser l'histoire en chapitres ; ils y distingueront (du moins, certains d'entre eux) quatre phases : l'Antiquité qui commence avec l'écriture mésopotamienne (5 000 ans) et qui se termine en 476, à la fin de l'Empire romain ; le Moyen Âge que la (re)découverte de l'Amérique par Christophe Colomb, en 1492, achève ; l'époque curieusement appelée « moderne », qui va donc de 1492 à la Révolution française, 1789 ; et l'époque « contemporaine » qui couvre les derniers siècles jusqu'à aujourd'hui. Mes « gouttes » s'appelleront alors plus volontiers « gouttes d'histoire » que « gouttes de science », et elles ne tiendront évidemment guère compte des limites temporelles précédemment citées.

Nous avons bien sûr évoqué, dans ce volume, toutes ces périodes, l'Antiquité, d'abord ; on y trouvera mes propres récoltes de briquetages et de poteries de La Tène (à partir de 300 avant Jésus-Christ), et quelques propos sur la propagation romaine du vin, puis des vignes (dans cet ordre) (« Le collège de Carnac – La plus vieille architecture monumentale [7 000 ans] », « Le vignoble de Saint-Germain-des-Prés – La confrérie romaine du Tastevin [2 000 ans] »).

Le Moyen Âge apparaîtra ensuite (ses mouvements spirituels et les constructions qui les abritent, l'histoire singulière des îles anglo-normandes, mais aussi les grands royaumes d'Afrique). Les extraordinaires implantations cisterciennes et leurs réalisations de génie civil et les imposantes constructions bénédictines qui leur succèdent seront en effet décrites à quelques reprises. Le statut de Jersey et de Guernesey, à la fois normand et britannique, sera très simplement expliqué par l'histoire politique de ces îles, dont Sa Majesté la reine Elizabeth II est duc (et non duchesse !). Quant aux grands empires et royaumes de l'Afrique sahélienne et soudanaise, ils nous rappellent que ce continent a eu une histoire brillante (inspiratrice, entre autres, de la grande civilisation pharaonique), histoire souvent oubliée parce qu'enfouie, et qui a été contrainte d'épouser le rythme des oscillations climatiques (« Le pissenlit des Ardennes – Les plages mésozoïques du bassin de Paris [200 millions d'années] », « Le buste de Saint-Hélier – Guillaume le Conquérant [1 000 ans] », « Le bébé de Moussoro – Un bout du berceau de l'humanité [7 millions d'années] »).

Et nous voici aux temps modernes ! « Mon » Collège de France serait étonné (sauf ses historiens) de réaliser que sa fondation en 1530 (il va bientôt fêter ses 500 ans) ne remonte qu'aux temps dits « modernes ». Tout est question de définition, bien sûr, mais cet adjectif apparaît tout de même un peu provocateur ! Ces temps seront évoqués à de multiples reprises dans ce livre ; citons au moins quelques « monuments », une Académie, un théâtre, deux grandes demeures et deux restaurants, ce qui est déjà le début d'un beau bilan, mais aussi de nombreux épisodes de l'histoire des hommes (Mozart) et des événements de ces trois siècles (« Les saumons de Philippe – L'origine du théâtre [3 millions d'années] », « Le vignoble de Saint-Germain-des-Prés – La confrérie romaine du Tastevin [2 000 ans] », « Les pensionnaires de Rome – Un palais du Monte Pincio [460 ans] », « Les pins de la Villa – Gymnospermes et angiospermes [300 et 100 millions d'années] », « Les préfaces de la séduction – Le crâne de Mozart [250 ans] »).

Que dire pour finir de l'histoire contemporaine ? Que je me suis beaucoup amusé à y rechercher « des origines », celles des concours de beauté par exemple, celle du concours des bébés Cadum, celles de la création des médailles, celles encore de la fondation des sociétés savantes et de leurs collections archéologiques et naturalistes, celles aussi de la fondation des clubs d'explorateurs et de leurs festivals (« La Miss de Mulhouse – Les mitochondries du Protérozoïque [2 milliards d'années] », « La rebelle du Capcir – Les sources de l'Amazone », « Le Bébé Cadum – Genièvre et genévrier [300 millions d'années] », « Les rameaux de la gloire – Le ruban du Collembologue [45 ans] », « Le jardin de Philadelphe – Le bassin houiller d'Albi [350 millions d'années] », « Le collège de Carnac – La plus vieille des architectures monumentales [7 000 ans] »).

Mais nous n'oublierons pas l'histoire naturelle, contemporaine elle aussi (les sciences de la vie et de la Terre, dit-on désormais), ni ses évocations de roches (lithodiversité), d'animaux et de plantes (biodiversité) (« Les pierres de Crozon – Les schistes de Châteaulin [300 millions d'années] », « Les saumons de Philippe – L'origine du théâtre [3 millions d'années] », « La puce de Shungura – Les premiers primates [80 millions d'années] », « Les zébus d'Ambohima – De l'auroch au taureau [10 000 ans] », « Les pins de la Villa – Un palais du Monte Pincio [460 ans] », « Le pissenlit des Ardennes – Les plages mésozoïques du bassin de Paris [200 millions d'années] »).

Dans l'histoire contemporaine s'inscrit enfin, bien évidemment, le déroulement *live* des quatre-vingt-sept dernières années de ma vie et de celle des personnes, des organismes, des événements, qui s'y sont trouvés associés d'une manière ou d'une autre, du moins ceux retenus pour le contenu de ce drôle de livre de science et d'histoire, de mémoires et d'aventures (« Le collège de Montigny-lès-Cormeilles – Lucy [3,2 millions d'années] », « La lycéenne de Massy – L'Orénoque », « Les rencontres du Taïmir – La fouille au marteau-piqueur », « Le permafrost des îles Liakhov – Les derniers des mammouths [2 800 ans] », « Le Mickey d'or du futur – L'origine de la radio et de la télévision [100 ans] », « Le fémur du TGV – Les hybrides du Japon [20 ans] »).

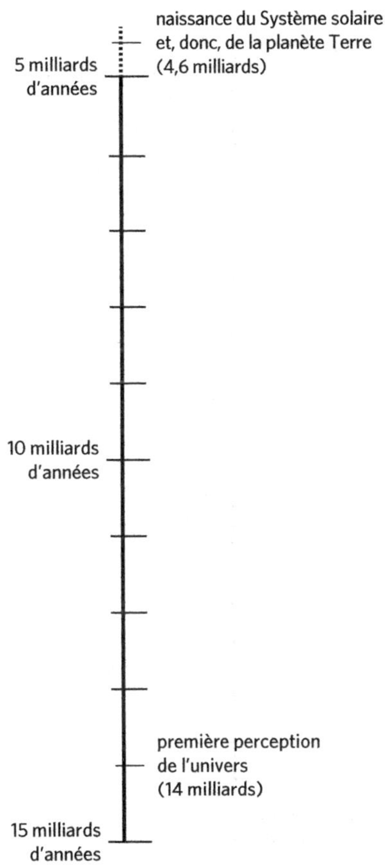
naissance du Système solaire
et, donc, de la planète Terre
(4,6 milliards)
5 milliards
d'années
10 milliards
d'années
première perception
de l'univers
(14 milliards)
15 milliards
d'années

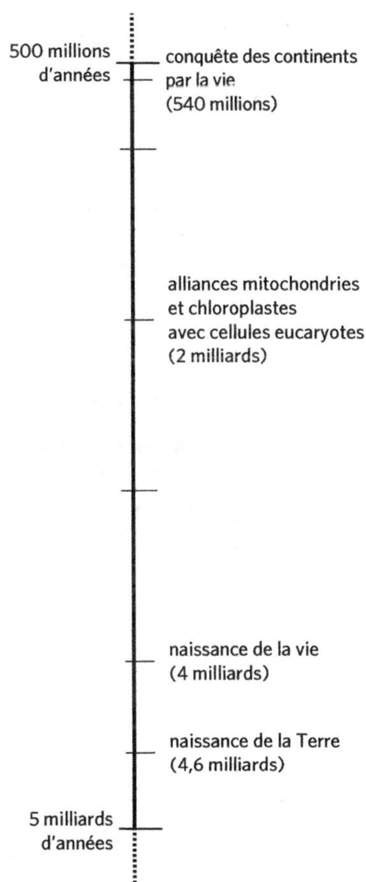
500 millions
d'années
conquête des continents
par la vie
(540 millions)
alliances mitochondries
et chloroplastes
avec cellules eucaryotes
(2 milliards)
naissance de la vie
(4 milliards)
naissance de la Terre
(4,6 milliards)
5 milliards
d'années

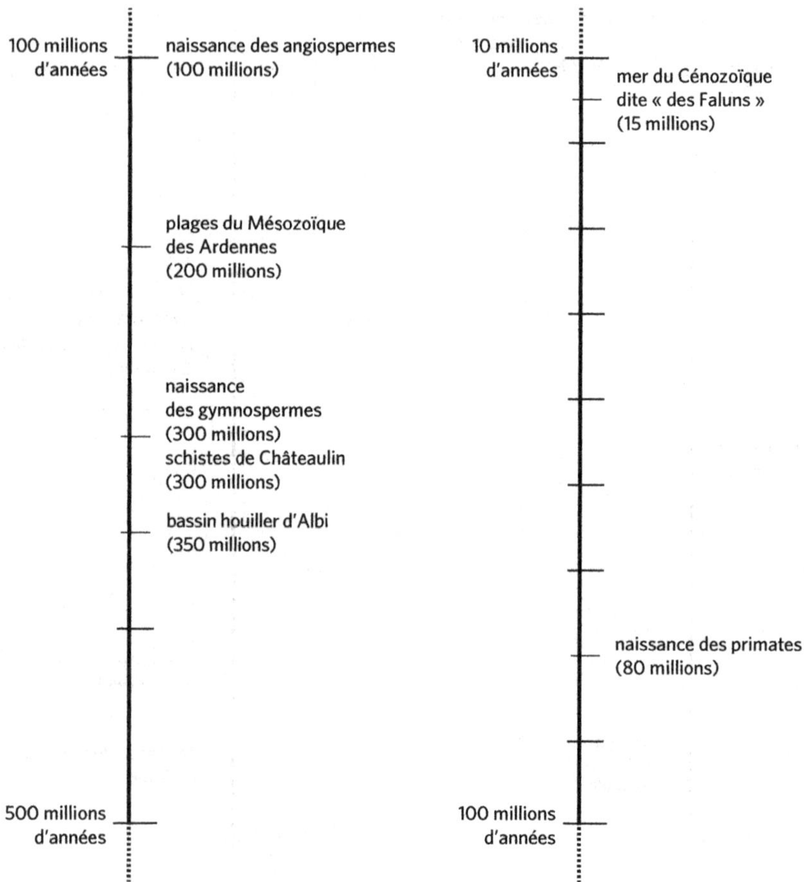

100 millions d'années
naissance des angiospermes (100 millions)
plages du Mésozoïque des Ardennes (200 millions)
naissance des gymnospermes (300 millions)
schistes de Châteaulin (300 millions)
bassin houiller d'Albi (350 millions)
500 millions d'années
10 millions d'années
mer du Cénozoïque dite « des Faluns » (15 millions)
naissance des primates (80 millions)
100 millions d'années

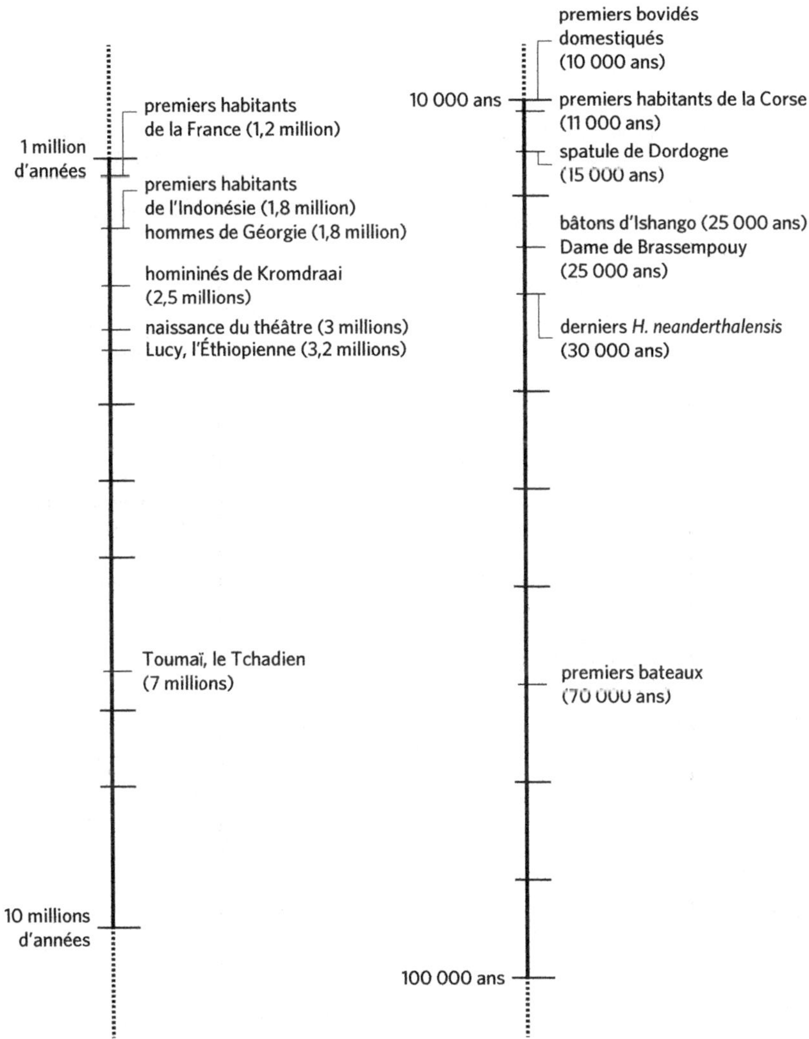
premiers habitants
de la France (1,2 million)
1 million
d'années
premiers habitants
de l'Indonésie (1,8 million)
hommes de Géorgie (1,8 million)
homininés de Kromdraai
(2,5 millions)
naissance du théâtre (3 millions)
Lucy, l'Éthiopienne (3,2 millions)
Toumaï, le Tchadien
(7 millions)
10 millions
d'années
premiers bovidés
domestiqués
(10 000 ans)
10 000 ans
premiers habitants de la Corse
(11 000 ans)
spatule de Dordogne
(15 000 ans)
bâtons d'Ishango (25 000 ans)
Dame de Brassempouy
(25 000 ans)
derniers *H. neanderthalensis*
(30 000 ans)
premiers bateaux
(70 000 ans)
100 000 ans

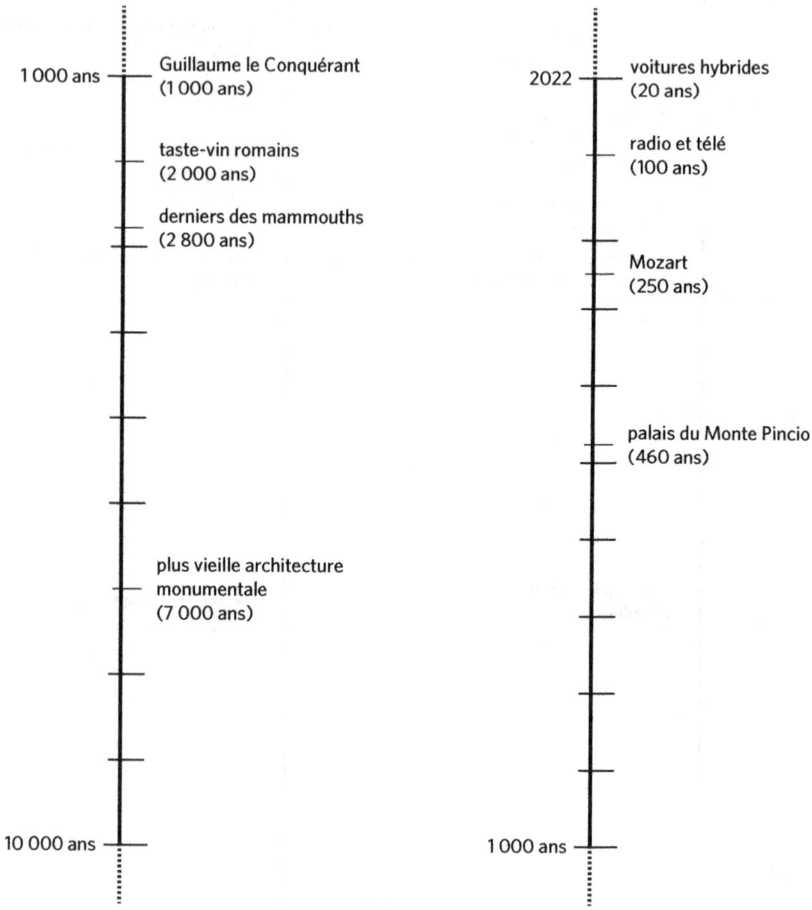
1 000 ans
Guillaume le Conquérant
(1 000 ans)
taste-vin romains
(2 000 ans)
derniers des mammouths
(2 800 ans)
plus vieille architecture
monumentale
(7 000 ans)
10 000 ans
2022
voitures hybrides
(20 ans)
radio et télé
(100 ans)
Mozart
(250 ans)
palais du Monte Pincio
(460 ans)
1 000 ans

PREMIÈRE PARTIE

L'HISTOIRE HUMAINE

I

L'étonnement

CHAPITRE 1

Le bébé de Moussoro

Un bout du berceau de l'humanité

(7 millions d'années)

C'était au Tchad en 1960.

Invité par l'Institut équatorial de recherches et d'études géologiques et minières de Brazzaville (IEREGM) et par sa Mission hydrogéologique de Fort-Lamy, en mission du Centre national de la recherche scientifique (CNRS) auquel j'appartenais, j'étais en effet arrivé au Tchad en janvier 1960.

Mais remontons un tout petit peu le temps pour comprendre pourquoi j'avais été invité en Afrique équatoriale. Chercheur, comme je l'ai dit, mais sans murs, j'avais été affecté à Paris à l'Institut de paléontologie du Muséum national d'histoire naturelle, et c'est là que je venais d'étudier des collections de vertébrés fossiles du Tchad, récemment découvertes par deux hydrogéologues de la Mission de Fort-Lamy, Jacques Barbeau et Jean Abadie. J'étais donc envoyé sur le terrain pour « expertiser » leurs gisements et en prospecter les environs dans l'espoir d'en trouver d'autres. J'avais reçu de la Mission de Fort-Lamy (dont j'étais d'ailleurs devenu officiellement prospecteur) un camion (Dodge Power Wagon), du matériel de brousse (couchage, cuisine, transmission, fouilles), et obtenu la collaboration d'une demi-douzaine de jeunes Africains, dont un chauffeur et un cuisinier. J'étais avec ma jeune femme, Françoise, accompagné, pour l'initiation au désert et le repérage des sites à visiter, par un des découvreurs, Jacques Barbeau, et par sa femme, Simone.

Nous nous étions donc, ainsi équipés – deux camions et une douzaine de personnes –, lancés vers un premier objectif, le poste militaire de Koro-Toro, à environ 700 kilomètres de notre base. Comme cet itinéraire nous faisait passer, en quelques jours, d'une savane claire à une steppe à cram-crams et puis, plus franchement, de cette steppe à un désert, j'ai vécu ce premier contact avec l'Afrique profonde dans un mélange de bonheur intellectuel (il y a longtemps que j'en rêvais), de bonheur humain (tous les gens rencontrés étaient fraternels), de bonheur professionnel (il y avait des sites archéologiques tout le long de la piste), mais aussi d'une certaine angoisse (ce passage progressif de peu d'arbres à plus d'arbres du tout). Mon émerveillement n'en était pas moins total. Et puis, après deux mois de grenouillage dans ces immenses étendues du Borkou, du Djourab et du Bodélé, finalement trop vite passés, l'angoisse avait disparu et tout était redevenu serein et séduisant et c'est à regret que nous avions dû prendre, ma femme, ma petite équipe et moi, le chemin du retour ; nous étions cette fois seuls, sans notre collègue géologue, et riches d'une belle moisson d'ossements fossiles de quelques millions d'années et de tessons de poteries de quelques milliers, riches aussi d'une première fréquentation de ce désert si attachant et d'une rencontre pleine de chaleur avec les populations goranes (dites aussi « touboues »), nomades, de cette ceinture sahélienne de l'Afrique tropicale.

En « redescendant » donc de Koro-Toro vers Fort-Lamy et en approchant de l'agglomération de Moussoro (appelée aussi Barh el-Ghazal), un beau soir, juste avant la nuit, nous aperçûmes, promenant son chien au bord de la piste (vision surréaliste en un tel lieu !), un militaire décontracté, souriant et intrigué lui aussi par l'apparition apocalyptique que nous représentions. J'arrêtai bien sûr mon Dodge, qui transpirait la poussière et la brousse au point que certains Africains, dans les rares villages traversés, m'avaient demandé ce que je vendais. Ils m'avaient pris, me disaient-ils, pour un *kawadji* (un marchand de café, autrement dit un commerçant ambulant) ! J'avais toute mon équipe dans la caisse du camion (je conduisais désormais), au milieu de mon matériel et de quelques fûts de 200 litres d'essence et d'eau et au milieu, bien sûr, de mes récoltes, protégées par une bâche qui avait été verte ; si l'on ajoute à ce tableau la présence de mes tôles indispensables pour les ensablements et celle de quelques gourdes en peau de chèvre pendouillant sur les flancs du vieux camion comme sur ceux d'un chameau, sans oublier, dans la cabine, cerise sur le gâteau, ma femme et moi-même, qui avions pris, comme nos amis africains, la couleur grise du fech-fech de la route (limon pulvérulent), on aura une petite idée du spectacle que nous offrions ce jour-là à ce compatriote.

Notre promeneur se présenta donc : « Adjudant-chef Cheyron » ; je nous présentai bien sûr à mon tour et il nous invita à rejoindre le campement de Méharistes qu'il commandait et qui bivouaquait à quelques centaines de mètres de là. Quel bonheur et quelle détente inattendue ! Nous eûmes d'abord un thé à la menthe sur un superbe kilim (tapis de prière), étalé sur le sable, puis une douche réconfortante (un seau en jute équipé d'un robinet, monté sur des piquets en trépied, sous une tente pour la pudeur), un dîner d'une fraîcheur que nous avions oubliée et une nuit courte, mais somptueuse sous les étoiles, juste ponctuée par les « blatèrements » heureux des chameaux assoupis. Inutile de préciser que la soirée ne pouvait pas avoir été plus chaleureuse, entre gens jeunes (j'avais 25 ans, Jacques Cheyron 35 !), heureux de vivre, amoureux du pays et de leur métier, curieux de nature et étonnés de se rencontrer de manière aussi insolite. Et puis il y avait entre nous, comme toujours entre « broussards », la même fraternité qu'entre marins, et celle-là, je l'avais aussi connue. Notre amitié naissante a été en outre scellée, de manière tant généreuse et élégante qu'inattendue, à notre départ au petit matin ; j'avais eu, en effet, l'imprudence d'admirer, la veille, au thé, la beauté du tapis aux couleurs éclatantes sur lequel nous étions assis ; je le retrouvai roulé et solidement fixé à un des flancs de mon camion ! Voilà qui était Jacques Cheyron !

Réinvité l'année suivante et à nouveau en mission du CNRS, je me suis retrouvé à Fort-Lamy, et puis en brousse, dans les mêmes régions avec la même équipe et le même camion. Ma femme m'accompagnait encore, mais Jacques Barbeau, plus. Nous empruntâmes, comme l'année précédente, le long axe de pistes Fort-Lamy-Koro-Toro par Moussoro. Et comme, le premier jour de ce parcours, il était déjà tard quand nous arrivâmes aux abords de cette étape, nous décidâmes, un peu fatigués et paresseux pour installer le campement, d'y passer la nuit à la case de passage. Une case de passage est, comme son nom l'indique, un abri (maison, tente), couvert, mais ouvert à tout voyageur souhaitant un toit pour se protéger du vent, de la pluie, de la chaleur ou du froid… la case de passage de Moussoro était une petite maison en potopote (terre sèche), divisée en quelques pièces, pour plusieurs voyageurs, un luxe ! Et, ô surprise, nous y fûmes « reçus » par le baroudeur Cheyron, excité comme une puce, méconnaissable de douceur et d'attendrissement. Dans une des pièces de la case, en effet, une bien jolie dame, aux traits fins et à la peau café au lait, princesse libyenne, nous précisa-t-il, venait de le faire père ! Un petit trognon tout mat, tout juste pondu, s'agitait sous nos yeux ravis, dans un couffin de paille. La maman, vêtue d'un long pagne léger aux multiples couleurs, était là, accroupie, calme et tout sourire, le papa était bien là, lui aussi, mais, debout et pas calme du tout. Quant à nous, nous étions quelque peu surpris décidément par nos rencontres avec Cheyron, imprévues et, de toute façon, imprévisibles ! Et puis, prenant le bébé dans les bras, avec la tendresse et la maladresse d'un papa tout neuf, il nous précisa que c'était une fille et qu'elle s'appelait (déjà) Christine. Trouvant que nous « tombions » particulièrement bien, il décida, sur le-champ, de faire de nous les parrain et marraine du fruit bien frais de ses amours exotiques. C'était le 7 janvier 1961. Et nous en fûmes enchantés !

Mais nous dûmes quitter, à l'aube du lendemain, le trio touchant que nous venions de découvrir, pour poursuivre notre chemin à la découverte d'autres personnages moins frais, vers le grand nord du pays. Notre mission de trois mois avait élargi ses espaces de recherches jusqu'à l'oasis de Faya-Largeau, au charme subtil – des maisons blanches sans étages sous des palmiers dattiers au vert puissant, toujours agités, recouvrant de fines rigoles d'eau claire et de petits jardins-mouchoirs de poche au vert tendre –, et jusqu'aux oasis de l'Angamma au charme sauvage – des palmiers doums au milieu de nulle part. Ma récolte fut superbe, couronnée cette fois par la découverte d'un crâne humain fortement fossilisé qui allait s'appeler *Tchadanthropus uxoris* et jouer bientôt le rôle de père fondateur et fédérateur de la jeune république du Tchad. Après une bonne douzaine de semaines, de janvier à mars de cette année 1961, nous voici donc regagnant le petit fort (crénelé) d'opérette de Koro-Toro avant de nous engager sur la longue piste nord-sud empruntant le cours bien sec de la rivière des gazelles pour rejoindre Fort-Lamy, sur les bords du Logone ; nous avons dû passer, bien sûr, par Moussoro, dont la case de passage bien vide n'avait plus ses locataires charmants du mois de janvier.

Figure 3. *Le bébé de Moussoro, dans les bras de son père, 1961.* *(Photographie : collection privée, avec l'accord gracieux de la famille.)*

J'ai revu Jacques Cheyron de temps en temps à Fort-Lamy, quand, en perm, il descendait de son désert pour quelques jours de détente. Je me rappelle l'avoir aperçu un jour au bar de l'Air Hotel ; il y bavardait avec quelqu'un et ne m'avait pas vu. Pour m'amuser et le provoquer, je me suis installé sur le tabouret voisin en le bousculant volontairement un peu ; sa réaction a été immédiate ; comme je m'y attendais, j'ai évité le coup de poing qui m'était destiné. Dans certains lieux « chauds », à l'époque de la présence militaire française (troupes de marine, paras, légion), il fallait savoir être, en effet, au moins vigilant. L'Air Hotel n'était pas de ces lieux-là, mais une fois certains comportements acquis, ils deviennent réflexes. Jacques était donc un dur, mais aussi tendre que rude, plein de chaleur et le cœur sur la main. Le jour du coup de poing rentré, la soirée s'est bien sûr poursuivie, joyeuse et festive.

Une goutte d'histoire. Le Tchad est un pays d'Afrique centrale d'environ 1,3 million de kilomètres carrés (1 700 kilomètres nord-sud, 1 000 kilomètres est-ouest), qui s'étend du 7e au 24e degré de latitude Nord, autrement dit de la savane au désert, et du 13e au 24e degré de longitude Est, pays aux frontières avec la Libye, le Soudan, la République centrafricaine, le Cameroun, le Nigeria et le Niger ; c'est donc un grand pays, à la fois lien stratégique entre l'Afrique du Nord et l'Afrique de l'équateur, mais sans accès à la mer. Sa capitale N'Djamena (Fort-Lamy à l'époque de cette petite histoire), au confluent du Logone et du Chari, compte aujourd'hui presque le million d'habitants. Quant à son lac fameux, au sud-ouest du pays, grand de 300 000 kilomètres carrés il y a 3 000 ans, il n'en faisait plus que 20 000 dans les années 1960, et en fait à peine plus de 1 000 aujourd'hui (j'en ai étudié et démontré la régression et la vitesse de celle-ci, grâce aux marqueurs que constituent les sites préhistoriques, tandis qu'Al Gore, prix Nobel de la paix 2007, prenait la régression du lac Tchad comme exemple de l'action de l'homme sur le changement climatique !). Partie du berceau tropical et « concentrique » de l'humanité, le Tchad a donc été peuplé de préhumains pendant des millions d'années (Toumaï, 7 millions d'années), puis d'humains pendant d'autres millions d'années, pour « finir », à partir de 10 000 ans, par abriter les peintres et graveurs du Néolithique saharien (Tibesti, Ennedi) et par voir se succéder, en fonction des changements climatiques (naturels, monsieur Al Gore), de grands foyers de culture ; citons le monde sao (de 1000 avant Jésus-Christ à 1000 après), l'empire du Kanem-Bornou, le royaume du Ouaddaï, le royaume du Baguirmi, etc. Dans ses frontières actuelles depuis 1880, il est devenu partie de l'Afrique équatoriale française (AEF) en 1920. C'est ainsi que je l'ai trouvé en 1960, mais il était alors au bord de l'indépendance, prononcée en août de cette année-là. Pour ceux comme Cheyron ou moi, qui travaillions alors dans le nord du pays, ce que l'on appelle le BET (Borkou, Ennedi, Tibesti), l'administration militaire française a été maintenue quelques années après l'indépendance officielle, avant qu'elle ne passe la main à l'armée tchadienne. Ayant conduit mes expéditions dans ce pays de 1960 (janvier) à 1966 (décembre), j'ai connu les deux administrations. Elles ont été pour moi, toutes les deux, du même grand soutien, de la même grande qualité.

Une goutte de science. Le Tchad est donc un bout du berceau de l'humanité ! L'histoire de notre famille (pour être correct, je devrais dire sous-famille, les homininés) commence sans doute vers 10 millions d'années en Afrique tropicale ; les fossiles qui illustrent ses débuts (les préhumains, de 10 à 3 millions d'années, date de naissance des premiers humains) ont été jusqu'ici découverts en Afrique du Sud, au Malawi, en Tanzanie, au Kenya, en Éthiopie et au Tchad. Ce « berceau en rond » ou « berceau concentrique », ainsi appelé (par mes « soins ») car il jouxte, du sud au nord, la forêt équatoriale, dessine en effet un arc de cercle qui commence en Afrique du Sud et se termine, pour le moment, en Afrique centrale. Au Tchad, en effet, l'expédition de Michel Brunet a mis au jour le plus ancien préhumain que, pour le moment, l'on connaisse, *Sahelanthropus tchadensis*, dit « Toumaï », vieux de 7 millions d'années. Ce fossile est connu par un crâne superbe et un fémur qui pourrait lui être attribué. Le crâne, très bien étudié, a montré qu'il était « posé » sur un corps redressé ; le fémur, quant à lui, raconte qu'il était plutôt fait pour grimper. Contrairement donc à ce que disait André Leroi-Gourhan : « Il faut se résigner, notre histoire a commencé par les pieds ! », cette association crâne-fémur, si elle est juste, ferait dire plutôt : « Il faut se réjouir, notre histoire a bel et bien commencé par la tête ! » L'étude du préhumain Lucy (3,2 millions d'années) nous avait, en effet, déjà montré cela : Lucy, merveilleusement redressée de la tête au fémur (et par suite bipède), ne l'était plus du genou aux pieds (où elle avouait son arboricolisme). Or il s'est écoulé 4 millions d'années entre Toumaï et Lucy ! Le début de notre histoire, comme beaucoup de débuts, est ainsi un feu d'artifice d'essais anatomiques et comportementaux, constituant autant de branches (appelées « radiations »), signant le beau potentiel évolutif (imaginatif) de notre (sous-)famille.

En 1965, sur le terrain tchadien, j'avais adopté deux très jeunes gazelles (*Gazella dorcas*), un petit mâle et une petite femelle. J'avais appelé le mâle Yayo, nom du site où j'avais découvert en 1961 le premier fossile humain du Tchad, *Tchadanthropus uxoris*, et j'avais appelé la petite femelle Ménalla, un des sites sur lesquels je travaillais cette année-là. Et il se trouve que c'est à Ménalla que, plus de trente-cinq années plus tard, Michel Brunet a récolté Toumaï ! Toumaï et tchadanthrope, désormais le plus ancien et le plus récent fossile humain de ce pays, encadrent un troisième « larron », un préhumain de 3,5 millions d'années, *Australopithecus bahrelghazali*, dit « Abel », découvert aussi par l'expédition de Michel Brunet.

Toumaï pourrait donc être une des premières branches de notre arbre familial (bipède arboricole) ; Abel, une des espèces de ces préhumains que l'on nomme australopithèque, est à la fois meilleur bipède, mais toujours arboricole ; porteur de traits dérivés pour son âge (verticalité de la symphyse, par exemple, sans plan alvéolaire), il pourrait s'inscrire dans la lignée du genre *Homo* ; quant au tchadanthrope, un faisceau de traits (front fuyant, deux frontaux, grands sinus, grandes orbites, bourrelet sus-orbitaire), présents, mais rares (surtout groupés ainsi) chez l'homme moderne, pourrait en faire un des derniers *Homo erectus*.

Le Tchad est devenu ainsi un très important « bout » de notre berceau.

Et puis les années passèrent. J'ai quitté le CNRS et le Jardin des Plantes en 1969 pour rejoindre l'enseignement supérieur et le musée de l'Homme. Et un beau jour de 1979, j'ai reçu de Lyon, à l'adresse de ce musée, une lettre tout à fait inattendue ! Décidément ! La sœur de Jacques Cheyron m'y racontait que son frère s'était tué dans un accident de voiture en France en 1962 et qu'elle avait (sa famille) recueilli la petite Christine. Comme Jacques Cheyron avait informé sa sœur de l'identité des parrain et marraine de Christine, des circonstances de notre rencontre et de celles donc de son choix, la sœur, d'abord hésitante à « remuer » ce passé, s'était tout de même décidée, pour le dix-huitième anniversaire de sa nièce, à me rechercher pour que je retrouve ma filleule, si bien sûr je le souhaitais. Et comme, bien sûr, je le souhaitais, Christine est venue à Paris avec sa tante et je me souviens parfaitement de cette visite, de notre rencontre au Totem, le restaurant du musée de l'Homme (aujourd'hui Café de l'Homme) ! Retrouvailles étranges, émouvantes, puisque j'avais vu Christine à « quelques heures », et que je retrouvais une bien jolie jeune fille, éduquée de manière visiblement rigoureuse dans une excellente famille, une jeune fille enjouée certes, mais très réservée. S'émancipant un peu, à ma demande, nous sommes parvenus à nous voir sans témoin pour que je lui raconte son père ou ce que j'en savais et que je lui parle de sa mère dont j'avais gardé une photo. C'était la première fois que Christine, consciente, « voyait » sa maman qui était apparemment retournée assez rapidement vers les campements des siens, dans le Tibesti et au-delà, et avait laissé la petite à son papa ; Jacques Cheyron n'avait alors sans doute pas tardé à emmener Christine en France et à la confier à sa famille. Christine avait donc revu son père en France, mais ne pouvait s'en souvenir et n'avait jamais revu sa mère dont on ne lui avait que très peu parlé. Alors je me suis efforcé de mettre en valeur – sans peine – ses deux parents, et de faire l'éloge de sa mère, l'oubliée, de sa dignité, de sa beauté, de sa gentillesse, et l'éloge aussi de la qualité humaine de ces populations nomades dont elle était issue. En un mot, j'ai fait mon possible pour qu'elle soit fière de ses deux familles, de ses deux racines, de ses deux continents. Je crois que j'y suis assez bien parvenu bien que cette Afrique du Sahara et du Sahel soit demeurée forcément très abstraite pour elle !

Quelques années plus tard, Christine m'annonçait ses fiançailles avec un garçon d'Oullins, une commune proche de Lyon. Et comme ce jeune homme s'occupait, entre autres choses, d'un ciné-club, d'un festival de films scientifiques et de diverses manifestations culturelles locales (en qualité de directeur fondateur d'abord, puis de conseiller général), suivez mon regard... j'ai été très vite convié (de 1986 à au moins 1996, date du dixième anniversaire du festival, anniversaire dont j'étais parrain), on pourrait presque dire « convoqué », même si c'était affectueusement, à « visiter » Oullins, que je connaissais désormais comme ma poche ! Et j'ai bien sûr répondu volontiers chaque fois à ces appels, merveilleusement reçu par filleule, « fiancé », familles, entourage, public... Et puis les choses se sont déroulées comme espéré par les deux parties, Christine et Gilles Lavache ont décidé de se marier. La cérémonie eut lieu en 1983 ! Les parrain et marraine y étaient conviés et étaient au rendez-vous. Après la mairie, l'église, et là, grand coup d'émotion pour le parrain, profondément « touché » au sens propre du mot ! Comme dans les mariages chrétiens, la coutume veut que ce soit le père qui conduise la mariée à l'autel et que, le mariage célébré, ce soit le mari, tout frais béni, qui fasse le chemin inverse avec sa femme jusqu'au seuil du temple du Dieu qui les a unis, Christine, ayant perdu son papa, me demanda de bien vouloir le remplacer pour cette circonstance exceptionnelle, la première partie du rituel. Ce qu'évidemment je fis, à la fois digne et ému, solennel et tendre. Tel que je l'ai connu, ça a dû beaucoup plaire au rude Cheyron. Et moi j'étais comblé par ce rebondissement... inattendu (encore un !). Merci Christine !

Christine et Gilles vivent heureux et ils ont été parents, ils sont désormais grands-parents !

CHAPITRE 2

Le Bébé Cadum

Genièvre et genévrier

(300 millions d'années)

Une amie, Laurence Caillet, connaissant bien ma curiosité « participative », me demanda, un beau jour de 2006, si ça m'amuserait de siéger au nouveau jury des Bébés Cadum ! J'ai trouvé l'invitation suffisamment inattendue, insolite, drôle, « décalée », comme on dit, par rapport à mes prestations habituelles, pour dire immédiatement : « Oui ! » Elle avait vu juste ! Toujours est-il que le 13 décembre 2006, j'arrivai dans un grand appartement du XIIe arrondissement de Paris au milieu d'un joyeux brouhaha de bébés, de jeunes mamans et de quelques personnes sans bébés à qui je fus présenté : les premiers étaient les concurrents, les secondes, leurs « coachs », les dernières, les membres du jury dont je faisais donc partie. Ce fameux jury était composé de sept ou huit personnalités, autant qu'il m'en souvienne… présidé par… Inès de la Fressange ! Quelle merveilleuse surprise ! Inès était (elle l'est toujours) grande, charmante, élégante, enjouée ; elle avait (elle a toujours) une très grande aisance naturelle, un port parfait, un sourire immense ! Elle me reçut – en sa qualité de présidente, elle était quelque peu hôtesse – avec une très grande gentillesse et, ce qui fait toujours plaisir, surtout dans des mondes si éloignés des miens, avec une très grande curiosité pour ce que j'étais et ce que je faisais ! Et puis, elle me présenta une amie, grande comme elle, mannequin comme elle, Sophie Thalmann, et quelques autres jurés, dont un certain Maurice Obréjan, le premier Bébé Cadum élu, octogénaire, heureux et amusé d'être là !

UNE GOUTTE D'HISTOIRE. En 1907, Michael Winburn, industriel (créateur de l'Omega Chemical Company, fabricant l'Omega Oil pour la peau) et publiciste new-yorkais, guérit enfin de l'eczéma dont il souffrait depuis des lustres, grâce à une pommade à base d'huile de cade (nom provençal du genévrier des garrigues et des maquis) achetée chez un pharmacien parisien, Louis Nathan. Les deux hommes, client et pharmacien, sympathisèrent et, à l'initiative du premier, s'associèrent pour commercialiser ce produit « miracle ».
En 1910, leur première usine se monta à Courbevoie et ils décidèrent, pour des raisons de publicité, de « latiniser » le nom du produit, qui de cade devint *cadum* ; en 1912, Michael Winburn commanda au peintre, très académique, Arsène-Marie Le Feuvre de lui composer l'image d'un bébé qui deviendrait l'emblème de la marque. C'est à ce moment que l'étonnante figure du bébé joufflu, bouclé, aux joues d'un rose un peu forcé, nu sur une serviette à côté de sa baignoire et, bien sûr, équipé de son éponge et de son savon, apparut sur tous les murs et magazines de France. Je suis né en 1934, et, pour moi, enfant, la publicité de Bébé Cadum, comme celles de Byrrh (que je lisais d'ailleurs Byrrache pour prononcer le H dont je ne savais que faire), de « Y'a bon » Banania ou de Saint-Raphaël Quinquina, faisait partie de mes images familières. Et c'est en 1925 que vint s'ajouter à cette publicité déjà fameuse l'idée d'une élection d'un Bébé Cadum par an. C'est ce premier bébé élu que sera Maurice Obréjan, désormais (et jusqu'à sa mort en 2017) parrain (d'honneur) avec nous, membres du jury de cette année, des nouveaux Bébés Cadum.
Mais l'histoire va se compliquer. En 1952, Cadum et Palmolive fusionnent (ils deviennent d'ailleurs en 1964 Colgate-Palmolive). Et en 2003, c'est Gilles Nouailhetas (chef de produit chez Sara Lee pour Sanex et Monsavon) qui, associé à Jean-Marie Total (lui-même chez Sara Lee, mais vendeur de l'insecticide Pyrel), courageusement, rachète la marque. Encore une histoire de deux hommes. Et ce sont

ces deux associés qui vont en effet avoir l'idée de faire renaître le nom de Cadum et de reprendre cette coutume ancienne et célèbre du concours de ses fameux bébés. Le nouveau concours fonctionnerait donc désormais ainsi : chaque mois, un certain nombre de bébés, candidats, se présenteraient pour devenir d'abord un des cinquante sélectionnés par un premier jury, puis un des douze mensuels sur ces cinquante – ce seraient alors les internautes qui voteraient sur le site Magicmaman pour élire le bébé de chaque mois –, et enfin le gagnant sur les douze finalistes. C'est là que nous interviendrions. Et tout se déroula merveilleusement. Mais, en 2012, c'est L'Oréal qui, cette fois, achètera Cadum et cela devint une autre histoire.

ET UNE GOUTTE DE SCIENCE, de botanique cette fois, pour parler du genévrier. Le genévrier est une plante à graines, ce que l'on appelait phanérogame, ce que l'on appelle désormais spermatophyte et qui recouvre les gymnospermes (graines nues) et les angiospermes (graines protégées dans un fruit). C'est parmi les gymnospermes (les plus anciennes des deux, nées vers le Carbonifère, 300 millions d'années) que l'on classe les genévriers, de la famille des *Cupressaceae*, et c'est du bois d'une des espèces de cette famille, *Juniperus oxycedrus*, ou cèdre piquant, ou petit cèdre, ou genévrier cade, qu'on extrait la fameuse huile qui a guéri l'eczéma de M. Winburn. *Juniperus oxycedrus* est un arbrisseau des terrains méditerranéens côtiers secs (du Maroc à l'Iran). Mais le genévrier a beaucoup d'autres cordes à son arc ; non content de produire l'huile de cade, certaines de ses espèces sont en effet à l'origine d'un alcool fameux, le genièvre. Il s'agit cette fois de l'espèce *Juniperus communis*, ou péteron, ou pétrot, arbuste pyramidal de 4 à 10 mètres de haut, à feuilles piquantes et à la longévité enviable (un millénaire ?). Ce sont alors ses fausses baies (qui sont en fait des cônes charnus d'une belle couleur mauve) qui sont introduites dans une eau-de-vie de céréales au moment de sa distillation. Invité, un jour, à donner une conférence à l'Université de Liège, j'ai passé la soirée qui l'a suivie à la « fêter » au genièvre (peket) avec mon auditoire d'étudiants et leur patron, Marcel Otte ; l'ambiance était joyeuse !

Juniperus est un vieux mot celte qui signifie « âpre », comme le goût de ses faux fruits.

Mais reprenons notre bavardage mondain avant de solennellement voter. Après un échange quelque peu adapté (bêtifiant) avec les « concurrents », éminemment galant avec leurs heureuses mamans, très détendu avec les jurés devenus collègues, l'événement se mit en place. Des tables alignées en large pour les jurés assis face à une petite scène sur laquelle se posèrent, assises sur des chaises (identiques bien sûr), à mon avis un peu raides, les jolies mamans, maquillées de frais, rivalisant d'élégance et de sourires, leur bébé sur les genoux ou sur l'un des genoux pour dégager l'autre ! Il y en avait onze, les onze gagnants des onze premiers mois de 2006, puisque nous étions en décembre, dans le douzième. Consigne de vote annoncée par la présidente, au nom de la direction : donnez votre suffrage au bébé qui ressemble le plus au Bébé Cadum d'Arsène-Marie Le Feuvre ! Pas facile ! Nous apprendrons plus tard que cette politique avait évolué et que c'était le plus beau, le plus gracieux, le plus séduisant des petits candidats qui devait être retenu par nos homologues, en oubliant le modèle. Non pas que ce modèle n'ait pas été beau, gracieux et séduisant, mais le choix devenait désormais plus libre, sans contrainte, sans consigne. Le vote des jurés eut donc lieu ; ces suffrages ont dû être ensuite comptabilisés avec des suffrages d'internautes selon une cuisine que je n'ai pas cherché à comprendre. Et c'est la petite Jeanne, 23 mois, très mignonne, je dois dire, qui est montée, avec son séduisant « support », sur le podium. Et tout le monde a applaudi.

En conclusion : une bien fraîche cérémonie, exigeant quand même de pesants préparatifs tout au long de l'année ; une élection charmante de bébés qui aurait pu se doubler d'une élection tout aussi charmante de leurs mamans. Et pour moi, une amitié affectueuse avec Inès que je n'ai cessé de revoir depuis.

CHAPITRE 3

Le bébé de Londres

Les premiers habitants de la France

(1,2 million d'années)

Dans le courant de l'année 1989, Jean-Pierre Mohen, alors directeur du musée des Antiquités nationales (Saint-Germain-en-Laye), préparant, comme beaucoup d'entre nous, la grande exposition de la Réunion des musées nationaux, *Trente ans d'archéologie française*, au Grand Palais, me demanda si je voulais bien l'accompagner à Londres où il allait « s'occuper de l'affiche de l'événement » (?). Il faut dire que Jean-Pierre Mohen avait déjà été le commissaire de deux grandes expositions du Grand Palais, *L'Or des Scythes*, en 1975, et *Trésors des princes celtes*, en 1987. J'acceptai volontiers son invitation ; d'abord parce que j'adore Londres (sauf l'hiver, car les Anglais ne savent pas se chauffer !) ; ensuite parce que la compagnie de Jean-Pierre Mohen, un ami de longue date, toujours calme, souriant et disponible, m'était très agréable ; ensuite parce que participer à la réalisation de l'affiche de cette très grande expo me plaisait bien ; et enfin parce que j'étais quelque peu intrigué par l'idée d'aller en Angleterre réaliser cette affiche célébrant l'archéologie de la France ! Et nous sommes donc partis, tous les deux et tous les deux seulement, joyeux, pour une échappée de quelques jours chez les voisins d'outre-Channel. Au petit matin du lendemain de notre arrivée, nous avions rendez-vous dans un studio avec un artiste, un photographe et une armée de maquilleurs-maquilleuses pour préparer l'essentiel de la réalisation, le personnage principal du futur document, le premier Français, un homme préhistorique d'un bon million d'années !! Pas simple ! Le photographe s'appelait Graham Ford, et le « préhistorique », Elephant Man… Je n'ai jamais su si c'était vraiment l'artiste du film de David Lynch, John Hurt, qui avait été mobilisé pour jouer ce rôle prestigieux, mais ingrat (il y avait peu de chances et pas tellement de raison) ou si c'était plutôt un acteur anonyme à grimer par son maquilleur, Christopher Tucker, maquilleur à la BBC, ou par quelqu'un de son équipe. Toujours est-il que l'on a passé quatre à cinq heures au salon de maquillage, jouxtant la salle de prise de vue, pour faire de cet acteur très soumis l'homme que Jean-Pierre Mohen, Graham Ford et moi à la fois nous nous faisions du tout premier habitant de notre far-west « continental » (parce que les copains anglais étaient, pour leur part, persuadés que le premier Britannique était bien différent du premier Français !). Et nous avons abouti finalement, vers 13 heures-13 h 30, à la réalisation d'un personnage qui pouvait passer pour un homme d'un autre temps, sympathique, mais étrange, décent, mais quand même pas très couvert, propre, mais quand même pas très soigné, et velu comme jamais… tout ce que l'imaginaire professionnel, pas très éloigné de l'imaginaire populaire, peut « produire » pour fabriquer pareil individu ! Et puis nous eûmes droit à un casse-croûte anglais, arrosé de bière (heureusement !), nous les petites mains, car le héros, lui, recevait de son côté un en-cas spécial à ne consommer qu'avec des pailles !

Nous avions aussi rendez-vous, Jean-Pierre et moi, dès 14 heures, dans la salle d'attente dudit studio, avec une collection de mamans anglaises et de leurs bébés anglais pour le casting du bébé « français » (pas de la mère). Car l'idée de l'affiche (arrêtée, avant que je n'arrive dans l'aventure) était d'avoir un joli bébé d'aujourd'hui sur les genoux, ou un des genoux, du préhistorique, pour affirmer et, en même temps, symboliser la parenté entre ces deux « Français », à 1 million d'années d'intervalle ! Il fallait que notre futur public soit ainsi immédiatement convaincu que le beau petit descendait du grand pas beau. Et nous fîmes notre travail et retînmes une bonne demi-douzaine de « couples » maman-bébé, peut-être même un peu plus, non pas parce que nous n'avions pas pu choisir, mais parce que nous pressentions quelques problèmes au moment de la rencontre des enfants et de leur arrière-grand-père. Et le grand rassemblement final arriva ; on introduisit le premier duo ; la première maman déshabilla son jeune acteur, surpris, et l'installa, à notre demande, tant bien que mal, sur un des genoux de l'ancêtre accroupi. De plus en plus surpris et de moins en moins rassuré, le petit se laissa d'abord faire, mais le contact de la cuisse du bon papa lui faisant un drôle d'effet, il commença à réagir, mais supporta encore l'émotion parce que la maman n'était pas loin. La catastrophe arriva vite cependant dès que le petit, intrigué, se retourna pour apercevoir, on ne peut pas lui en vouloir, le visage de celui à qui appartenait la cuisse. Et ce furent des hurlements immédiats, prolongés, à s'étouffer, au point que la maman récupéra vite son rejeton en sanglots, collé à elle, tremblant un peu à cause de la fraîcheur des lieux et beaucoup « grâce » à l'insupportable vision… Et notre premier attelage disparut dans une salle destinée au déconfinement, un caisson, si je puis dire ; on avait tout prévu ! Et le deuxième couple fut introduit, et le troisième, et le quatrième, etc., et ce fut à peu près la même scène à chaque fois, avec cependant d'intéressantes variantes. Une des petites filles, par exemple, se laissa aller sous le coup de l'émotion, et inonda la jambe de l'acteur principal ; un peu surpris peut-être par cette tiède humidité inattendue, il demeura impassible comme se doivent de l'être un bon comédien et un bon Anglais en même temps. Et, chaque fois, avec moins de flegme que son concitoyen posant, le photographe mitraillait tout ce qu'il pouvait, s'efforçant, de manière un peu nerveuse, de saisir l'instantané de génie qui lui permettrait d'assurer ce contrat dans lequel son honneur avait une vraie place. La première ronde des premiers rounds terminée, on en mit en route une deuxième, mais cette fois dans le désordre, réintroduisant les moins mauvais des petits acteurs, ceux qui avaient tenu un tout petit peu plus longtemps (le terme n'est pas approprié !) que les autres, en esquissant même parfois un sourire, un peu fugace, certes, disons une petite éclaircie, juste avant que l'arrondi des lèvres ne s'inverse ! Peine perdue ! Graham n'était satisfait d'aucune prise et quand un photographe n'est pas pleinement content, vous pouvez toujours essayer de le raisonner et de lui faire retenir, faute de mieux, une ou deux images de sa rafale. Loupe en main, il scrutait pourtant tous les détails de tous les clichés, s'efforçant, mais sans succès, d'y croire quelques secondes. Alors on « reprit le collier » et on tenta encore de remettre en selle, je devrais dire « en genou », un de ces bébés fatigués, dont certains, d'ailleurs, s'étaient déjà éteints. Et puis, comme il n'était pas question de refaire le lendemain un *prehistoric man*, forcément un peu différent de celui d'aujourd'hui, et peut-être moins bien, qui sait (?), on décida de faire faire par Graham quelques beaux portraits, au moins en souvenir de notre *Homo « erectus »* et puis de le libérer pour qu'il aille se faire démaquiller, pour lui une vraie petite épreuve encore. Et, dans la foulée, Graham, ragaillardi par les frappes faciles d'un sujet de choix, posant « comme une pomme » (avait dit Cézanne en parlant de sa femme !), se mit à photographier à nouveau les bébés encore dispos, enjoués et gazouillants, car cette fois sur un des genoux de leurs mamans respectives. Les mamans, tout à coup vedettes à leur tour, en ont été, d'ailleurs, visiblement ravies ! Quel repos, pour le photographe ! Il a vite retrouvé sa joie de « taper », son bonheur de mettre en scène et en lumière, son génie d'organiser une pose avec un modèle agité. Et tout le monde se quitta, tard dans la soirée, fatigué et affamé, mais dans une bonne humeur générale, en se remerciant mutuellement dans tous les sens, les maquilleurs et maquilleuses, les mamans, les artistes et nous, et nous, et nous, les méchants clients du continent !

Le surlendemain arriva. Nous avions cette fois rendez-vous au même studio, mais avec le photographe seul. Nous y fûmes. Graham y était déjà, au milieu de ses œuvres, plutôt hétéroclites. Et après une discussion, finalement assez brève, surtout technique, il fut décidé de lui laisser le champ libre pour bidouiller une composition d'un premier Français d'occasion seul, le meilleur, et du meilleur bébé sur les genoux de sa maman. Et nous nous quittâmes, après un déjeuner meilleur que celui de la veille, avec ce fameux agneau à la sauce à la menthe pour lequel je ferais des folies. Quelques jours après, Jean-Pierre reçut plusieurs propositions de compositions au choix. Réunis dans son grand bureau du château de Saint-Germain-en-Laye, devant une panoplie de différentes versions (pas trop différentes d'ailleurs) de la désormais fameuse scène du « préhistorique au bébé », nous nous mîmes facilement d'accord sur une des offres. Et c'est ainsi que s'acheva la genèse de l'affiche de la grande exposition du Grand Palais, affiche qui allait être aussi choisie pour devenir la couverture de l'épais catalogue, en fait le volumineux livre collectif (495 pages, 570 illustrations), de l'expo, et que commença véritablement sa carrière. Que dire de cette affiche ? Qu'elle était pour le moins attirante, belle de loin, sur son fond bleu, surprenante sans être jolie de près, mais remplissant finalement parfaitement son rôle d'interpellante, l'idéal pour une communication réussie. Cette affiche a d'ailleurs reçu un prix dont j'ai, je dois dire, oublié la nature. Mais ce qui demeure drôle, et heureusement jamais véritablement avoué (sans être caché) aux visiteurs de l'expo ou aux lecteurs du livre, c'est que le premier Français, le plus vieux, était anglais (!), et que la dernière-née des petites Françaises, la plus jeune, était anglaise ! *Shame on us !* Mais il est vrai qu'en France aussi, désormais, on chante *Happy Birthday to You* !

Figure 4. *Page de couverture du catalogue de l'exposition du Grand Palais* Archéologie de la France. 30 ans de découvertes.
Sur la photo de Graham Ford, l'homme, Elephant Man, Anglais, premier Français (!), serait un Homo heidelbergensis *ou plutôt un vieux néandertalien (*Homo neanderthalensis*) de 1,2 million d'années, arrivé, par Gibraltar, d'Afrique, et la petite fille, une petite Anglaise, toute jeune* Homo sapiens *française, serait une descendante des premiers hommes modernes européens de 45 000 ans, arrivée par le Proche-Orient également d'Afrique. (Photographie sur la couverture : Graham Ford, éditions de la Réunion des musées nationaux, 1989.)*

Précisons, pour finir, que cet anniversaire, un peu arbitraire (1945-1990, lit-on !), des « 30 ans » de l'archéologie française, année déclarée du même nom, a été prétexte à cette expo de la Réunion des musées nationaux, *Archéologie de la France. 30 ans de découvertes*, exposition dans les galeries nationales du Grand Palais, du 27 septembre au 31 décembre 1989, et à l'édition du livre dont on a parlé, et cet anniversaire a coïncidé avec le 3e Festival du film archéologique (j'étais dans le comité de parrainage) et avec le XIIIe Congrès préhistorique de France (qui a été ouvert dans l'expo), à moins que ce ne soit festival et congrès qui aient fait coïncider leurs dates avec cette fameuse célébration.

UNE GOUTTE DE SCIENCE. Rappelons d'abord que l'origine de l'homme est africaine et tropicale, qu'elle a 3 millions d'années et que sa « sortie » du continent africain et son peuplement consécutif de l'Eurasie ont dû se faire à partir de 2,5 millions d'années. C'est vers l'Asie que l'homme s'est alors orienté (pour des raisons paléogéographiques et paléoclimatiques probables et non par goût !). On relève en effet des dates de l'ordre des 2 millions d'années pour des outillages aussi bien au Pakistan qu'en Chine, alors qu'en Europe, 1,6 million d'années paraissent un « grand » maximum (atteint à Pirro Nord en Italie). Cette « sortie » d'Afrique vers l'Asie a pu se faire par le Bab-el-Mandeb (et la péninsule Arabique) ou par le Sinaï (le Levant). Comme l'Europe groupe ses premiers peuplements dans ses régions méridionales, riveraines de la Méditerranée (Italie, Espagne, France), il n'est pas impossible que ses premiers peuplements à elle soient arrivés par Gibraltar (ce que je pense) ou par la Tunisie et la Sicile (l'isthme siculo-tunisien). Ces sites préhistoriques les plus anciens d'Europe sont donc, avec Pirro Nord, Le Vallonnet en France (Alpes-Maritimes), Atapuerca (la Sima del Elefante) et Orce (Barranco León et Fuente Nueva 3) en Espagne ; ils dépassent tous les trois le million d'années (1,4-1,2 million). Leurs outillages sont des galets aménagés et des éclats, souvent petits et peu retouchés, et leur artisan, un homme appelé *Homo antecessor* en Espagne, *Homo cepranensis* en Italie, *Homo heidelbergensis* en France ; il s'agit en fait, pour moi, comme on le verra dans ce livre, des tout premiers néandertaliens. Comme les conditions climatiques oscillent alors souvent du tempéré au froid et inversement, beaucoup de préhistoriens, remarquant le faible nombre de ces premiers sites, se demandent si ces populations ne seraient pas venues par vagues successives, se diversifiant un peu chaque fois ou s'éteignant même éventuellement sur place. Par contre, chaque fois que les conditions climatiques leur ont permis de « grimper » vers le nord, ces petites populations, au grand potentiel migratoire, n'ont jamais boudé longtemps cette ouverture. Citons, dès 1 million d'années, les gisements du centre de la France, Lunery (Cher) ou Pont-de-Lavaud (Indre), tous deux datés de 1 à 1,2 million d'années, et qui proposent des outillages comparables à ceux de leurs prédécesseurs du Sud, ou même de Saint-Prest dans l'Eure.

Vers 1,75 million d'années, l'Afrique (encore l'Afrique) invente les outils bifaciaux. Cette culture, ou cette technique, va se retrouver au Proche-Orient et en Inde vers 1,5 million d'années, alors que l'Europe (en l'occurrence l'Espagne, site de La Boella) propose les premiers de ces outils nettement plus tard, autour du million d'années. En France, c'est pire (!), ce n'est que vers 700 000 ans qu'arrivent les premiers bifaces ; à la Noira (Centre, 700 000 ans), à Moulin Quignon (Somme, 670 000 ans) ou au Menez Drégan (Finistère, 500 000 ans), ce dernier site offrant en outre les tout premiers foyers d'Europe. À partir de 400 000 ans, le peuplement de la France s'accroît alors démographiquement ; il pratique l'outillage sur éclats (pointes, grattoirs, perçoirs) et diversifie sa trousse en fonction des régions. C'est dans ce superbe épanouissement culturel, que l'on doit donc aux néandertaliens, qu'arrive d'Afrique (l'Afrique encore et encore) l'*Homo sapiens*. Cette nouvelle espèce humaine, sortie de son continent de naissance par le Sinaï, aborde l'Europe orientale à partir de 45 000 ans (Bulgarie). Elle est en France, où on l'appelle volontiers Cro-Magnon, peu de temps après. Elle va y côtoyer, une quinzaine de milliers d'années, ses cousins néandertaliens dont les derniers s'éteignent aux alentours de 30 000 ans. Nous sommes donc aujourd'hui les descendants de ces hommes modernes, africains, puis levantins, de fraîche souche.

II

L'éblouissement

CHAPITRE 4

Le collège de Montigny-lès-Cormeilles

Lucy

(3,2 millions d'années)

Un beau jour de 1992, j'ai reçu une lettre charmante d'un directeur de collège me demandant si je voulais bien accepter de donner mon nom à son établissement qui, en effet, n'en avait pas ! Je n'en revenais pas ! J'éprouvai un mélange de fierté incontestable et de gêne de voir arborer ainsi mon nom sur le fronton d'une école ; c'était très flatteur certes, mais, même si je n'étais pour rien dans ce choix, ça me paraissait quand même quelque peu prétentieux. Pour vous rassurer et tout vous avouer tout de suite, mon hésitation n'a pas été très longue ; j'ai répondu à ce monsieur combien j'étais surpris et honoré de cette offre bien inattendue, mais que je l'acceptais avec enthousiasme si, bien sûr, elle se confirmait, car, m'avait-il dit, la commission qui s'en occupe (parents d'élèves) hésite encore entre trois noms. Eh bien, pour vous rassurer encore un peu plus, ce temps passé entre la proposition et la décision, six à huit semaines peut-être, m'a paru interminable ! Et la décision est tombée… en ma faveur. J'ai su plus tard que ladite commission avait hésité entre les noms de François Truffaut, réalisateur, celui de Roger Plisson, navigateur d'origine malestroyenne, et le mien ; finalement Truffaut avait été abandonné et le marin avait « reçu » une place voisine du canal dit « de Nantes à Brest » et qui passe à Malestroit, ce qui finalement était plus approprié !

Le collège était le collège public d'une commune du Morbihan, Malestroit, charmante petite ville d'environ 2 500 habitants, au bord de l'Oust et, comme on vient de le voir, du canal de Nantes à Brest, et qui venait de célébrer, quelques années auparavant, ses 1 000 ans ! La légende disait en effet qu'elle avait été fondée en 987 par des moines qui avaient choisi la confluence de deux bras de la rivière pour construire leur monastère. Le collège recevait, m'expliqua le principal, de 200 à 300 élèves en permanence, de la sixième à la troisième, qu'encadraient une vingtaine de professeurs ; et j'étais bien sûr convié à venir le visiter et rencontrer élèves et personnel enseignant sans délai, avant la cérémonie de « baptême » qu'il fallait préparer et qui se ferait beaucoup plus tard. Né à Vannes, à 40 kilomètres de Malestroit, je connaissais bien cet endroit et y avais même des amis très proches, alliés à ma famille maternelle. Mais, détail local, Vannes était une ville bretonnante, dite « de Basse-Bretagne », et en plus « de la mer », tandis que Malestroit, de Haute-Bretagne, parlait français (gallo) et était « de la terre » (on disait « des champs de choux ») ; il y avait donc entre nous, dans nos têtes d'enfants, fabriquées bien sûr par notre éducation, une frontière. Et quand il y a une frontière, les gens du côté auquel ils appartiennent se considèrent comme forcément « meilleurs » que ceux de l'autre côté ! C'est souvent du « non-dit », mais c'est pire. Inutile de préciser qu'à 57 ans, ce ressenti instinctif d'autodéfense que connaissent toutes les populations du monde vis-à-vis de leurs voisins n'avait plus, pour moi, aucune réalité.

Mais il existait encore en Bretagne une autre « opposition », toujours réelle, celle des écoles ; chaque commune donnait aux parents le choix entre l'école publique (du Diable) et l'école privée (de Dieu). Moi qui avais été à Vannes, à l'école du Diable où enseignait mon père (collège et lycée Jules-Simon), aux côtés de l'école de Dieu (collège et lycée jésuite Saint-François-Xavier), je connaissais bien cette rivalité. À Vannes, c'était d'ailleurs plus une juxtaposition d'écoles, qui s'ignoraient sans se combattre, qui séparait quand même les familles, c'est-à-dire les enfants. Déjà très gêné, il n'y a pas d'autre mot, de « débarquer » à Malestroit, moi, Vannetais, marin et laïque, de cette manière pour le moins arrogante, sur le fronton de l'école du Diable, je m'informai sur l'existence de l'autre école. Un collège privé, Saint-Julien, y divisait en effet les jeunes Malestroyens et Malestroyennes. Ayant bien sûr dépassé cette séparation – je pense d'ailleurs que je ne l'ai ni personnellement ni d'éducation véritablement perçue –, j'ai cru bien faire en écrivant, tout de suite, à la direction du collège Saint-Julien ! Je m'y présentais, paléontologue et préhistorien, racontais la sollicitation qui m'avait été adressée et que j'avais acceptée, annonçais que j'allais donc être amené à visiter Malestroit de temps en temps et, dans le cadre des activités de « mon » collège, donner des conférences, conduire des excursions, animer des ateliers, et que ces prestations allaient être, bien entendu, ouvertes à tous les enfants de toutes les écoles qui souhaiteraient y assister ou y participer ; j'avais même ajouté, je m'en souviens parfaitement, que si cela posait problème, je me tenais volontiers à la disposition du collège Saint-Julien pour venir y doubler mes prestations. Je tiens à dire aujourd'hui, et je regrette beaucoup d'avoir à le faire, que je n'ai jamais reçu de réponse à mon courrier de bonne volonté ! Je le regrette. Mais, après tout, ce courrier n'est peut-être jamais parvenu au frère directeur.

Et puis la cérémonie a eu lieu. Devant un joli parterre de petites frimousses étonnées, se posant sans doute beaucoup de questions, dans une ambiance pleine de bonne humeur, j'ai vécu le dévoilement de mon nom, les discours chaleureux, ma réponse enjouée et puis le déplacement du petit noyau d'officiels jusqu'à la mairie, où un nouveau discours m'attendait, auquel je m'efforçai de répondre d'aussi belle façon ; ainsi, quand on devient parrain, on devient souvent filleul en même temps ! Je reçus en effet la citoyenneté d'honneur de la ville (juin 1993), la médaille de Malestroit portant blason « de gueules à neuf besants d'or » et devise « *Quae numerat nummos non Malestricta domus* » (« N'est pas de Malestroit celui qui compte ses besants » ou « Maison riche d'écus ne grince jamais »), les besants étant les anciennes monnaies de Byzance. Et puis les visites au collège se sont multipliées, rencontres des élèves, ensemble, classe par classe, séances de questions, parfois écrites sur des papiers pliés et à puiser dans trois chapeaux, un chapeau de questions scientifiques, un chapeau de questions personnelles, un chapeau de questions indiscrètes (exemple : « Dormez-vous la barbe sur ou sous les draps ? »), toute question étant bien sûr signée d'un prénom ! Mais aussi rencontres des professeurs, des parents d'élèves, conférences pour le collège (24 et 25 juin 1992, 7 juin 1993), conférences pour les élèves et le public, animations (excursions et ateliers) chaque fois dans une atmosphère de joyeuse pagaille ! Et, inversement, j'ai reçu à Paris une délégation d'élèves et de professeurs du collège, pour une visite privée de l'Institut de France (1994), une autre délégation pour une visite privée de la galerie de paléontologie du Muséum national d'histoire naturelle, une autre encore pour celle des galeries du musée de l'Homme, etc. Et chaque fois que je rencontrais ces enfants, si j'avais le malheur d'accepter de signer à l'un d'entre eux le livre (de classe) ou le cahier qu'il me tendait, j'avais droit à la sollicitation de tous les autres ; et comme dans toute société, je voyais défiler les élèves dans la diversité de leurs caractères, ceux qui avaient de beaux cahiers et de pleines pages blanches, ceux qui avaient les mêmes belles pages vierges, mais détachées, puis d'autres avec des pages déchirées, des fragments de pages froissées, des torchons de papier, et puis ceux qui n'avaient rien du tout, mais qui venaient me réclamer une signature quand même. Souhaitant être gentil avec tous, ce qui me paraissait être le moindre des comportements pour un parrain, je signais tout et demandais aux derniers de remonter leurs manches et signais la peau de leurs bras. Catastrophe ! Ça leur plaisait tellement chaque fois qu'ils arboraient leur « tatouage » aux autres qui, du même coup, revenaient, pour recevoir, eux aussi, en plus de leur signature conventionnelle, la signature pirate qui allait me faire exécrer par tous les parents à qui allait revenir le nettoyage !

Le principal, recevant de moi des courriers manuscrits, a, un beau jour, curieusement, utilisé ma signature comme « logo » de son collège et, fort de cette idée, s'est présenté à un concours de logos d'écoles… et a gagné le premier prix ! Je trouvais, certes, son idée originale, mais guère jolie. Très actif, le même principal, multipliant les événements, a, d'autres fois, monté des expositions, *La Préhistoire*, *Sur les pas d'Yves Coppens*, expositions sympathiques faites de panneaux de cartes, de photographies et de coupures de presse, d'objets préhistoriques des alentours de Malestroit et de moulages de fossiles que je lui fournissais ; je les ai bien sûr toutes inaugurées. Et puis, un beau jour, c'est moi qui ai créé l'événement ! J'avais été promu dans l'ordre national du Mérite (en 1989) et puis j'avais, comme chaque fois ou presque, tardé à me faire remettre les insignes de mon grade, cherchant une idée originale pour choisir un parrain et un lieu. Fort de l'existence toute neuve de ce collège à mon nom, j'écrivis au ministre Hubert Curien, ministre de la Recherche et de l'Espace, que je connaissais bien. Et je lui rappelai qu'il m'avait élevé à la dignité d'officier dans l'ordre du Mérite, que par ailleurs un collège en Bretagne venait de prendre mon nom, et conclus que je ne lui ferais pas l'affront de lui expliquer le rapport qu'il pourrait y avoir entre les deux événements. Il le comprit bien sûr tout de suite et me répondit, à la main, très vite (Curien était ainsi) que c'était entendu et que, dès qu'il aurait l'occasion de se rendre en Bretagne, il me le ferait savoir. Dès janvier 1993, Hubert Curien m'annonçait la nécessité qu'il avait d'aller voir son collègue Louis Le Pensec à Brest et qu'il se proposait de passer par Malestroit, en y allant. Il vint donc, comme annoncé, le 29 janvier à Malestroit, au collège Yves-Coppens. J'étais ravi ! Il était arrivé de Paris en hélicoptère, mais avait dû se poser à quelques kilomètres, pour des raisons de règles de sécurité (j'étais triste qu'il n'ait pas pu atterrir directement dans la cour de l'école), et était arrivé encadré d'une belle escorte de motards de la gendarmerie nationale (c'était déjà ça !). Accueil officiel par les autorités du collège et moi-même, bien sûr, mais entourés, pour la circonstance, de préfet, sous-préfet, maire et compagnie. Puis, c'est dans un grand gymnase, bâtiment distinct de celui de l'école, mais sur le même campus, que le principal nous convia. Hubert Curien fit un superbe discours que je regrette de n'avoir pas enregistré, évoquant d'abord mon père et ses travaux, remarquables, avait-il dit, en physique nucléaire (Hubert Curien était, dans le civil, professeur de minéralogie à l'université Paris-VI), et puis « son fils », mes expéditions, mes recherches, leurs résultats ; il me piqua donc, comme il se doit, me donna l'accolade ; je lui répondis et nous prîmes une rafraîchissante coupe de champagne sur place, avant d'aller déjeuner, avec tous les élèves et dans l'ambiance tonique que l'on imagine, à la cantine ! C'était en fait une très belle idée. Le ministre, visiblement enchanté, prit son temps, mais dut quand même nous quitter, avec son escorte de l'arrivée, pour rejoindre son engin volant et puis honorer son rendez-vous au bi du bout du Finistère. Et il nous fit l'honneur d'un passage à basse altitude au-dessus du collège. Un grand souvenir pour tout le monde !

Les années ont passé, j'ai été moins disponible, mais j'ai toujours gardé le contact avec les directeurs successifs, mais aussi avec un certain nombre de professeurs avec qui j'avais créé des liens d'amitié. Vers la fin des années 1990 ou le début des années 2000, je recevais de l'un d'entre eux… la page arrachée d'un cahier d'une jeune élève ! Le professeur en question avait dit à ses nouveaux élèves de commencer leurs cahiers en écrivant en haut et à gauche de la première page leur nom, leur prénom, leur date de naissance, leur adresse et le nom de leur collège, en l'occurrence le collège Yves-Coppens bien sûr. Et la toute jeune élève (de sixième sans doute, 10 ou 11 ans donc), dont il m'avait envoyé cette page de cahier, d'ailleurs un peu « rudement » déchirée (je trouve) au lieu de m'en faire une photocopie, avait, avec application, écrit son nom et son prénom, puis sa date de naissance, puis son adresse et enfin le nom de son collège… collège Saint-Yves-Coppens ! Voyez ce que je disais de la profonde ambiance religieuse traditionnelle de l'éducation dans les familles bretonnes, au moins les familles rurales. Pour la petite élève, il ne pouvait faire de doute en effet que, son nouveau collège portant le nom d'une personne, cette personne ne pouvait qu'avoir été au minimum canonisée ! J'ai failli (mais ne l'ai pas fait) envoyer une copie de ladite page arrachée au directeur du collège Saint-Julien, en complément à ma lettre de 1992, demeurée sans réponse ; je lui aurais dit : « Ça y est ! Rassurez-vous ! Tout est arrangé ! »

Après vous avoir parlé du premier collège Yves-Coppens, je me propose de vous présenter le dernier en date. Un beau jour de 2017, c'est une lettre charmante d'un maire, cette fois, qui me disait se lancer dans la construction ambitieuse d'un grand complexe scolaire dans le cadre de l'aménagement de tout un quartier. Ce monsieur s'appelait Jean-Noël Carpentier et sa ville

Montigny-lès-Cormeilles, dans le 95. Il me dévoilait sans attendre son projet : une école Yves-Coppens, un gymnase Lilian-Thuram et une place Lucy !! Belle gourmandise ! Je lui répondis rapidement mon accord, le remerciai pour l'honneur qu'il nous faisait à ma petite « vieille » filleule et à moi-même et pour le plaisir qu'il y ajoutait en associant nos noms à celui de Lilian Thuram. Je rappelle, s'il en était besoin, que Lilian Thuram est un footballeur fameux qui, après avoir offert, entre autres, la Coupe du monde à la France en 1998, a courageusement créé une fondation pour promouvoir l'enseignement contre le racisme (je suis membre de son comité scientifique) et que Lucy est le prénom donné à un petit fossile de plus de 3 millions d'années découvert en Éthiopie par une expédition que je codirigeais, fossile devenu le symbole de l'origine tropicale et africaine de l'humanité.

Une petite anecdote pour commencer : Lilian me fit demander, par son assistant, Lionel Gautier, si j'accepterais que l'école portât plus volontiers son nom que le mien. Étant donné l'extraordinaire travail que Lilian conduisait depuis vingt ans pour développer cette bien nécessaire leçon d'égalité des humains, j'ai trouvé son idée tout à fait recevable, mais, à la réflexion, je lui ai quand même fait remarquer que c'était alors le gymnase qui devenait Yves-Coppens ! Je ne commenterai pas plus ici la cocasserie de cette inversion que je ne l'ai commentée à Lilian ; sa proposition s'est vite éteinte d'elle-même dans la bonne humeur que l'on imagine !

Quand Jean-Noël Carpentier, fort de notre accord enthousiaste, nous a donc conviés tous les deux, Lilian et moi, pour une première cérémonie, le jeudi 5 avril 2018, ce fut d'ores et déjà un prologue de très haute tenue : discours de l'un, discours de l'autre, truelles spécialement réalisées et gravées pour manipuler le ciment destiné à la pose de la première pierre, conférence à deux voix au centre culturel Picasso (intitulée « Nous humains » et dont le modérateur était Daniel Fiévet) et généreux buffet, le tout au cœur d'un immense terrain qu'on appelle « vague » (quartier de la gare) et que seuls des yeux d'architecte pouvaient imaginer autrement. Et puis, rendez-vous dans un à deux ans !

Pendant que de « vague » le terrain se transformait en « chantier », avec des trous et des bosses, des déblais et des remblais, des tranchées et des mottes, et bien sûr des bulldozers et des grues partout, Jean-Noël Carpentier, qui nous en envoyait régulièrement des images « rassurantes », se posait beaucoup de questions sur l'aménagement de la place « Lucy ». Je l'avais présenté à une amie sculpteur, Élisabeth Daynès, devenue la spécialiste mondiale de la « mise en corps » de tout bout d'os fossile, et les échanges entre l'ordonnateur, l'artiste et moi ne cessèrent plus pendant des mois. Fallait-il une statue ou pas, et si oui, toute petite ou toute grande, à portée ou pas, sur un socle ou sur le sol, avec fontaine ou pas, et si oui, d'eau calme ou d'eau jaillissante, avec frondaisons ou pas, et si oui, de quelques plantes à fleurs ou d'un épais fourré tout vert ? Et puis la décision fut prise. Une statue, grandeur nature (1,10 mètre), toute belle, toute seule, « caressable » à volonté ! Et les discussions se poursuivirent alors entre Élisabeth et moi, elle pour l'art et moi pour la science, avec validation à chaque étape de M. le maire. Et nous aboutîmes à un modelé et à un port qui me convenaient ; Élisabeth y ajouta l'idée « géniale » – n'ayons pas peur des mots – d'une petite Lucy qui se faisait un selfie ! Et Jean-Noël nous accorda toute sa confiance ; Lucy en terre devint Lucy en bronze, et Lucy dans l'atelier devint Lucy à sa place, sur sa place, la première au monde à porter son nom et son message.

La deuxième cérémonie eut lieu le vendredi 6 septembre 2019 ; la place d'abord, l'école et le gymnase ensuite. Nous voici donc, Jean-Noël, Lilian et moi, au milieu de la place, au cœur d'une foule jeune et joyeuse, à l'arrêt devant un généreux tissu mauve, léger et sans forme ; et puis, au signal du maire, nous nous en saisîmes tous les trois et Lucy fut dévoilée, superbe, triomphante, enjouée elle aussi et s'autophotographiant sans vergogne. Notre geste ne se fit pas sans bruits, des applaudissements sans retenue, des cris de tous nos « écoliers » curieux, des crépitements des instruments de saisie d'images et de sons – on ne cache plus rien. Jean-Noël s'exprima le premier ; je le suivis ; Lilian clôtura. Nos discours disaient la même chose : ce petit personnage, charmant et d'allure si inoffensive, nous racontait que les 100 milliards d'humains qui avaient existé depuis 3 millions d'années, et qui s'étaient succédé en 200 000 générations jusqu'aux nôtres, avaient tous eu la même origine tropicale et africaine, que nous étions donc tous frères et sœurs, que nous avions eu tous le même temps d'histoire que nous avions utilisé différemment en fonction des exigences de la vie dans la région dans laquelle on s'était établis ; aucune hiérarchie entre les humains n'avait donc de sens et Lucy était par excellence le symbole de cette fraternité, porteur de l'unité et du génie de l'humanité. Et puis le cortège, qui avait plutôt l'allure d'un nuage aux contours incertains, se déplaça de la place à l'entrée de l'école, où fut dévoilée une généreuse plaque bavarde à mon nom ; le même nuage pénétra alors dans l'établissement, s'y effilocha en s'égayant d'une salle à l'autre, jusque dans le superbe gymnase du sous-sol, et puis se reforma pour aller dévoiler une autre plaque, tout aussi généreuse et bavarde, au nom de Lilian cette fois, à l'autre entrée du même établissement, symétrique de la première. Un vaste buffet, comme un vrai petit marché, était installé à l'extérieur, en un grand U, lieu privilégié de rencontres plus personnalisées d'enfants, de leurs familles, de professeurs, mais aussi de micros qui n'avaient en fait jamais cessé de se tendre depuis le déshabillage de Lucy. Un dîner, dans un bien bel hôtel des environs et réunissant, à l'invitation de Jean-Noël, la plupart des acteurs de cette grande opération immobilière (l'architecte par exemple), culturelle (Élisabeth Daynès par exemple), éducative (les chefs d'établissement), politique, en activité ou en « retrait »

(Robert Hue, sénateur, ancien maire, avait été fidèle à toutes les rencontres depuis la première pierre), autour des parrains.

Je terminerai par la citation de quelques-uns des nombreux échanges de SMS entre le maire de Montigny-lès-Cormeilles et moi, échanges qui ont accompagné les deux années de déroulement de ces courageuses « manœuvres ». *15 mars 2018* : « La préparation de notre soirée se passe bien. Nous communiquons pour faire connaître largement cet événement. Ci-joint la photo de l'affiche disposée dans de nombreux endroits de la ville. J.-N. C. » *17 mars 2018* : « L'affiche est somptueuse. J'espère que l'ami Thuram l'apprécie aussi. Merci ! Y. C. » *6 avril 2018* : « Professeur, je tiens de nouveau à vous remercier pour cette belle soirée. J'ai beaucoup de retours positifs. J.-N. C. », « C'est moi qui vous remercie très chaleureusement… Et je n'oublie pas le dévouement de tous vos personnels, des préparatifs aux exécutions… ni le choix de mon partenaire. Y. C. » *12 juillet 2018* : « Bonsoir, Professeur, en passant devant le chantier du nouveau quartier de la gare, j'ai eu une petite pensée pour vous. Votre école avance bien ! Le chantier est impressionnant ! J.-N. C. » *13 juillet 2018* : « Mille mercis, j'apprécie, Monsieur le Maire, votre pensée. Pour une fois, un chantier d'archéologue passera de l'enfoui au bâti ! J'attends avec impatience, ayant connu la qualité de la première, la deuxième inauguration ! Par quoi remplacerez-vous les truelles d'honneur ? Y. C. » *30 août 2018* : « À quel moment puis-je vous téléphoner pour m'entretenir avec vous de la future place Lucy (eh oui il n'y a pas que votre école à Montigny !) J.-N. C. » *16 novembre 2018* : « Bonjour Professeur. Avec madame Daynès nous avons parlé de vous et de Lucy. Élisabeth m'a envoyé ses propositions de représentations. Je trouve cela bien. Et vous, qu'en pensez-vous ? J.-N. C. » *27 février 2019* : « Je souhaitais faire le point avec vous concernant l'inauguration de l'école Yves-Coppens et de la place Lucy. J.-N. C. » *23 août 2019* : « J'en profite pour vous envoyer des photos du chantier de l'École Coppens de Montigny qui se termine (le mobilier pour les enfants a même été livré). J.-N. C. » *24 août 2019* : « Qu'est-ce qu'elle est belle mon école ! Lucy m'a dit de vous dire *exirhistelei* ("merci" en amharique – éthiopien) ! Y. C. » *7 septembre 2019* : « Chers Élisabeth, Lilian, Yves et David, j'ai été voir Lucy ce matin. La nuit s'est bien passée. Elle est contente d'être là et elle vous embrasse... Merci à vous tous pour votre participation d'hier. C'est pour moi un moment inoubliable. Merci. J.-N. C. » « C'est nous qui vous remercions de votre idée, de votre réalisation, de l'inauguration très belle et très réussie, de votre générosité... Votre plaisir était d'ailleurs communicatif. Vous avez mis de la joie et de la surprise dans les yeux de vos petits concitoyens ; c'était un bonheur à observer... Y. C. » *12 septembre 2019* : « Comment se comporte ma Lucy en bronze vis-à-vis de ses admirateurs et comment se comportent vos concitoyens vis-à-vis de cet ancêtre peu présentable ? Y. C. », « Lucy est en passe de séduire tout le monde. Beaucoup de gens viennent des différents quartiers de la ville pour la voir. Beaucoup font des photos avec elle. Elle devient la mascotte de la commune. J.-N. C. », « Chouette ! Y. C. » *10 décembre 2019* : « Lucy est maintenant bien connue des habitants. Et beaucoup se sont renseignés sur elle et donc sur vous ! Nous en sommes très contents ! J.-N. C. » *26 mars 2020* : « Ici le confinement est bien respecté. Compte tenu de sa résistance et de sa personnalité, seule Lucy a une autorisation de sortie permanente ! J.-N. C. »

Belle entreprise, généreuse dans son ampleur et courageuse dans ses choix. Merci Jean-Noël Carpentier ; nous gardons un merveilleux souvenir de ces rencontres à Montigny et sommes fiers de vous avoir confié le plus emblématique de nos trophées.

UNE GOUTTE DE SCIENCE. Lucy est un petit squelette de préhumain découvert en 1974 par une expédition franco-américaine (l'IARE, International Afar Research Expedition) dans le nord-est de l'Éthiopie (l'Afar), codirigée par Maurice Taieb, géologue français, découvreur du site (décédé en 2021), Donald Johanson, paléoanthropologue américain, et moi. Et c'est en 1978 que Donald Johanson, Tim White et moi avons créé l'espèce *Australopithecus afarensis* pour recevoir ce fossile et quelques-uns de ses contemporains. Son succès inattendu est dû au fait qu'à l'époque, ce squelette était le plus complet (le moins incomplet) des fossiles de préhumains que l'on connaissait, qu'il était le plus ancien rencontré (3,2 millions d'années) et qu'il était celui dont l'étude avait permis de découvrir qu'il était debout, marchait, mais grimpait aussi. Appelé AL 288 sur nos catalogues, nous l'avions surnommé Lucy, inspirés par la chanson des Beatles « Lucy in the sky with diamonds ». Donald Johanson, qui, avec un de ses élèves, Tom Gray, en avait découvert les premiers ossements, a fait beaucoup aux États-Unis pour promouvoir ce fossile important ; j'ai fait ce que j'ai pu moi-même, dans les pays francophones ; et Lucy est devenue ainsi le symbole de l'origine africaine de l'humanité. Ce n'est pas l'endroit pour énumérer les multiples inspirations que cette découverte a suscitées (Yves Coppens, *Le Genou de Lucy*, Odile Jacob, 1988) ; je voudrais cependant faire état de l'influence de ce personnage sur notre communauté scientifique : le squelette féminin de 11 500 ans découvert en 1974 au Brésil, à Lagoa Santa dans le Mato Grosso (Lapa Vermelha), alors le plus ancien fossile humain d'Amérique, fut appelé LUZIA en hommage à notre petite « filleule » ; le plus ancien être fossile qui aurait des descendants aujourd'hui (vieux de 3,3 à 3,8 milliards d'années) a été appelé LUCA, Last Universal Common Ancestor, en 1994 par Christos Ouzounis et Nikos Kyrpides pour les mêmes raisons. Trois grosses pierres, dédiées à Lucy ou à ses pères (ou parrains), tournent par ailleurs dans le ciel, entre Mars et Jupiter, et une sonde nommée elle-même Lucy vient d'être lancée par la Nasa (octobre 2021) pour aller les photographier.

Entre le collège de Malestroit et l'école de Montigny-lès-Cormeilles, il y a eu six établissements scolaires qui m'ont fait l'honneur de prendre mon nom : le collège de Lannion, dans les Côtes-d'Armor, en 2003, l'école de Saint-Martin-Lacaussade, en Gironde, en 2006, l'école de Grand-Champ, dans le Morbihan, en 2008, l'espace enfance de Lux, en Saône-et-Loire, en 2009, l'école de Poilly-lez-Gien, dans le Loiret, en 2011, l'école d'Arsac-en-Velay, en Haute-Loire, en 2013. Je les ai tous inaugurés, sauf l'espace enfance de Lux. Ce furent cinq grands moments, des dizaines de petits sourires curieux, étonnés, muets ou pas, mais tous vite complices.

À Grand-Champ, un ami réalisateur, Jean-Yves Collet, s'était rendu à l'école la veille de l'inauguration, pour filmer, pour une commande de France 5 appelée *Empreintes*, mes jeunes « filleuls » encore libres de s'exprimer avant la rencontre. Ce fut un document d'une merveilleuse fraîcheur ; l'un des élèves disait à ses copains : « Yves Coppens, moi je le connais, il est incroyablement intelligent » ; et un autre, s'exprimant à son tour, déclarait : « Moi, je le connais aussi, il est surtout très riche. Il a vendu Lucy des milliards et des milliards… ! » Et une charmante petite fille, tentant de s'insérer dans la conversation, ajoutait : « Moi, je sais, Yves Coppens est né le 9 août, eh bien mon petit frère aussi ! » Et les garçons, un peu rudes, de lui répliquer d'une seule voix : « Oui, mais ton petit frère, on s'en fout ! »

C'est le maire de Lannion, Alain Gouriou, qui, député, m'invita un jour au restaurant de l'Assemblée nationale, pour me demander mon accord pour donner mon nom à un collège tout neuf qu'il était en train de construire. Et il ajouta : « J'appellerai même Yves Coppens la rue qui le desservira. » Sa femme et lui nous reçurent très chaleureusement, ma femme et moi-même, chez eux pour l'inauguration. Mme Gouriou avait même pensé cuisiner des ormeaux, son mari lui ayant rapporté que, dans une de nos conversations parisiennes, je lui avais raconté n'en avoir jamais mangé ! Le discours du maire, le lendemain, dans un collège encore en chantier, en fit état… et, détail qui m'amusa beaucoup, déclara aussi : « Yves Coppens est breton comme nous ; évidemment il est sudiste, mais on l'aime bien quand même ! »

À Saint-Martin-Lacaussade, le maire me remercia d'être venu « physiquement » pour cette petite cérémonie et ajouta : « Vous êtes, Yves Coppens, la deuxième personnalité qui vient dans notre petit bourg ; la première, c'était Saint-Martin ! »

Les écoles de Poilly-lez-Gien et d'Arsac-en-Velay avaient réalisé des merveilles de décorations, peintures, expositions, faisant plonger leurs élèves dans le monde des mammouths, des Neandertal et des Cro-Magnon, certes, mais dans celui des dinosaures aussi. À Arsac, c'est l'ancien ministre de l'Enseignement supérieur et de la Recherche, maire du Puy, Laurent Wauquiez, qui me fit l'honneur de venir me présenter et participer à l'inauguration de cette bien jolie petite école. Quant à l'école de Poilly-lez-Gien, elle m'a fait parvenir le texte d'une habile petite fiction préhistorique (que j'ai d'ailleurs préfacée), qui devait m'être remise le jour du dixième anniversaire du baptême de l'école, célébration reportée à juin 2022.

CHAPITRE 5

Le collège de Liart

La dame d'ivoire

(25 000 ans)

Édouard Piette est un préhistorien amateur passionné que toute la communauté scientifique internationale connaît et respecte ; fouilleur impénitent, il est, notamment, l'auteur de la fameuse découverte de la « Dame à la capuche », merveilleuse statuette en ivoire de mammouth du Gravettien des Pyrénées (environ 25 000 ans). Édouard Piette est né et mort dans les Ardennes (Aubigny-les-Pothées, 11 mars 1827-Rumigny, 5 juin 1906). Très curieux et très tôt attiré par un peu tout ce que le sol ou le sous-sol contient, il commence sa jeune existence par des prospections à travers les campagnes de son pays et celles de l'Aisne voisine ; ces promenades le conduiront vite à des observations géologiques et à des récoltes paléontologiques et archéologiques importantes qui le feront vite remarquer par le monde « professionnel ». Sa première publication date en effet de 1855, il a 28 ans. Mais à côté de ses recherches, Édouard Piette conduit à leur terme des études de droit à Paris, devient avocat, puis juge de paix, dans les Ardennes, l'Aisne, le Gers, et finalement juge au tribunal d'Angers. Il n'abandonnera jamais son métier d'homme de loi, mais il n'en abandonnera pas plus son intérêt premier pour la géologie ou pour la préhistoire. Il est par exemple l'auteur d'importants écrits sur le Lias ou Jurassique inférieur (200-175 millions d'années) du nord-est de la France, de la Belgique et du Luxembourg, et il est aussi l'auteur de multiples travaux concernant la fin du Paléolithique et le Mésolithique (30 000-10 000 ans) du sud de la France. Cet intérêt pour la préhistoire va surtout s'épanouir à l'occasion d'un séjour, en 1871 (il a 44 ans), aux eaux de Bagnères-de-Luchon, prescrites pour sa santé. Il se met en effet alors à fouiller, dans la région au sens large du terme, un certain nombre de grottes, toutes avec un surprenant succès (Haute-Garonne, Hautes-Pyrénées, Pyrénées-Atlantiques, Ariège, Landes). À la grotte du Mas-d'Azil, en Ariège, il définit par exemple l'étage azilien, qui succède au Magdalénien et amorce la période dite « mésolithique ». À la grotte du Pape, à Brassempouy, dans les Landes, il met au jour neuf statuettes du Gravettien, dont le plus ancien visage humain, celui probable d'une femme, aux cheveux tenus dans une sorte de résille, ou simplement tressés, un visage mystérieux, fascinant, émouvant, aussi envoûtant que celui de *La Joconde* de Léonard de Vinci.

Il faut savoir que, par ailleurs, comme « Qui prend femme prend pays » (comme disent les Canadiens), je suis devenu très vite ardennais, comme Édouard Piette, mais moi d'adoption par mon mariage avec Martine Lebrun. Je n'ai alors pas tardé à m'apercevoir ainsi que la personnalité de ce grand préhistorien, lui pourtant enfant des Ardennes par excellence, n'y était guère célébrée. Je me suis donc permis, en qualité de préhistorien moi-même, d'écrire au président du conseil général, à Charleville-Mézières, pour lui exprimer ma surprise et lui demander de réparer cet oubli, pour le prestige même de son département. J'ai été, je dois dire, très rapidement entendu (merci monsieur Jacques Sourdille) et le conseil a décidé d'attribuer ce patronyme au collège public de Liart, qui, jusqu'ici, n'en avait pas. La cérémonie de dénomination eut lieu le 20 octobre 1995. Les élèves et leurs professeurs avaient

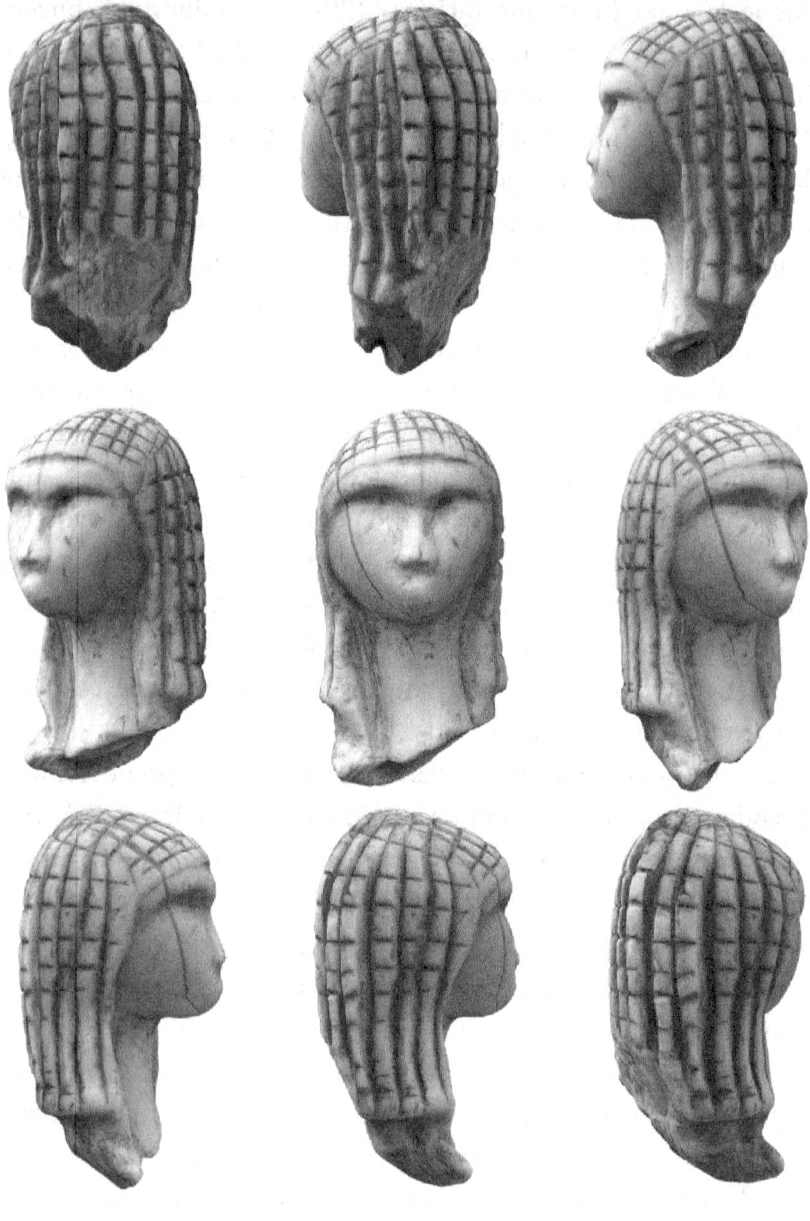

Figure 5. *Sculpture en ivoire de Mammouth, dite la « Dame à la capuche » ou « La Vénus de Brassempouy », grotte du Pape (Landes), époque gravettienne, 25 000 ans. (Saint-Germain-en-Laye, musée d'Archéologie nationale et Domaine national de Saint-Germain-en-Laye. Photo © RMN-Grand Palais (musée d'Archéologie nationale)/Jean-Gilles Berizzi.)*

préparé deux très belles expositions, *La Femme dans la préhistoire* et *Édouard Piette et la préhistoire*, expositions mises en place de ce 20 octobre au 15 novembre 1995. Henri Delporte, spécialiste des statuettes paléolithiques, et moi étions parrains du baptême ; nous rencontrâmes les élèves, visitâmes les expos, dûmes, bien sûr, nous acquitter des allocutions de circonstance, et déclarâmes officiellement « collège Édouard-Piette » ce joli collège. Tout le monde, et il y en avait beaucoup, était content, joyeux, amusé, curieux, et la fête fut très sympathique et, bien sûr, très jeune. Dans les années qui ont suivi, j'ai eu l'occasion de retourner audit collège pour y donner des conférences.

Et puis, ayant vu, par ailleurs, que le château de la Cour-des-Prés de Rumigny (maison forte du XVIe siècle, bâtie en 1546), propriété d'Édouard Piette et dans laquelle il avait vécu, reçu, travaillé et s'était éteint, offrait des chambres d'hôtes, *bed and breakfast*, pour des séjours d'une ou de plusieurs semaines, je me suis très vite présenté et j'ai passé dans ce château un superbe séjour. Jolie petite chambre dans une tour sur les bords d'une rivière (dite « le ruisseau de l'Aube »), lit à baldaquin, grandes salles de séjour, de repos et de lectures, longues galeries de portraits et parc aménagé. J'ai d'abord été un client « régulier » (j'allais déjeuner et dîner dehors), et puis je suis vite devenu très ami des propriétaires, descendants de la famille Piette, M. et Mme Avril, qui m'ont ouvert leur table et leurs appartements, la bibliothèque et le cabinet de travail d'Édouard Piette. J'étais venu pour écrire et j'ai, en fait, passé beaucoup plus de temps à lire tout ce que mon grand prédécesseur avait bien voulu me laisser en pâture ! Ce fut un grand bonheur ! Merci monsieur et madame Avril !

De 1969 à 1983, j'ai été élu et nommé à la sous-direction d'abord, puis à la direction ensuite du musée de l'Homme (j'étais devenu titulaire de la chaire d'anthropologie biologique du Muséum national d'histoire naturelle), et ce long séjour de quinze années dans cette grande maison m'avait donné l'occasion de rencontrer et de fréquenter (en tout bien tout honneur !), la Vénus de Lespugue, propriété du musée. Vénus de la « famille » de la Dame à la capuche, cette merveilleuse petite statuette, gravettienne et en ivoire de mammouth comme sa cousine des Landes, avait été découverte, quant à elle, dans une grotte (dite « des Rideaux ») de Haute-Garonne. Or j'avais remarqué que cette dame avait… les fesses à l'envers ! Et, à force de la tourner et retourner mille fois, j'en avais conclu que si elle était bien *une* de face, elle était *deux* de dos (deux représentations féminines opposées par le bassin). À tout seigneur tout honneur, j'ai alors présenté d'abord mes observations à l'Académie des inscriptions et belles-lettres de l'Institut de France (publication de 1989). Peu de temps après cette « découverte » étrange, il s'est trouvé qu'Henri Delporte, préhistorien dont nous venons de parler (mon coparrain du collège de Liart), organisa à Brassempouy un grand colloque international (1994) sur les statuettes paléolithiques, à l'occasion de la célébration du centenaire de la découverte de la dame du même nom (il avait appelé son colloque « La Dame de Brassempouy, ses ancêtres, ses contemporaines, ses héritières »). Ayant très aimablement été invité à présider le comité scientifique du congrès à assurer l'ouverture de ce dernier, je me suis dit que je pouvais peut-être tenter, en toute humilité, car je n'étais spécialiste ni des Vénus ni de ces périodes du Paléolithique, de faire part, sur la pointe des pieds, à ce parterre de spécialistes de mes remarques et de leurs conclusions sur la Dame ou les Dames de Lespugue ! Et je le fis en effet lors de mon allocution d'ouverture ! Et bien m'en a pris puisque deux collègues congressistes, une Italienne, Margherita Mussi (de Rome), et un Américain, Randall White (de New York), me dirent avoir noté eux-mêmes, sur les statuettes de Ligurie qu'ils étudiaient, statuettes contemporaines de celle de Lespugue, des personnages doubles. Et mon discours inaugural fut publié (à Liège) dans les actes dudit colloque, en 1995. Mais revenons à la fête de Brassempouy, incroyable fête à laquelle il semblait que tout le village ait participé, et c'était peut-être le cas : trois expositions avaient été préparées, *L'Or de Brassempouy*, *Èves et rêves* et *Géosciences et archéologie*, expositions présentées du 19 au 28 juillet 1994, de multiples réceptions chaleureuses et des pots variés tout aussi enjoués avaient accompagné les quarante-huit heures de congrès, les 22 et 23 juillet, et nous eûmes en outre (quelques-uns des congressistes) le privilège d'aller ramper dans la grotte du Pape, pour y voir, de près, le berceau « sédimentaire » de la Dame à la capuche et pour y examiner en même temps les nouvelles fouilles qu'Henri Delporte y menait, les nouvelles coupes qu'il y avait réalisées, et la manière dont il les interprétait.

UNE GOUTTE DE SCIENCE. Les statuettes féminines préhistoriques (celles du Paléolithique supérieur d'Eurasie), dites « Vénus », sont des sculptures de petite taille, en ivoire, en os, en pierre ou en argile, œuvres de l'*Homo sapiens*, généreusement réparties, dans le temps et dans l'espace, de la France à la Russie sibérienne et de l'Aurignacien (40 000 ans) au Magdalénien (15 000 ans). Les plus anciennes proviennent d'Allemagne et d'Autriche (la Vénus de Hohle Fels a été datée de 40 000 ans, celle de Galgenberg de 34 000 ans). Les plus récentes sont sans doute celles de Bédeilhac, en Ariège, ou de Laugerie-Basse-Les Eyzies, en Dordogne, datées de 15 000 à 16 000 ans. Mais la grande période de fabrication de ces statuettes date du Gravettien (de 20 000 à 30 000 ans). Les femmes représentées offrent, dans leur grande majorité (sauf les Sibériennes), des caractères sexuels primaires (la Vénus impudique des Eyzies) ou secondaires (la Vénus de Willendorf en Autriche) très développés et des membres et un visage souvent seulement esquissés. Il s'agissait évidemment pour l'artiste d'exacerber les caractères féminins ; les préhistoriens ont aussitôt parlé de symbole de fécondité, ce qui n'était pas trop difficile à deviner ! Certains de ces objets ont l'air d'avoir été portés en amulettes ou fixés à des vêtements, d'autres d'avoir été placés dans des niches sur des façades d'habitations ; leur rôle rituel de protection (et de « porte-bonheur », dirait-on, de manière profane) est tout à fait évident. Quant aux *Homo sapiens*, leurs concepteurs, leur arrivée dans l'Europe néandertalienne vient d'être bien datée (site bulgare) d'un peu plus de 45 000 ans.

Édouard Piette a toujours payé, « de sa poche », ses propres recherches, fouilles, déplacements. Il n'a par ailleurs jamais envisagé de vendre ses découvertes, beaucoup trop attaché aux valeurs scientifiques qu'elles représentaient et aux valeurs éthiques qu'elles portaient, pour en faire une simple matière vénale. Et il décida, en effet, au terme de sa vie, en 1902, de faire don de l'ensemble de ses collections à l'établissement qui s'imposait pour les recevoir, le musée des Antiquités nationales, devenu musée d'Archéologie nationale en 2009. Cette extraordinaire collection Piette y a donc été précieusement conservée depuis, soigneusement préparée alors par l'abbé Henri Breuil. Mais sa présentation n'avait jamais été véritablement terminée pour pouvoir être « offerte » au public. Ce fut Patrick Périn, directeur du musée de 1996 à 2012, qui s'attela à cette tâche. Édouard Piette avait, en effet, demandé, par testament, que l'organisation des vitrines et des objets soit conforme à sa classification, que la salle consacrée à sa collection porte son nom et qu'elle y présente aussi son buste ; à l'exécution de ces clauses, Patrick Périn ajoutera beaucoup de travaux pour améliorer la qualité de la conservation (éclairage refait, chêne des socles des vitrines et feutrine de leurs fonds, trop acides, remplacés par du peuplier neutre et un textile de microfibres, gaines de plastique autour des systèmes d'accrochage en laiton d'origine, etc.), mais aussi pour respecter les conditions de sécurité exigées désormais pour tout local recevant du public. Toujours est-il que la fameuse salle Piette (80 mètres carrés et 10 000 objets exposés !) a été prête en 2008. Comme Patrick Périn avait lancé, dès 2004, ce qu'il avait appelé « Le mois de la préhistoire », manifestations variées un mois durant, conférences, films, expos, concernant cette discipline, pour la promotion de son établissement et de ses collections, et qu'il m'en avait offert le haut parrainage, c'est à moi qu'il est revenu, dans le cadre de la cinquième année de cette manifestation, de présider l'inauguration (conduite par Catherine Schwab, conservatrice) de la salle Piette restaurée et son ouverture au public, le 29 novembre 2008 ! La petite Dame de Brassempouy est donc, désormais, offerte au regard de tous, malheureusement un peu perdue au milieu d'autres statuettes, mais c'était le vœu de son « inventeur ».

C'est toujours amusant et bien agréable de vivre ainsi ces rebondissements de la vie, de Piette aux Ardennes, de son collège au musée de l'Homme, du colloque de Brassempouy au musée de Saint-Germain… et les clins d'œil de son parcours !

Pour la petite histoire, la mienne, il se trouve que j'ai été mis en relation de la meilleure manière avec ce grand musée de Saint-Germain-en-Laye, à l'époque musée des Antiquités nationales. C'était probablement dans les années 1953 ou 1954 (j'avais donc 20 ans ou un peu moins) et je « travaillais » alors en Bretagne, depuis déjà quelques années, sur des stations fourneaux-usines du deuxième âge du fer (La Tène, quelques siècles avant Jésus-Christ), spécialisées dans l'extraction et l'exploitation du sel marin. C'est à la société « savante » de mon département, le Morbihan, que j'en rendais compte, la Société polymathique, et c'est probablement un de ses adhérents, le docteur Fromols de Rakowski, qui en avait, aimablement, informé le musée de Saint-Germain-en-Laye. Tant et si bien qu'un beau jour je reçus, du directeur de ce musée, Raymond Lantier (directeur de 1932 à 1956), une lettre qui me félicitait de mes jeunes recherches et me demandait de bien vouloir lui envoyer pour les collections du musée des Antiquités nationales (je n'étais pas peu fier) quelques objets caractéristiques de ces stations d'exploitation du sel marin, ce que je fis. Établi à Paris à partir de 1956, je n'ai cessé de fréquenter cet extraordinaire musée ; j'y ai personnellement connu tous les directeurs successifs depuis Raymond Lantier (que je n'ai par contre jamais rencontré), André Varagnac (1956-1964), René Joffroy (1964-1984), Henri Delporte que nous n'avons cessé de croiser tout au long de cette aventure (1984-1987), Jean-Pierre Mohen, un ami proche dont il est aussi question dans ce livre (1987-1992), Alain Duval (1992-1996), Patrick Périn dont nous venons de parler aussi (1996-2012), Hilaire Multon (2012-2020) qui m'a remis la médaille du 150e anniversaire de son musée (la première, m'avait-il précisé !) et Rose-Marie Mousseaux, actuellement en fonction. On parle aujourd'hui d'installer peut-être à Paris, dans l'île de la Cité en plein réaménagement, une antenne du fameux musée de Saint-Germain. C'est à la fois une grande idée – ce serait un précieux préambule au Louvre –, mais sans doute malheureusement, pour beaucoup de publics, une « excuse » pour ne pas se rendre au musée princeps.

CHAPITRE 6

Le collège de Carnac

La plus vieille des architectures monumentales

(7 000 ans)

C'était en 1991.

Il y a, à Carnac, un très important musée de préhistoire, musée spécialisé bien sûr dans la représentation des époques dites « mégalithiques », particulièrement illustrées ici sur le terrain par menhirs, dolmens et tumulus variés, c'est-à-dire néolithiques, chalcolithiques et de l'âge du bronze (de 8 000 à 4 000 ans avant le présent, environ) ; c'est d'ailleurs le musée le plus riche du monde en objets concernant cette période. Ce musée porte deux noms, celui de James Miln, premier archéologue (écossais) venu explorer, un peu professionnellement, cette région, et Zacharie Le Rouzic (Carnacois), disciple du premier et devenu un préhistorien important, fouilleur, collecteur, restaurateur et conservateur en même temps. Les récoltes des fouilles de James Miln ont d'abord été exposées dans sa propre chambre de l'Hôtel des Voyageurs, à Carnac ! C'était, je trouve, un très beau geste d'information, d'éducation et de partage, et ce d'autant plus que ce monsieur avait tout loisir de ne rien faire connaître de ses activités et de leurs résultats. Et puis ses collections ont été transférées dans une des salles de la mairie. Et en 1882, c'est le frère de James Miln, Robert, qui, à la suite du legs de ce dernier, créera le tout premier musée de préhistoire de Carnac, l'ancêtre de l'actuel, pour y réunir les découvertes de James, dans un petit bâtiment qu'il fit construire spécialement et à ses frais. Zacharie Le Rouzic en deviendra le gardien d'abord, puis le conservateur. Ce petit musée est devenu grand, grâce à son transfert, en 1978, dans l'ancien presbytère (à côté de l'Hôtel des Voyageurs !). Inauguré par Jack Lang en 1985, il est, désormais, à la hauteur de son extraordinaire contenu et de cette très grande culture qu'il illustre.

Il y a aussi à Carnac un collège, le collège des Korrigans, où je me suis d'ailleurs rendu bien des fois pour rencontrer les élèves et leur parler préhistoire. Toujours est-il que, de manière intelligente, le principal du collège, qui faisait beaucoup visiter le musée à ses élèves, eut, un beau jour, l'idée de formaliser un peu cette fréquentation. Et comme, de son côté, la conservatrice du musée, qui ouvrait volontiers ses portes à ces jeunes collégiens, avait aussi l'intention de mieux encadrer cette collaboration, je reçus, du maire de Carnac, une invitation, en qualité de préhistorien peut-être et de Carnacois au moins d'adoption peut-être aussi, à venir assister à ce jumelage officiel et, si je le voulais bien, à en devenir le témoin ! La cérémonie eut lieu à la mairie, c'était en 1991. Le maire était le sénateur, ancien ministre, Christian Bonnet, la conservatrice du musée, Anne-Élisabeth Riskine, conservatrice du patrimoine, et le principal du collège, je n'en sais plus le nom. Le maire était assis à un bureau, face à un parterre d'invités, dans une salle assez grande qui devait être l'unique salle pour recevoir un peu de public. Nous siégions, la conservatrice, le principal et moi, au premier rang des chaises, face au maire donc, moi au milieu, le principal du collège à ma droite, la conservatrice, que je connaissais bien, à ma gauche. Le tableau était assez cocasse, presque ridicule. J'avais l'impression d'être témoin d'un mariage et je m'attendais à ce que le sénateur-maire, après le discours d'usage, demande aux fiancés de se passer les alliances ! Ladite cérémonie se déroula bien sûr à merveille ; Christian Bonnet était un excellent orateur, rompu, comme on peut l'imaginer, à ce genre de situation. Son discours fut parfait, avec juste ce qu'il fallait de solennité. Les deux chefs jumelés étaient sérieux, très sérieux, comme émus ; la salle, qui devait compter quelques professeurs (peut-être tous) et un certain nombre d'élèves (peut-être les délégués de classe), était par contre très agitée, joyeuse et impatiente de passer au cocktail. Mais il leur a fallu tout de même attendre les rituelles signatures des contractants et de leur témoin sur les documents qu'un employé apporta au maire. Nous passâmes tous les trois de l'autre côté du bureau, signâmes, les mariés, enfin souriants, d'abord, moi ensuite, le maire enfin, et la salle applaudit. Et ainsi commença une longue période de collaboration ordonnée, dans les fonctions d'un établissement culturel comme le musée, ravi d'ailleurs de mieux remplir ce rôle-là, et dans celles d'un établissement d'enseignement comme le collège.

Ce jumelage a été un succès. La conservatrice depuis 2012, Emmanuelle Vigier, une collègue et une amie, et son tout récent successeur, Olivier Agogué, me le disaient encore tous les deux récemment. Le titre d'« archéollégien » a été inventé, des expositions archéologiques ont été réalisées, divers ateliers de maquettes de monuments, de tissage, de taille de pierre, de modelage de poteries, de gravures sur granite, de fabrication du feu ont été créés, dans des espaces du musée qui leur ont été spécialement affectés. Ce fut et c'est demeuré un mariage heureux.

Quant au témoin, il a reçu la médaille de la ville de Carnac (1991) et a donné son nom à une salle du collège des Korrigans (1993), mais ces honneurs n'étaient pas un remerciement du parrainage, mais un salut, peut-être au préhistorien et au « Carnacois », sans doute mieux que d'adoption !

UNE GOUTTE DE SCIENCE. Les monuments mégalithiques (de *mega* : « grand » et *lithos* : « pierre ») représentent la première architecture monumentale du monde. Essentiellement composée de pierres levées (dites « menhirs », « peulvens » ou « stèles »), isolées ou groupées en lignes (alignements), quadrilatères, cercles ou ovales (« cromlec'hs ») ou de pierres montées en coffres, chambres, cabinets, couloirs ou allées, sous tumulus de terre, de pierres ou des deux (dolmens), cette architecture est l'œuvre arrogante des tout premiers agriculteurs de notre péninsule ; elle remonte, en Bretagne, à plus de sept millénaires, ce qui est un record dans tout le monde mégalithique. Comme il vient d'être en outre montré par les travaux du Comité scientifique international des mégalithes de Carnac et des rives du Morbihan que je préside (mis sur pied pour monter le dossier d'inscription sur la liste des sites du patrimoine mondial de l'Unesco de ces monuments), c'est entre la rivière d'Étel et la presqu'île de Rhuys (27 communes, 350 kilomètres carrés), mon terrain de jeu des années 1940 et 1950, que se trouve la plus grande quantité, densité, diversité, de ces monuments, il ne fait plus de doute que ce terroir était un territoire privilégié, sacré, et consacré, une vaste nécropole (peut-être) de ces « ancêtres » préhistoriques (ces 27 communes comptent 3 tumulus princiers, totalisant 65 000 mètres cubes, 12 000 menhirs totalisant 6 000 tonnes, 150 ouvrages de menhirs, 200 dolmens, 100 tertres funéraires, 158 dalles gravées, etc.). Les menhirs peuvent avoir été des marqueurs, des repères, des amers, quand ils sont seuls ou peu nombreux, des monuments cultuels quand ils sont réunis en figures géométriques ou reliés en réseau ; les chambres, quant à elles, se sont toutes révélées avoir été des sépultures. Le mégalithisme a duré trois millénaires, durant lesquels il a bien sûr évolué au point de présenter au moins deux grandes phases successives, certaines pierres de la première ayant été brisées et réutilisées par la seconde. Inutile de préciser que toute cette architecture a demandé, pour être construite et décorée, des ingénieurs de haute volée, des bras innombrables et des artistes de grand talent. Tout cela signifie un État fort, très hiérarchisé et très « religieux ». N'oublions pas la culture dite « matérielle », un mobilier qui confirme la richesse et la puissance de notre pays (présence, par exemple, de somptueuses haches de parade en jadéite verte des Alpes ou de perles en callaïs [variscite], ocre ou rouge, d'Andalousie). Le poète, souvent, trouve la conclusion avant le scientifique… « Il s'est passé quelque chose à Carnac il y a longtemps, écrit Eugène Guillevic, quelque chose qui compte… et il y a lieu d'en être fier ! » Tout est dit !

Figure 6. *Le dolmen de Crucuno, Plouharnel, Morbihan, époque mégalithique, 6 000 ans (sa dalle de couverture pèse 40 tonnes).* *(Crédit : Myrabella/Wikimedia Commons/ CC BY-SA 3.0 & GFDL/Wikimedia Commons.)*

C'était aussi en 1991.

J'avais été invité, le 21 mars précisément, par mon collègue et ami le professeur Fiorenzo Facchini, professeur d'anthropologie et directeur de l'Institut d'anthropologie de l'Université de Bologne, à venir inaugurer l'exposition permanente des galeries constituant le musée de cet institut. J'avais donc réservé un siège sur un vol Alitalia qui me conduisait de Paris (Roissy-Charles-de-Gaulle) directement à Bologne, tôt, le matin du 21. Et puis, catastrophe ! Je ne sais plus ce qui s'est passé, un incident sur l'A1 ou l'A3, un bouchon évidemment imprévu, mais, même en « galopant » dès le débarquement du taxi, j'ai raté mon avion ! Je suis en général très à l'heure, et même souvent très en avance sur l'heure, et ce genre d'aventure ne m'arrive guère, mais voilà ! L'embarquement de mon vol était « terminé », comme on dit, le comptoir fermé. J'ai horreur de ce genre de situation et toujours très triste de manquer un rendez-vous programmé. J'étais en plus, cette fois, très vexé de faire faux bond à l'ami Fiorenzo le jour de l'ouverture d'une exposition qu'il avait mis tant de cœur et d'énergie à réaliser et dont il était si fier. Après quelques secondes de réflexion, peut-être en fait seulement de réflexe, je consultai le panneau d'affichage et vu qu'un vol pour Milan était imminent. Quelques minutes après j'étais à l'enregistrement où, heureusement, le changement de destination de mon billet, comme c'était sur la même compagnie, fut chose simple (je ne sais plus comment) ; et quelques autres minutes plus tard, j'étais en salle de départ, puis embarqué. Premier temps de respiration ! Arrivé à Milan, je me précipitai à un comptoir de location de voitures, Hertz ou Europcar, obtins facilement un véhicule restituable deux jours après à l'agence de la même enseigne à Bologne. Et on ne vit plus que moi, dans ma petite voiture, filant vers l'est… Je n'avais pas pris le temps de consulter une carte, mais me fiais à mon idée, un peu « au pif », que Bologne était en gros à l'est, peut-être même au sud-est de Milan… Mais, si je pouvais, pour ce récit, projeter la carte que j'avais en tête sur la carte réelle, vous seriez surpris de voir la différence ; « mon » Bologne était beaucoup plus est-sud-est que le vrai Bologne (décalé d'au moins 100 kilomètres) ! Le soleil étant au rendez-vous (lui !), je pris le mieux possible – en ville ce n'est pas simple, mais je partais de l'aéroport – la direction que j'avais arrêtée. Et coup de « chance » incroyable, je parvins très vite à rejoindre une autoroute qui avait l'air de filer dans « ma » direction. Et, deuxième coup de chance presque aussi incroyable, les premiers panneaux de ma voie annonçaient, en effet, Bologne, avec un kilométrage qui dépassait un peu, mais très peu, les 200 kilomètres ! Youpi ! J'étais très heureux, le temps était superbe, l'autoroute, aux voies séparées par une enfilade de lauriers roses déjà en fleur, était, elle aussi, superbe (!), et le rendez-vous que j'allais peut-être pouvoir honorer m'apparaissait comme un arc-en-ciel ! Je passai Parme, dans la joie, et puis Modène, dans le délire – je chantais à tue-tête –, et parvins aux portes de « Bologna ». Mais l'épreuve n'était pas tout à fait terminée. Il me fallait trouver vite l'université (j'y avais enseigné), car les multiples carillons de la ville se préparaient à tonner les 11 heures et je me faisais plutôt nerveux – je ne chantais plus ! Et puis je reconnus le coin d'un bâtiment, celui que je devais précisément rejoindre, et, oui, oui, c'était bien lui. Mais problème suivant, trouver vite un stationnement... pas mal réussi non plus. Et je bondis, atteignis la porte de la fac, l'escalier, le bon étage, la salle où devait se tenir la cérémonie, et la bonne porte que je franchis quelque peu bruyamment !

Tout le monde était là, les officiels, le recteur et mon collègue, tous deux superbes, et le public, assis, installé, bruissant à l'italienne, mais, à mon entrée fracassante, figé ! Il y eut de longues secondes (ça existe sûrement) de silence pesant pour que Fiorenzo réalise que c'était moi, bien moi, qui arrivais de cette manière peu discrète, un tout petit peu, mais tout petit peu seulement après que les onze coups eurent sonné. Le maître de cérémonie avait hélas déjà demandé à quelque autre professeur de l'institution ou élève de dernière année – je ne l'ai jamais su et j'ai la honte de ne l'avoir jamais demandé – de bien vouloir officier à ma place. Ce monsieur, qui semblait heureux de cette occasion d'être mis en lumière, était là, souriant, en train de gravir les quelques marches qui allaient le conduire à l'estrade et au micro. On aurait dit une de ces scènes de Pompéi, arrêtées en pleine action par la coulée de lave véloce du grand-papa Vésuve... J'ai appris par la suite que le recteur et le professeur-directeur (Fiorenzo) avaient déjà prononcé leurs introductions, en excusant mon absence. Je me sentais à la fois bienvenu et, en même temps, jugé comme peu délicat dans le « choix » que je paraissais avoir fait de l'heure de mon entrée en scène. Fiorenzo Facchini, ayant retrouvé ses esprits, reprit donc la parole, s'excusa auprès de ce malheureux collègue de bonne volonté à qui j'avais vilement coupé l'herbe sous le pied, me reçut avec chaleur, en racontant en quelques mots ce que je venais de lui dire dans les mêmes quelques mots, et je me saisis à mon tour du micro, encore essoufflé, mais heureux comme un pape (bien qu'il faille faire attention quand on use de telles expressions si près de Rome).

Je fis donc mon allocution d'ouverture de la fameuse exposition que je n'avais pas encore vue. Nous la visitâmes ensuite, tous ensemble ; Fiorenzo y avait fait réaliser en particulier une immense maquette très impressionnante, un peu comme une « crèche » de Noël dont il avait l'habitude (il était prêtre), illustrant mon hypothèse, dite de l'East Side Story, hypothèse attribuant un rôle à la faille, la vallée du Rift, dans la séparation préhumains-préchimpanzés, il y a une dizaine de millions d'années. Disons tout de suite, pour la grande histoire des sciences, que cette hypothèse, émise en 1981, perdra sa précision géographique à partir de 1994. Mais reprenons notre visite ! Fiorenzo nous commenta les quelques centaines de mètres carrés de l'expo, qu'il appelait permanente. Et tout le monde se retrouva, heureux et bavard, remis des émotions du matin, pour un généreux brunch dans les locaux du laboratoire d'anthropologie voisin. Je complétai ma journée par un séminaire dans ce même labo et puis ajoutai, le lendemain, une autre conférence, intitulée « Il museo scientifico ; della ricerca alla divulgazione », à l'Accademia delle Scienze dell'Istituto di Bologna. J'ai entendu mes collègues universitaires italiens parler entre eux de mes prestations, leur attribuant le qualificatif à double tranchant de « *gran respiro* », ce qui, à première vue, m'a rempli de fierté ; et puis, à la réflexion, m'a fait réaliser que ça pouvait vouloir dire « belle synthèse, mais survol bien léger » ! Finalement, je tiendrai compte des deux ; c'est toujours précieux d'être jugé !

Après deux jours riches et agréables, nourris de science et d'amitié, je rendis donc ma voiture, dans la sérénité, à l'antenne de Bologne de l'enseigne à laquelle je l'avais louée à Milan dans la précipitation, et attrapai mon Alitalia pour Paris, sans retard ni au départ ni à l'arrivée.

C'était cette fois en 2008.

Je suis né à Vannes et j'y ai gardé de nombreuses relations, étroites et chaleureuses. Beaucoup d'institutions, publiques ou privées, continuent, par exemple, de m'informer de leurs manifestations. Et c'est ainsi que le Musée des beaux-arts de la ville, installé dans ces halles superbes du XIIIe siècle, dites La Cohue, m'invite à tous ses vernissages. Or ce bien beau jour de juin 2008, j'y étais convié pour l'ouverture d'une exposition dont le thème m'amusait et qui portait le joli nom de *Des collections et des hommes, voyageurs, savants, artistes*. Comme, en outre, le commissaire en était Christophe Le Pennec, archéologue de la ville de Vannes, responsable de ses collections (archéologie, histoire, sciences naturelles) et conservateur du musée de la Société polymathique du Morbihan, un collègue donc, et par ailleurs un ami, j'étais d'autant plus curieux de la visiter.

Il faut dire, en effet, ou rappeler, que, passionné de préhistoire dès ma petite enfance, la Société polymathique du Morbihan, société savante fondée en 1826, et son Musée d'archéologie installé dans un joli vieux château, dit Château-Gaillard (XVe siècle), au cœur de la ville de Vannes, ont été le « merveilleux » (et le mot n'est pas trop fort) berceau de cette passion dévorante ; j'y suis entré à 10 ans, à mon retour à Vannes de quelques années de guerre passées dans la région parisienne, j'y ai gravi les grades de membre officieux (parce que trop jeune), membre officiel (ou officialisé !), conservateur adjoint puis conservateur des collections archéologiques et président *honoris causa* (!), et j'y ai surtout vécu des milliers d'heures de bonheur au milieu des objets pré- et protohistoriques de son musée et des livres de sa bibliothèque.

Ce rappel explique mieux mon intérêt, piqué de curiosité, pour cette exposition. Et en effet je ne fus pas déçu. L'exposition était joliment présentée, aérée, éclairée (par des leds, éclairage nouveau de diodes électroluminescentes), suffisamment divertissante, car passant de grands voyageurs, épris d'archéologie et d'ethnologie, qui avaient rapporté au musée de leur cité d'origine de précieux objets-souvenirs-documents de leurs expéditions lointaines, à des naturalistes locaux, obsédés de systématique, qui avaient réuni puis offert d'incroyables collections de minéraux et de roches, de coquilles et d'insectes, d'oiseaux et de mammifères, de ce pays ou d'un autre, ou à des archéologues enfin dont, forcément, je connaissais tous les noms. Je me suis donc régalé, au milieu d'invités dont je faisais facilement abstraction tant j'étais concentré par la lecture des panneaux présentant la biographie des personnalités retenues et racontant leurs voyages ou leurs travaux, et bien sûr les vitrines illustrant immédiatement ce que racontaient ces textes. J'avais donc égrené ainsi six « ensembles », lorsque je suis parvenu au septième et dernier, une généreuse vitrine au fond de l'expo. Et surprise totale et réelle stupéfaction, elle m'était consacrée !

Stupéfaction en effet ! Personne ne m'avait demandé quoi que ce soit, ni avant ni pendant la préparation de l'exposition, personne ne m'avait dit quoi que ce soit après, au moment de sa mise en place et de son ouverture ! Surprise, émotion, fierté, gêne se mêlaient alors, la fierté, je dois dire, l'emportant sur la gêne, dans une grande discrétion, car aucune personne, connue de moi, ne m'accompagnait ni ne se trouvait dans mon voisinage à ce moment-là.

Il faut dire en effet, ou rappeler, que pendant une généreuse dizaine d'années (1944-1956), entre mon retour à Vannes dont j'ai parlé plus haut et mon installation à Paris où je venais de décrocher un poste de chercheur au CNRS, j'ai sillonné le département et parcouru ses kilomètres de côtes à la recherche de restes archéologiques ; et j'en ai trouvé, bien sûr, et beaucoup. À mon véritable changement de domicile et de vie, à partir de 1956 donc (j'avais 22 ans), j'ai fait don en vrac de la totalité de ma collection, ou plutôt de ce que j'avais recueilli et accumulé qui ne méritait pas le terme noble de collection, au Musée d'archéologie de la Société polymathique du Morbihan ; il s'agissait d'un fatras de *tegulae* et d'*imbrices* romaines (de quoi construire une villa), des kilos de briquettes gauloises et de petits vases ou fragments de vases appelés augets et destinés à recueillir, par évaporation de l'eau de mer, le sel qu'elle contenait (un sujet qui était devenu un peu ma spécialité) et un semis de petites récoltes plus anciennes, quelques très vieilles industries lithiques (500 000 ans) et quelques très beaux objets des temps mégalithiques (pointe de flèche, céramique, 5 000-7 000 ans).

Et c'était donc un échantillon, très sélectionné, de ce fatras qui apparaissait ou réapparaissait sous mes yeux étonnés et ravis, un demi-siècle après. Il y avait en effet là de ces briquettes de construction des fourneaux destinés à chauffer les petits contenants d'eau de mer puis de sel, les augets, et puis une jolie sélection de ces petits vases-emballages eux-mêmes mêlés à de tout petits boudins d'argile cuite, dits « tortillons », destinés à séparer les pots entre eux dans les fourneaux, et ceux-là dans mes petites boîtes d'origine, étiquetées à l'encre de ma main d'adolescent ; s'y ajoutaient quelques belles céramiques, ou plutôt quelques beaux tessons de céramiques (!), d'époques antérieures (néolithiques) ou postérieures (gallo-romaines ou même mérovingiennes), quelque « mobilier » lithique, dont des pièces probablement paléolithiques, et je ne sais plus quoi encore. J'étais très impressionné de constater que cette noble société avait pris la peine de conserver jusqu'à ce jour des objets d'intérêt tout de même très relatif – je lui en étais bien sûr très reconnaissant – et j'étais en même temps très amusé de retrouver mes récoltes dans leur jus, boîtes d'allumettes, boîtes de chaussures (qu'une gentille marchande, du nom de Mme Le Quintrec, me gardait précieusement), le tout identifié, situé et daté, sur les étiquettes ou simples bouts de papier d'origine ! Merci au professionnalisme des conservateurs successifs du Musée d'archéologie de la Société polymathique du Morbihan, à leur respect des documents placés sous leur responsabilité et qui ont su ce que « conserver » voulait dire !

J'ai quitté l'exposition dans un halo de bonheur, amusé en plus d'avoir constaté que, sur les sept personnalités choisies, j'étais le seul vivant ! Et cette fois, parrain et filleul à la fois !

Et j'ai remercié Christophe Le Pennec bien sûr, un peu après, pour la délicatesse de son geste. Il m'a remercié aussi, mais m'a garanti l'objectivité de son choix. Osons le croire ! Il avait en effet écrit, à propos de cette exposition : « À travers le portrait de personnages ayant marqué l'histoire du musée de Vannes et de la Société polymathique du Morbihan, elle (l'exposition) révèle au public la façon dont les collections ont été peu à peu réunies, et ce dans une très grande diversité : archéologie, sciences naturelles, œuvres d'art, artefacts de civilisations lointaines ou disparues. »

Cette exposition a donc été présentée de juin à décembre 2008 à La Cohue, et son succès a fait que Christophe Le Pennec l'a reprise, en 2009, dans les salles du troisième étage du Château-Gaillard, sous le nom de *Savants et voyageurs*.

CHAPITRE 7

L'école de Jakarta

Les premiers habitants de l'Indonésie

(1,8 million d'années)

Il arrive bien sûr que des fondations, des écoles, des universités, souhaitent donner un nom, en plus du millésime, à la promotion des jeunes gens qui viennent de passer l'étape de l'année, ou, mieux, celle d'un cursus, diplôme en poche. J'ai eu ainsi la surprise agréable d'être sollicité par quelques institutions, me demandant, toujours très courtoisement, si je voulais bien accepter de donner mon nom à la promotion de lauréats ou d'élèves de l'année qui s'achevait. Comme vous vous en doutez, j'ai toujours accepté, étonné souvent, fier et honoré chaque fois ; je me demande d'ailleurs s'il y a des gens sollicités qui refusent ! Et s'il en existe, je me demande pourquoi ils le font ; je crains que ce ne soit pour une fierté encore plus grande que celle de celui qui l'accepte. « Ne vous faites pas si petit, disent les Chinois, vous n'êtes pas si grand ! » Toujours est-il que, autant les demandes de la Fondation de la Vocation (1984) dont j'avais été lauréat, du centre d'étude d'histoire de l'art Bernard-Bruyère de Chatou (1987) où j'avais enseigné, de l'école d'ingénieurs des mines d'Albi (2010) où j'avais donné des conférences, ou celles des promotions universitaires (deuxième année de la faculté de médecine Henri-Poincaré-Nancy-I [2006], docteurs de l'université de Limoges

[2012], masters du Muséum national d'histoire naturelle [2019]), pouvaient se comprendre, autant celles de l'école des cadres du Crédit mutuel de Bischoffsheim ou celle encore de l'Institut national des sciences appliquées de Rouen étaient plutôt inattendues. Toutes ces demandes, qui sont, bel et bien, des sollicitations solennelles de « parrainage », sont d'incontestables hommages qui me touchent beaucoup. Enfin, une promotion d'élèves d'anglais d'une école privée de Jakarta porte aussi désormais mon nom depuis que je l'ai inspectée. Nous allons en reparler.

Je me suis rendu au théâtre de l'Empire, avenue de Wagram, pour féliciter les lauréats de la promotion Yves Coppens de la Fondation de la Vocation, et aussi à Chatou, à Albi, à Nancy, à Limoges et au Muséum pour saluer « mes » filleuls. Je n'ai pas pu, malheureusement, faire le déplacement pour féliciter les élèves de l'école des cadres du Crédit mutuel de Bischoffsheim ou ceux de l'Institut national des sciences appliquées de Rouen et je le regrette. C'est en effet chaque fois une politesse élémentaire de répondre au bel hommage que l'on vous fait en même temps qu'un plaisir de rencontrer vos nouveaux filleuls, mais les agendas ne sont pas toujours d'accord.

Mes liens avec la Fondation de la Vocation sont très anciens ; ils remontent à 1963, année de ma candidature et de son succès. Ayant trouvé le but de cette fondation particulièrement intéressant et intelligent, une fois passé de l'autre côté de la barrière, je lui ai offert mes services et la fondation m'a alors fait passer par les différents échelons de l'aide à son fonctionnement, membre du comité de sélection (le premier tri des dossiers), puis membre du jury (le tri suprême) (ce que je suis toujours) ; et puis elle m'a honoré en donnant donc mon nom à une de ses promotions, c'était en 1984 et on va y revenir ; après quoi je me suis permis de retourner le geste, en offrant une bourse pour un paléoanthropologue, l'année où j'ai reçu mon épée d'académicien (1987). Et nos rapports n'ont jamais cessé depuis ; j'ai participé à bien des remises de prix, sur scène ou dans la coulisse, et à bien des rencontres privées en marge de ces événements. Mais revenons donc aux prix reçus, aux prix parrainés, au prix offert. J'ai postulé en 1963, j'ai été retenu, mais comme j'étais alors en mission africaine lointaine, injoignable, j'ai reçu mon chèque, mais jamais officiellement mon diplôme ! J'ai quand même été déclaré lauréat. Et puis, participant à l'exposition du dixième anniversaire de la fondation, j'en ai reçu le premier prix (j'y avais présenté un squelette de mammouth !). Est alors venue la promotion Yves Coppens de la Fondation de la Vocation (c'était la 25e) ! Je n'étais pas peu fier ! Et j'ai salué sur la scène du théâtre de l'Empire 30 lauréats, 7 chercheurs, 7 artistes, 2 informaticiens, 1 pilote, 1 dinandier, 6 jeunes gens du monde de la santé, 4 de celui de l'écriture et 2 de celui du droit. Enfin, le lauréat de « mon » prix, financé par les dons que j'avais reçus d'amis, de collègues et d'élèves pour la réalisation de mon épée d'académicien des sciences, a été en fait une lauréate, Isabelle Villemeur, pour un travail sur la main des néandertaliens, travail dont elle a fait une thèse d'université intitulée *Étude morphologique et biomécanique du squelette de la main des néandertaliens. Comparaisons avec la main des hommes actuels*, soutenue en 1991 à l'université de Bordeaux. J'étais évidemment dans son jury. Je lui ai alors déclaré que « mon épée était moins belle que sa thèse » ! Et j'ai publié son travail dans mes « Cahiers de paléoanthropologie » du CNRS.

Que dire d'autres promotions Yves Coppens. Qu'à Limoges, pour la promotion des docteurs de cette université de l'année universitaire 2011-2012, j'étais sur scène en robe aux côtés des professeurs, patrons de thèse, eux-mêmes en robe, et que les jeunes docteurs, en robe et bonnet carré à pompon, étaient éparpillés dans un grand amphi, mêlés à leurs parents et amis « en civil », et que, la cérémonie terminée – mon discours, la lecture du palmarès et la remise des diplômes –, j'ai dû signer plusieurs dizaines de « chapeaux » sur leur « face interne » ! Et qu'à Paris, pour la promotion 2019 des masters (Évolution, patrimoine naturel et société) du Muséum national d'histoire naturelle, j'étais en civil, seul, au creux d'un grand amphi, pour y donner mon discours de rigueur, y distribuer les diplômes et dire les plus chaleureuses de mes félicitations à chacun ou chacune des cent et quelques jeunes « maîtres ès sciences », en robe et chapeau carré (chaque fois courtoisement retiré pour la circonstance !) ; j'ai évidemment posé au milieu de ces jeunes diplômés de chacune des catégories disciplinaires, puis de la totalité des promus.

Travaillant sur les hommes fossiles, leur origine et leur évolution, leur anatomie et leurs filiations, je ne pouvais pas ne pas avoir de rapports avec un grand nombre de collègues étrangers, et en particulier avec les Indonésiens dont les îles avaient été si fécondes en découvertes. C'est en effet à Java, dès 1891, qu'un médecin hollandais, Eugène Dubois, faisait connaître un de ces hominidés fameux qu'il appela alors *Pithecanthropus erectus* ; on sait aujourd'hui que cet homme fossile très important, que l'on nomme désormais *Homo erectus*, est arrivé à Java aux alentours de 1,8 million d'années, et qu'il y a évolué sans doute jusqu'à ce qu'*Homo sapiens* « débarque » à son tour sur cette île, aux alentours de 60 000 ans. Deux collègues seniors travaillaient, dans les années 1970, dans ces domaines de la paléoanthropologie, Sartono à Bandung et Teuku Jacob à Yogyakarta. J'étais en rapport avec les deux, mais ce fut Sastrohamidjojo Sartono qui m'invita le premier. C'était en 1976 ; il voulait me montrer les fossiles qu'il détenait et étudiait lui-même, à Bandung donc, et m'offrait une tournée sur le terrain pour visiter les gisements pléistocènes ayant livré de tels fossiles.

UNE GOUTTE D'HISTOIRE. Eugène Dubois, né le 28 janvier 1858 à Eijsden, en Hollande (Limbourg), a été très tôt passionné de sciences naturelles (il s'était fait, tout jeune, un vrai cabinet de curiosités). Des conférences sur l'évolution et les lectures de Darwin ou de Haeckel n'avaient pas arrangé les choses et, au lieu de devenir pharmacien comme son père, ce sont des études de médecine qu'il entreprendra à Amsterdam, avec l'arrière-pensée de rechercher plus tard les ancêtres de l'homme. On ne connaissait, à l'époque, que les néandertaliens, mais Dubois avait retenu, de la lecture d'Ernst Haeckel (ouvrage de 1868), l'idée selon laquelle le berceau de l'humanité pouvait s'être trouvé sur un continent disparu qu'il avait nommé « Lemuria », continent situé sous les tropiques quelque part dans l'océan Indien ; il avait même déjà donné un nom au premier homme qui y était apparu, *Pithecanthropus alalus* (le singe-homme muet). Eugène Dubois pensa par suite que la recherche de ce berceau pouvait se tenter sur des terres proches du continent supposé, et comme une partie de l'Indonésie actuelle avait été colonisée par les Hollandais, il lui fut facile de s'embarquer dès 1887 (avec femme et enfant) pour les Indes orientales néerlandaises comme médecin militaire, avec un contrat de huit ans. C'est à Sumatra qu'il débarqua et commença ses recherches, mais ne trouva pas les fossiles qu'il espérait. Mais, pendant ce temps (1888), un ingénieur des mines, B. D. Van Rietschoten, découvrait, lui, à Java, un crâne d'homme fossile au lieu-dit Wadjak. Il n'en fallut pas plus pour décider Eugène Dubois, vite informé, à changer d'île et à conduire, cette fois à Java, de nouvelles recherches. Et c'est en effet à Java qu'il va découvrir un deuxième crâne dans la même grotte en 1889 (il publiera les deux sous le nom d'*Homo wadjakensis* en 1921), une mandibule d'allure plus ancienne à Kedung Brubus en 1890, une calotte crânienne et une molaire très fossilisée à Trinil en 1891 et un fémur dans un site voisin de ce dernier en 1892. Convaincu alors que le crâne appartient à « cette forme de transition qui doit exister entre l'homme et les anthropoïdes », et considérant le fémur, à l'anatomie très humaine, comme appartenant à la même espèce que le crâne, il va appeler, en 1894, son nouveau fossile *Pithecanthropus* (comme l'avait déjà nommé Haeckel) *erectus*, le « singe-homme debout ». Mais l'annonce de sa découverte n'aura pas, dans la communauté scientifique internationale, le succès qu'en attendait Eugène Dubois ; et, son contrat terminé, son retour, pièces en main, n'en aura guère plus ! Plusieurs collègues, dont le

Français Marcellin Boule, feront même du pithécanthrope un gibbon géant. Cette découverte sera en fait extrêmement importante puisqu'il s'agira d'un hominidé fossile incontestable (celui de Trinil a autour de 500 000 à 700 000 ans), qui deviendra le type de celui que l'on appelle aujourd'hui *Homo erectus*. Eugène Dubois a été très blessé par ce manque de reconnaissance et on dit qu'il a conservé, jusqu'à sa mort en 1940, cette amertume de 1895.

Une goutte de science. Le peuplement de l'Indonésie ou, plutôt, ses peuplements successifs ont toujours fait débat. Comme d'habitude, on en a d'abord multiplié les espèces, et puis, bien sûr, on les a réduites à deux seulement, *Homo erectus* et *Homo sapiens*. Mais une thèse récente d'un étudiant indonésien (que j'ai eu l'honneur de présider) élargit à nouveau le spectre paléoanthropologique. Un premier hominidé, *Meganthropus paleojavanicus*, serait arrivé du continent le premier sur l'île de Java, à la faveur bien sûr d'une régression marine, vers 1,8 million d'années. Le statut de cet homininé n'est toujours pas clair. Est-ce *Homo habilis* (*Homo rudolfensis*, disent certains), *Homo ergaster* ou une forme ancienne de l'*Homo erectus sensu stricto* ? Ce pionnier incontestable est suivi, sur cette île très prolifique, d'un *Homo modjokertensis* (1,5 million d'années), qui serait arrivé des mêmes territoires continentaux un peu plus tard et qui aurait coexisté un certain temps avec le méganthrope. *Homo modjokertensis* aurait été suivi par un *Homo erectus* type Sangiran. Une simplification peut heureusement être tentée ici ; les auteurs admettent en effet que l'homme de Modjokerto et celui de Sangiran pourraient appartenir à la même filiation. Et cette filiation se terminerait par l'*Homo ngandongensis* (un *Homo erectus* évolué) de seulement 100 000 ans ! Mais les migrations se poursuivent et arrivent ensuite sur l'île *Homo wadjakensis* et *Homo sapiens*, à moins que ces deux formes se confondent et appartiennent toutes les deux à la dernière espèce, l'homme moderne (arrivé vers 40 000 ans). Que faut-il en conclure ? Que l'île de Java s'est trouvée reliée au continent asiatique bien plus de fois qu'on l'imaginait ; chaque nouvel immigrant ayant évolué un peu différemment sur le continent et sur l'île (où sévit toujours la dérive génétique, parce que la démographie y est beaucoup plus faible et la diversité des alliances plus réduite) apparaît par suite à son « arrivée » comme « un nouveau » ! On retiendra trois lignées, celle du méganthrope, celle superbe de l'*Homo erectus*, dit de Java, et de l'*Homo floresiensis*, son descendant que l'insularité a fait nain, et celle bien sûr de l'*Homo sapiens*.

Me voici donc, un beau jour de 1976, dans l'avion Paris-Jakarta. Durant ce long vol, pour une raison de proximité de sièges ou de balades communes à travers l'appareil pour se dégourdir les jambes, je rencontrai un jeune Indonésien (30 ans peut-être) et sympathisai volontiers avec lui. Nous avions, en effet, le temps de nous présenter l'un à l'autre, et de nous raconter mille choses de notre vie professionnelle et personnelle, tout ce que l'on peut se dire d'anodin dans un premier contact et dans ces conditions particulières. Avant d'atterrir à Jakarta, cet ami tout neuf me dit que, si j'avais un peu de temps, il m'invitait volontiers chez lui. Mais je déclinai l'offre, lui expliquant que je prenais tout de suite, ou presque, une correspondance pour Bandung ; je lui promis par contre que si j'avais du temps au retour, je l'appellerais volontiers. Et nous nous quittâmes dès le débarquement.

J'eus ma correspondance pour Bandung. J'y étais attendu par mon collègue Sartono et je passai un excellent séjour, sur place d'abord, dans son labo, dans ses collections, et chez lui, avant qu'il ne m'emmène à travers son île pour 2 000 kilomètres d'un itinéraire fait de superbes visites des sites paléontologiques et préhistoriques bien sûr, mais aussi de lieux naturels (volcans), de villages, de temples (Borobudur). J'ai assisté à des spectacles de marionnettes, écouté des concerts d'angklungs et de gamelans, bu du lait de noix de coco, mangé des gado-gado, des saté, des soto et mille nasi goreng (même aux petits déjeuners), dégusté de la viande de roussette (grosses chauves-souris) et goûté à des fruits étranges, certains délicieux, d'autres nettement moins, les durians par exemple. J'avais, avec France Culture, *Les Après-Midi de France Culture*, l'engagement de tenir chaque jour une sorte de journal de voyage, ce que je fis bien sûr très consciencieusement, invitant souvent Sartono à s'y exprimer, ce qui l'amusait beaucoup. J'ai enregistré ainsi (texte et musique) treize « Cartes postales de Java », reçues à Paris par Nicolas Skrotzky et Pierre Descargues, et diffusées chaque jour, du 13 au 17 décembre et du 24 au 31 décembre 1976. Et puis nous sommes rentrés à Bandung, et moi, à Jakarta. Et y ayant quarante-huit heures de battement, je me suis dit que c'était l'occasion de passer saluer mon tout frais copain indonésien.

Je lui téléphonai donc. J'eus très vite au bout du fil, comme on dit, un garçon jovial comme je l'avais connu, mais cette fois-ci encore plus chaleureux et plus enthousiaste que trois semaines auparavant. Il me donna une adresse et je m'y rendis en vélo-taxi (le chauffeur vous prend assis sur le cadre de sa monture entre ses bras, plutôt musclés !). J'arrivai ainsi dans une ruelle, devant un portail à deux battants. Il y avait peut-être une plaque à l'extérieur, mais je ne l'ai pas remarquée. Par contre, apercevant une

Figure 7. *À Java en 1976.* (*Photographie : Sastrohamidjojo Sartono.*)

sonnette, je m'y suis précipité et j'en ai usé avec vigueur et détermination. Et le portail s'est ouvert rapidement et complètement sur un spectacle que je ne pouvais pressentir, même par les éclats de voix que j'avais entendus en sonnant ; une belle trentaine de jeunes gens, en uniforme, plutôt bleu, si je me souviens bien, étaient là, en rang sur trois ou quatre lignes, et mon ami, compagnon du vol Paris-Jakarta, cravaté, superbe, était planté, droit comme un I, devant ses troupes, pour un accueil chaleureux, presque solennel, un accueil que je n'attendais pas d'un homme qui ne ressemblait plus à celui que j'avais connu un bon nombre d'heures dans le ciel ! Il me salua avec une vraie déférence puis, se tournant vers les jeunes gens, leur dit en anglais à peu près ceci : « Mes enfants, je n'ai cessé de vous dire que notre école (d'anglais, je l'ai su plus tard) était une école d'excellence, connue dans le monde entier et, bien sûr, tout particulièrement en Angleterre, pays de la langue que mes professeurs et moi nous efforçons de bien vous enseigner. Et je vous avais dit que notre réputation était telle qu'un jour un inspecteur viendrait spécialement de Londres pour nous voir et vous voir, et tester vos connaissances. Eh bien, le voilà ! Vous pourrez dire à vos parents qu'ils ont bien choisi l'école d'anglais de leur enfant. » Et, avant que je ne réagisse, un peu hébété devant le spectacle et désormais empêtré dans une situation dont je ne voyais pas bien comment me sortir… mon compagnon, vif et malin, d'ajouter avec empressement, pour ne me laisser que très peu de chance de choisir : « Le professeur John Copwood [ou quelque chose comme ça] me fait dire qu'il souhaitait vous interroger ! » Les enfants (13-18 ans, je dirais, en France entre collège et lycée) étaient muets, ne cessaient de me fixer pour tenter d'évaluer mon degré de sévérité ! Quand même, un inspecteur anglais d'anglais, ça ne vient pas pour « rigoler » ! Que faire ? Filer en disant au copain qu'il m'embêtait et que je refusais de passer la journée à m'occuper de ses ouailles et de la promotion de son école ? Ou bien jouer le jeu déjà très bien engagé… Et c'est ce que je fis, amusé en définitive par le côté insolite de la situation et le défi à relever et qui n'était pas gagné. Engagé, je devais m'efforcer de ne pas trahir le directeur, ce « salopard » !

Je rentrai donc dans une grande cour encadrée de quatre corps de bâtiments, un le long de la ruelle, à gauche du portail en entrant, un deuxième perpendiculaire au premier et fermant la cour de ce côté, un troisième parallèle au premier et un dernier venant mourir à droite du portail et fermant donc le rectangle. C'est dans ce dernier que mon directeur-copain ou copain-directeur me conduisit, et qu'il m'installa dans une jolie salle, qu'il fit équiper d'une table généreuse et d'un joli fauteuil pour moi et d'une simple chaise pour la malheureuse victime ; l'interrogation commença sans délai. Le jeune entrait seul, fermait la porte derrière lui, attendait que je lui dise de s'asseoir, me donnait son nom que je cochais sur la liste des trente élèves que j'avais à passer à la casserole. Entre parenthèses, cela voulait dire pour moi : pas de libération avant d'avoir épuisé la liste ! Je me suis donc lancé, courageusement, dans l'aventure. En me donnant une première consigne : faire parler, mais parler le moins possible moi-même, « mon » anglais étant loin de celui d'un Londonien et ma grammaire encore plus éloignée de celle d'un inspecteur ! Le démarrage s'est fait, bien fait, avec beaucoup de questions en vrac, et puis, petit à petit, au bout de quatre ou cinq élèves, réalisant que je posais à peu près toujours les mêmes questions, il était plus juste que j'établisse une grille de ces thèmes et que je note du même coup de manière plus équitable. Quelles remarques ? Tous ces jeunes gens étaient charmants, polis, un peu stressés parfois, un peu émus d'autres fois, toujours souriants en partant ! Ils appartenaient visiblement à deux communautés, l'une probablement indonésienne de souche, plus foncée de peau, l'autre du continent, et plus précisément de Chine, ou sang-mêlé, plus claire aux yeux bridés. Il arriva ce que j'avais prévu : vers 12 h 30 (j'étais arrivé aux alentours de 10 heures), je reçus, dans ma salle d'examen, une sorte d'épais casse-croûte, pas mauvais, mais un peu bizarre, aux goûts de légumes et de crustacés, et une petite bouteille de Coca-Cola, des mains d'un employé de la maison ; il ne fallait surtout pas me couper dans mon élan, risquer de compromettre l'opération – c'en était une –, m'offrir une occasion d'arrêter là ma bonne volonté ! Et je parvins en effet au terme de mon « inspection », peut-être cinq bonnes heures après avoir décollé, déjeuner compris. J'étais attendu, dans la cour, par une demi-douzaine de jeunes profs et par l'inénarrable directeur, à qui je remis ma grille pleine. Il nous invita alors à nous asseoir autour de tables installées dans une partie de la cour comme à une terrasse de restaurant et nous eûmes droit à un petit discours amical de sa part, dévoilant à ses profs la supercherie, ma véritable identité et les conditions de notre rencontre, et me remerciant quand même aussi avec la chaleur que je méritais. Puis nous eûmes droit qui à un thé, qui à un café, qui à un chocolat-avocat avec glaçons, mélange inattendu que je connaissais déjà et que j'adorais et qui fut donc mon choix. Les professeurs étaient d'origine et de parcours divers et je me souviens particulièrement de l'un d'entre eux, une jeune et jolie Iranienne, qui me dit qu'elle avait subodoré quelque chose parce qu'elle avait trouvé que j'avais, en anglais, un accent allemand ! Le directeur nous déclara en outre qu'il me faisait parrain (*godfather*) de cette promotion de son école, parrain donc de la promotion 1976-1977, qui, du coup, porterait mon nom ! Je ne lui ai pas demandé si ce serait Coppens ou Copwood !

Là se termina ma fonction éphémère, mais je pouvais désormais me vanter d'avoir été « anglais » et « professeur d'anglais » à Jakarta. Je rentrai à l'hôtel par le même moyen de transport. L'hôtel qui m'avait été recommandé par l'ambassade de France était un établissement international d'une très belle tenue ; il y avait donc des grooms en uniforme à la porte, et j'aurais de la peine à décrire leur embarras lorsque j'apparus sur mon vélo ! Comme ils me reconnaissaient, ils n'avaient pas de raison de me faire déposer ailleurs ! Ils étaient donc là (ils étaient deux), plantés devant mon vélo, le chapeau à la main, souhaitant m'aider, mais ne sachant guère comment, n'ayant pas de porte à ouvrir, pas de bagage à prendre… Je n'avais besoin de personne, on peut l'imaginer, pour glisser de la barre de mon cadre ! Je pense qu'ils souhaitaient aussi, pour la réputation de leur maison et surtout pour le jugement de leurs supérieurs, que cette situation dure le moins longtemps possible. L'image était en effet plutôt insolite !

J'ai appris depuis que ces petites écoles privées étaient nombreuses en Indonésie et la compétition entre elles d'autant plus dure ; ceci explique cela ! J'ai d'ailleurs connu le même phénomène ailleurs ; je pense à l'île Maurice par exemple. Et j'ai revu, depuis cette drôle d'histoire, mon fameux copain, aussi bien à Paris qu'en Indonésie, et je lui ai bien volontiers pardonné son coup de poker !

CHAPITRE 8

La lycéenne de Massy

L'Orénoque

C'était au printemps 1992. Un réalisateur de RTL, Claude Hemmer, m'invita à la station, rue Bayard, pour me proposer de participer à un programme qu'il était en train de mettre sur pied ; il s'agissait d'un jeu, au sein de l'émission déjà existante *Les Ambassadeurs*, jeu-concours pour les élèves de seconde des lycées français, non pas au niveau de l'élève, mais à celui de toute une classe. Pourquoi seconde ? Parce que ce sont des jeunes gens d'une quinzaine d'années, supposés avoir le degré de connaissances demandé pour répondre aux questions que proposerait l'émission (ou, en tout cas, la maturité suffisante pour faire, aidés de leurs professeurs, les recherches qui convenaient pour les acquérir), et, en même temps, parce que la seconde est une année qui n'a pas la charge de préparation d'un diplôme (ce qui n'aurait pas été le cas pour des élèves de troisième, ni, à plus forte raison, de première). Pourquoi moi ? Parce que Claude Hemmer envisageait, pour ce concours, un thème sur la préhistoire et qu'il espérait que je voudrais bien y participer, pour vérifier en amont la pertinence des questions, aller au charbon en posant moi-même lesdites questions en direct, en en commentant la réponse, et pour, enfin, valider en aval les résultats du concours. La fréquence des émissions et la durée totale du jeu ? Une émission par semaine, cinq semaines. Le gain ? Un voyage en Amérique centrale et du Sud, deux semaines, pour toute la classe. Et pour moi ? Une participation gracieuse (ça a toujours été le cas !), mais un accompagnement, à deux, de la classe gagnante. J'acceptai.

Le concours et son règlement furent annoncés, au journal de 18 h 30 du mardi 12 mai 1992, par Henri Mark, à l'occasion d'une interview que je lui donnai, en direct, sur mes recherches sur l'origine de l'homme ; ce journaliste en profita évidemment, c'était en fait le but de l'interview, pour me présenter comme le futur garant scientifique de l'opération. Le thème choisi en fut l'Europe préhistorique et l'Amérique précolombienne. Et le concours débuta dès le lendemain, le mercredi 13 mai, à l'émission *Les Ambassadeurs*, de 8 h 30 à 10 heures, émission conduite par Patrick Sabatier, avec, cette fois, comme convenu, mon concours de tous les instants, du premier contact avec les concurrents à l'énoncé des questions et au recueil, sans commentaires, des réponses des concurrents, et puis, à l'annonce de la bonne réponse, avec, ce que l'on attendait quand même de moi, un certain développement sur les connaissances actuelles de la question posée. Ces émissions amusantes, excitantes parfois, fiévreuses toujours (je me prenais au jeu), étaient très agréables, très jeunes, très vives, bien contrôlées par Patrick Sabatier et très accompagnées par Claude Hemmer, attentif à la bonne santé de son bébé. Elles s'enchaînèrent donc du mercredi 13 mai au mercredi 10 juin (13, 20 et 27 mai, 3 et 10 juin) ; et le mercredi 10 juin, à la fin de la fameuse émission du matin, fut déclarée vainqueur du concours « Toute une classe », la classe de seconde du lycée Fustel-de-Coulanges de Massy. Dès l'après-midi du 10, je recevais au Collège de France un autre journaliste de RTL, Philippe Robuchon, pour une interview, en différé cette fois, sur mes impressions du concours. L'interview, de quinze minutes, fut diffusée le lendemain matin, jeudi 11 juin, sur RTL bien sûr, entre 7 heures et 8 h 30.

Les jeunes gens gagnants, joyeux, s'envolèrent pour le Mexique. Pris par mes fonctions à Paris au moment de leur départ, je décidai de ne les rejoindre qu'en cours de route. Leur voyage comprenant deux circuits successifs, l'un au Mexique, l'autre au Venezuela, ce fut pour cette seconde étape que Martine et moi les retrouvâmes. Ils étaient entre vingt et trente (je ne me souviens plus), encadrés par quatre personnes, leur professeur principal du lycée de Massy, un médecin de Massy, Jean Becchio, Claude Hemmer et la directrice de l'agence qui avait organisé le voyage. L'ambiance était heureuse, curieuse et pleine de fraîcheur ; je les accompagnais toute la journée, commentais éventuellement certaines visites, et les réunissais le soir, pour de petits exposés et discussions sur la préhistoire, la paléontologie, l'histoire du peuplement de l'Amérique, l'archéologie précolombienne, les sites du Venezuela et les grandes cultures que ce pays avait produites, la culture maya (des cités-États), au nord, et la culture inca (un empire), au sud-ouest. Je me souviens de bien des excursions, toutes rehaussées par l'étonnement des enfants, celle à pied dans le guano de la grotte des Guacharos, près de Caripe, dans laquelle piaillaient des milliers de petits oiseaux, genre engoulevents, aux comportements de chauves-souris, et celle, en avion (DC3), au-dessus du Salto Angel, la plus haute cascade du monde puisqu'elle approche le kilomètre, chute qui s'en va grossir les eaux de l'Orénoque ! Ce fut un plaisir de connaître, d'abord, l'ensemble du groupe, qui avait l'air de se ressentir comme tel et puis d'en connaître, petit à petit, un à un, tous les éléments, de recevoir leurs questions, leurs réactions, leurs répliques, leurs confidences parfois. Ce fut vraiment un séjour où j'ai profondément ressenti ce que veut dire « parrain », quelqu'un que l'on écoute, mais que l'on peut contredire, quelqu'un que l'on respecte, mais que l'on ne craint pas, quelqu'un dont on apprécie la compagnie, que l'on va volontiers chercher pour une information (en imaginant qu'il sait tout), au fond quelqu'un en qui on a confiance et que l'on aime bien. Avec Claude Hemmer et les élèves, nous fîmes, pour la radio, ce qui s'appelle des « cartes postales » ; l'une, un soir, en rentrant, en car, d'un spectacle de danse, à Cumaná, le 29 juin ; elle a été diffusée le 30 juin, à l'émission *Les Ambassadeurs* de Patrick Sabatier ; et l'autre, à Maturin, le 1er juillet, diffusée le 2 à la même émission, à la même heure. Enfin, pour une autre émission appelée *Signatures*, Claude Hemmer me demanda, le 3 juillet, à Ciudad Bolívar (là où se trouvait alors le seul pont sur l'Amazone ; il y en a deux depuis 2006), de lui proposer un choix de mes musiques préférées ; et ces morceaux ont dû être diffusés, un soir de juillet, sous ma « Signature », sur les ondes de notre Radio marraine.

Étant sur place et souhaitant prolonger, Martine et moi, notre séjour et notre exploration du Venezuela, nous nous quittâmes, mes jeunes filleuls et moi, dans un mélange de tristesse et de joie ; ça lie de vivre ensemble du matin au soir, tant de jours, de découvrir ensemble tant de choses, de partager tant de moments et de se découvrir aussi les uns les autres. Ces petites bouilles souriantes, souvent mélancoliques à la tombée du jour parce qu'encore sous l'affectueuse protection des papas-mamans ici absents, m'étaient chères. Il y a même eu des larmes ! Et puis nous avons ajouté, avec Martine, une merveilleuse tournée de séjours en forêt amazonienne, à la recherche (avec succès) d'habitats préhistoriques en grottes, avec nuits en hamac, illuminées par des milliers de vers luisants, sur les rives d'un de ces nombreux cours d'eau qui découpent le pays, et de randonnées à cheval dans les très hautes altitudes des Andes, au milieu des cailloux et des cactus, avec nuits, bien fraîches cette fois, sous des tentes. J'ai donné en outre quelques conférences, au passage, à Merida (Alliance française) et à Caracas (Université centrale, Musée des sciences naturelles et Institut des études avancées – IDEA) et nous sommes rentrés à la

« maison » avec des images plein la tête et un joli siège-sculpture, en bois noir, représentant un tamanoir ; il est là, sous mes yeux.

Une goutte de science. L'Orénoque est un bien beau fleuve qui prend sa source au mont Carlos Delgado-Chalbaud de la Sierra Parima, sur le plateau des Guyanes, superbe plateau précambrien – 1,9 à 2,5 milliards d'années –, à 1 047 mètres d'altitude ; il arrose un peu la Colombie (35 %), beaucoup le Venezuela (65 %), avant de se jeter par un somptueux delta (25 000 kilomètres carrés) dans l'océan Atlantique. C'est de ce plateau des Guyanes que dégringole par exemple le Salto Angel que nous avons survolé, « ma » classe et moi. C'est un drôle de personnage cet Orénoque, généreux comme pas deux ; au départ de son cours, en effet, figurez-vous qu'il offre une partie de son eau (de 12 à 20 %) à sa voisine, l'Amazone, par le canal de son défluent, le Casiquiare (sur 300 kilomètres), et celui de l'affluent de l'Amazone, le Río Negro. C'est donc un fleuve qui s'amuse dans deux bassins-versants. Il a un débit moyen de 36 000 mètres cubes par seconde, ce qui le fait, à cet égard, le numéro 3 du monde (il est sur le podium !), précédé par sa voisine, prétentieuse, l'Amazone (200 000 mètres cubes par seconde) et par leur cousin africain, de l'autre côté de l'océan qu'ils partagent, le Congo (41 000 mètres cubes par seconde). Son bassin est estimé à 1 million de kilomètres carrés et sa longueur à 2 150 kilomètres. Ce sont les Indiens warao qui lui ont donné son nom d'Orinoco, ce qui veut dire « endroit pour pagayer » ; je les ai rencontrés, ces Indiens, dans leurs pirogues monoxyles et chez eux, dans leurs grandes maisons sur pilotis à toit de chaume très enveloppant ; c'était en 2018 ; je donnais des conférences sur un paquebot qui avait mouillé au fond de l'estuaire et circulais en zodiac ; nous avons, un charmant Warao et moi, dégusté, à sa « table », du caïman grillé arrosé d'eau du delta ! le bassin de l'Orénoque est réputé pour son extraordinaire biodiversité, mais aussi pour son pétrole ; quant à sa préhistoire, elle remonterait à au moins 9 000 ans et pourrait être à l'origine du peuplement d'un certain nombre d'îles Caraïbes, ce qui signifie, de la part de ces navigateurs, une très belle maîtrise de la haute mer dans ces eaux qui n'ont pas la réputation d'être de tout repos. C'est Joseph Grelier (1935-2020), de la Société des explorateurs français, un ami, qui a découvert, en 1951, les sources de l'Orénoque.

Figures 8 et 9. *Audrey Gabelle au Venezuela en 1992. Audrey Gabelle et l'auteur à Paris en 2020.* *(Photographies d'Audrey Gabelle avec son aimable autorisation.)*

Dans les années qui ont suivi cette sympathique aventure, le lycée Fustel-de-Coulanges m'a demandé de recevoir « mes » élèves, mes filleuls (de première, cette fois, et même de maths ou philo, les années avaient passé) à Paris pour des visites d'institutions qui étaient les miennes ou l'avaient été. Je me rappelle, par exemple, leur avoir fait visiter l'Institut de France, ses deux grandes salles de réunions des cinq académies, ses bibliothèques et la fameuse coupole ; c'était en 1994. Et puis les rencontres se sont peu à peu estompées... par la force des choses et la dispersion de la vie.

Et puis... le 17 janvier 2020, j'étais invité par la société Biogen à l'hôtel Pullmann-tour Eiffel pour donner une des trois leçons inaugurales d'un de ces congrès « mammouths » de milliers de médecins, ceux-ci spécialistes du système nerveux (Alzheimer, sclérose en plaques, etc.). Pendant que les sessions, auxquelles je n'avais pas participé, se terminaient, et en attendant donc la mise en place de la réunion solennelle et plénière dite « inaugurale » (souvent programmée en cours de congrès, peut-être pour y réunir le plus de monde possible), les organisateurs m'avaient convié à un petit en-cas (une tasse de thé ou une coupe de champagne – devinez ce que j'ai choisi ! – et quelques zakouskis du cocktail du midi). Mon « goûter » terminé, je fus conduit dans la salle de la plénière, mais... quelques minutes en retard et des hôtesses durent me mener au seul siège resté libre au premier rang et en bordure d'allée, près d'une jeune femme que je saluai, brièvement, dans la pénombre. Un premier orateur, médecin, faisait le premier discours (je devais faire le dernier, le troisième), très savant, très poétique et très drôle en même temps, un peu long pour celui qui attend son tour et qui se demande s'il lui restera le créneau qu'on lui avait promis ! Et vint le tour du deuxième orateur. C'était ma voisine ! Elle monta donc sur scène, se rendit au micro, et commença son discours de manière tout à fait inattendue pour tout le monde et pour moi, le premier. « Je suis très émue, commença-t-elle, et ça se voyait et s'entendait, parce que le monsieur qui est venu s'asseoir à côté de moi, juste à côté de moi, le professeur Coppens, Yves Coppens, a été, il y a presque trente ans, mon "parrain", tout le long d'un long voyage au Venezuela. C'était en 1992, j'étais en seconde au lycée Fustel-de-Coulanges de Massy, et ma classe avait gagné un concours radiophonique dont le thème portait sur la préhistoire. J'avais beaucoup aimé ce monsieur, moi, gamine de 15 ans, pour sa gentillesse, ses connaissances, sa disponibilité, sa manière de nous accompagner, de nous aider, de nous aimer. Je ne l'avais plus revu, personnellement, depuis notre départ pour Paris, un beau jour de juillet 1992, à l'aéroport de Caracas. Je tiens à lui dire ici, aujourd'hui, toute mon admiration et mon affection. »

Même quand on a été bien armé par la vie, ça vous « fiche » un grand coup d'émotion. Je ne répondis pas de mon parterre, encaissai avec bonheur et tendresse, lui dis mon émoi et l'embrassai quand elle revint, après son brillant discours, s'asseoir à sa place, mais je fis profiter le public de la réalité de mon état quand je pris, moi-même, juste après elle, le micro pour la troisième et dernière partie de cette session vraiment extraordinaire ! Cette dame était donc Audrey Gabelle, professeur de neurologie et de neurosciences à l'université de Montpellier, brillant médecin, au point d'avoir la charge et l'honneur d'ouvrir un congrès mondial de ses confrères. J'ai écouté, bouche bée, son cours, l'histoire de ses expériences hospitalières, de ses hypothèses de travail, de leurs résultats, et des interprétations qu'elle en proposait, mais je n'ai pas tout compris ! Que dire ? Elle m'a ébloui et je ne pouvais m'empêcher de me remémorer la petite silhouette discrète de notre professeur d'aujourd'hui lors de « notre » épopée vénézuélienne commune. Merci Audrey et bravo !

III

L'épanouissement

CHAPITRE 9

La rebelle du Capcir

Les sources de l'Amazone

Mes expéditions au Tchad des années 1960 et les résultats de ces expéditions, notamment ma découverte d'un crâne d'homme fossile dès 1961, n'avaient pas échappé aux responsables de la Société des explorateurs, qui m'appelèrent alors vite au sein de leur compagnie. La Société des explorateurs français, ou Club des explorateurs, avait été créée en 1937 par un panel de voyageurs-explorateurs aux noms fameux, Louis Audouin-Dubreuil (les croisières Citroën, la Noire, la Jaune), Théodore Monod et Henri Lhote (le Sahara), Paul-Émile Victor et Robert Gessain (le Groenland), Bertrand Flornoy (l'Amazonie), Jacques-Yves Cousteau et Marin Marie (la mer), pour fédérer « ceux qui, en France, font avancer la connaissance par l'aventure ». J'étais aux anges ; ces gens me fascinaient et c'était un vrai bonheur et un bel honneur pour moi d'avoir mérité leur invitation ; j'étais devenu des leurs. L'archéologie avait beau être incontestablement ma passion, cette vocation n'en était pas moins assortie d'un profond désir d'arpenter la planète. J'arrivai donc, enthousiaste, chez ces voyageurs forgés par la curiosité, le courage, l'épreuve et aussi le risque. Mais je savais un peu déjà, moi aussi, par ma jeune école de navigation en mer et par ma fraîche expérience de navigation dans le désert, ce qu'était la puissance de l'appel de l'horizon, quel qu'en soit le danger, comme je connaissais un peu déjà la fraternité de ceux qui l'affrontent. Depuis 1956, pour la troisième fois, c'était Bertrand Flornoy qui était président de la société (et il le restera jusqu'en 1980) lorsque je fus intronisé ! Ce fut donc lui qui m'accueillit dans la compagnie. Les réunions, très fréquentées, étaient divisées en trois parties, vie de la société et nouvelles des membres lointains d'abord, conférences, projections et films ensuite, et déjeuners ou dîners enfin, toujours chaleureux et bruyants – les gens de terrain sont aussi de bons vivants ! J'avais avec Bertrand Flornoy des rapports très amicaux ; il publiait, par exemple, les yeux fermés, tous les articles que je lui donnais pour ses *Cahiers des explorateurs* et ne cessait de me présenter avec chaleur à tous ses amis et relations. C'est lui qui m'a fait ainsi connaître un jour, lors d'un déjeuner du club, Jacques Chirac, un de ses amis politiques, qu'il avait convié pour le café.

Aujourd'hui, plus de quatre-vingts ans après la naissance de la Société des explorateurs, ses historiens appellent l'époque de 1950 à 1975, celle dont nous venons de parler, son âge d'or. Ces mêmes historiens avaient appelé la période précédente, 1937-1950, « âge des origines », et les périodes suivantes, successivement, « tous azimuts » jusqu'en 2000 et « sciences et découvertes » au-delà. « Sciences et découvertes » pourrait s'appliquer, en fait, à toutes les périodes depuis 1937, et « tous azimuts » aux quarante dernières années, avec notamment l'arrivée d'ambassadeurs de nouvelles branches de l'exploration, l'espace, par exemple,

Je n'ai pas connu la totalité des fondateurs, Louis Audouin-Dubreuil, par exemple, Alexandra David-Néel (Tibet), Norbert Casteret (spéléo), Marcel Ichac (montagne), Éric de Bishop (mer), Maurice Bellonte (aviation), Audouin Dollfus (astronomie), etc. Mais j'ai été très lié à Théodore Monod, Henri Lhote (j'ai fait avec ce dernier une tournée dans le Tibesti), Paul-Émile Victor, Robert

Gessain (qui a été mon patron au musée de l'Homme, avant que je ne lui succède), Bertrand Flornoy, Jean-Paul Lebeuf (africaniste), Jacques-Yves Cousteau (lorsqu'il était directeur du Musée océanographique de Monaco). J'ai été très proche de Haroun Tazieff (volcans), de Robert Capot-Rey (géographe avec qui j'ai fait une tournée au Sahara), de Michel Perrin (Amazonie), grand explorateur lui-même, sans avoir été, tous, membres de la Société. Pour ces gens, j'étais de la famille, mais « explorateur junior ». Et puis j'ai grandi et suis devenu « à peu près contemporain » de Jean Dorst (qui avait dix ans de plus que moi), Alain Bombard (la mer, dix ans de plus aussi), Jacques et Betty Villeminot (Australie, Papouasie, dix ans de plus), Christian Zuber (films animaux, dix ans de plus), Jean-Louis Étienne (les pôles, dix ans de moins). Et puis, à force de grandir, j'ai vieilli et suis devenu « explorateur senior » pour Pierre et Bernadette Robbe (ethno, Groenland), Françoise Le Guennec-Coppens (ethno, Kenya, Tanzanie, Comores), Patrice Franceschi (Afghans, Kurdes, et mer, j'ai été membre du comité d'honneur de la Mission « Terre-Océan » de son bateau *La Boudeuse* en 2011), Bernard Buigues (Sibérie, pôle Nord), Joëlle Robert-Lamblin (Groenland, Sibérie, Aléoutiennes), Nicolas Vannier (Canada, Sibérie). Sabrina Krief (Primatologue, Ouganda), Évelyne Heyer (anthropologue, Asie centrale), Régis Belleville (Sahara, j'ai été parrain de son projet de traversée ouest-est du Sahara en 2007), Renaud Olivier (j'ai été parrain de son projet « Origin, Le Cap-Béring-le cap Horn, l'Homme, son parcours et son devenir », 2013-2014) et même Nicolas Hulot (je suis membre d'honneur de sa fondation). Et j'ai fini par mériter le titre envié de « parrain archisenior », cette fois, au festival des Petits Explorateurs, à Vannes, en 2008.

Pour célébrer cinquante années d'exploration française (rappelons que la Société des explorateurs a été fondée en 1937), Didier Régnier d'Antenne 2 était parvenu, en janvier 1988, à réunir Paul-Émile Victor, Jacques Villeminot, Michel Siffre, Gérard d'Aboville, Jean-Louis Étienne, Patrick Baudry et moi, avec, en duplex, Roger Frison-Roche, et, en différé, Jacques-Yves Cousteau. Avouez que ce n'était pas mal !

Je voudrais faire, ici, une brève parenthèse, pour parler de Michel Perrin. Je ne sais pas comment j'ai rencontré ce grand explorateur, mais je me souviens que nous sommes vite devenus amis. Michel Perrin avait envie, je crois, de se raconter. Je me souviens d'un homme solitaire, malheureux, déçu ; je ne sais que peu de chose de son aventure en haute Amazonie, où il avait perdu tragiquement sa compagne, mais je sais beaucoup sur sa conviction d'avoir, lui, découvert la « vraie » source de l'Amazone et d'en vouloir beaucoup à Bertrand Flornoy qui prétendait l'avoir découverte aussi lui-même, mais évidemment ailleurs. Je n'avais pas d'opinion – comment aurais-je pu en avoir –, mais je connaissais un Bertrand Flornoy flamboyant et un Michel Perrin triste. Lors d'un de nos déjeuners ou dîners – c'était dans un petit restaurant chinois (appelé « A », je crois) d'une des rues voisines du début du boulevard Saint-Germain –, il me raconta une autre aventure, tout aussi triste ; il avait en effet tenté une retraite dans un monastère bouddhiste et m'avouait sa grande déception d'y avoir trouvé une communauté d'hommes « normaux », avec certes les amitiés et les générosités que l'on pouvait y attendre, mais avec aussi les mesquineries, les compétitions, les jalousies, les trahisons que Michel Perrin, un peu « angélique », avait rêvé ne pas rencontrer dans ce monde de méditation. Décidément, ce charmant ami, à la vie pleine d'audace, de succès, de courage, à l'immense désir de communication (me sembla-t-il) ne parvenait pas à cicatriser quelques blessures, certaines avouées, d'autres sans doute secrètes. Et, mes déplacements nombreux, longs, lointains, ont fait qu'un beau jour, je l'ai « perdu » ; ce n'est qu'indirectement que j'ai appris sa mort.

Une goutte de science. L'Amazone est le fleuve des records : plus grand bassin-versant, 6 millions et demi de kilomètres carrés, entre le 5e degré de latitude Nord et le 20e degré de latitude Sud, au Pérou, en Colombie et au Brésil ; plus grande longueur (7 000 kilomètres), talonné par le Nil ; plus grande largeur (10 kilomètres et jusqu'à 40 kilomètres parfois dans certains de ses étalements) ; plus grande profondeur (de 75 à 100 mètres parfois) ; plus grand débit (200 000 mètres cubes par seconde) ; plus de 1 000 affluents, etc. Son bassin est en outre une région d'une étonnante richesse géologique et biologique et le plus puissant massif forestier de la planète. Comme souvent dans la recherche des sources, celle du fleuve Amazone a été longtemps sujette à controverse ; nous venons de voir deux de ses compétiteurs, féroces tous les deux, Bertrand Flornoy prétendant l'avoir découverte au Pérou, en 1941, à l'origine du Rio Maranon, et Michel Perrin, prétendant la même chose, en annonçant l'avoir identifiée au Pérou aussi, en 1953, mais au glacier de Huacra. Il s'avérera que ni l'un ni l'autre n'avait raison ; la source se trouverait bien, dans la cordillère des Andes, au Pérou, mais au glacier Musmi, à 5 556 mètres d'altitude dans la province d'Arequipa ; c'est Andrew Pietowski, citoyen américain, qui, en décembre 2000, a mis, apparemment, le point final à cette quête, grâce à son équipement GPS que n'avaient évidemment pas ses prédécesseurs. Il dit même en avoir vu (peut-être bu) la première goutte ! On dit, par ailleurs, que les marées atlantiques se font sentir jusqu'à 1 000 kilomètres de l'embouchure et on dit aussi que son courant, teinté par les sédiments qu'il charrie (730 millions de tonnes par an), se retrouve jusqu'à 300 kilomètres dans l'océan. Quant à son nom, ce serait l'explorateur espagnol, Francisco de Orellana, qui, dans les années 1540, rencontrant des Indiens à cheveux longs au bord du fleuve, l'aurait appelé « Amazone » parce que ces habitants lui rappelaient les fameuses guerrières de l'histoire et/ou de la mythologie grecque de quelques siècles avant Jésus-Christ. J'ai visité Belém et Manaus il y a quelques années (1991), navigué sur le Río Negro et sur l'Amazone elle-même cette fois-là et d'autres, campé ou accroché mon hamac sur leurs rives et rencontré quelques-uns de leurs habitants qui m'ont mis en garde contre les mygales, mortelles, mais fait manger de la tortue, délicieuse.

Mais les explorateurs mangent à beaucoup de râteliers ; l'Académie des sciences d'outre-mer (anciennement Académie des sciences coloniales, fondée en 1922 par Albert Lebrun) regroupe aussi certains d'entre eux, d'entre nous, des politiques, des militaires, mais aussi des universitaires (dont je suis). Cette académie, aux séances régulières, est, en outre, riche d'une magnifique bibliothèque de plus de 150 000 titres et elle édite des mémoires de grande qualité sous le titre « Mondes et cultures ».

Un autre organisme, beaucoup plus jeune, la Guilde européenne du raid, créé en 1967, « pour promouvoir l'esprit d'aventure et de découverte du monde », à l'exemple de l'esprit des membres de son comité d'honneur, Paul-Émile Victor, Bertrand Piccard, Pierre Schoendoerffer, Henry de Monfreid et moi-même, regroupe, quant à lui, un certain nombre des explorateurs déjà cités (Patrice Franceschi par exemple), mais avec cette fois, parmi eux, une proportion plus grande de sportifs. Lorsque j'ai présidé, en 2005, le festival international annuel de cette Guilde, appelé « Les Écrans de l'aventure », aux cinémas Olympia et Darcy de Dijon (événement créé en 1992), la vedette était, par exemple, Maud Fontenoy, qui venait de traverser le Pacifique à la rame ! La Guilde, fondée et conduite avec ardeur par Patrick Edel, qui en a été le délégué général jusqu'en 2010 (quarante-trois ans !), avait (pour moi et je n'engage que moi) une allure un petit peu « scout », très orientée vers la solidarité et l'action humanitaire, ce qui échappait aux deux organismes précédents. J'ai appris tard le passé politique de Patrick Edel (décédé en 2018), mais il l'avait si bien effacé de son discours que je n'ai vu en la Guilde qu'une action saine pour aider les jeunes gens épris d'espace (le merveilleux voyageur et écrivain Sylvain Tesson en a été par exemple le président, Claudie Haigneré, Alain Bombard, Bertrand Piccard, Peter Blake, Edmund Hillary, Hubert de Chevigny, Gérard d'Aboville en ont présidé « Les Écrans de l'aventure »). Je ne regrette pas d'avoir répondu à quelques reprises aux appels de son dynamique fondateur.

En janvier 2001, je reçus, d'un certain Gilles Cousin, un appel téléphonique m'invitant à devenir « Grand Témoin » du 12e Festival du raid et de l'aventure des Angles, dans les Pyrénées-Orientales, festival qui allait se tenir ce même mois de janvier, du lundi 22 au samedi 27. Très tenté, je dois dire, je demandai quand même quelques précisions à ce monsieur avant d'accepter et je lui demandai aussi, en cas d'accord, le privilège d'y emmener mon fils de 6 ans, à qui j'essayais de faire partager tous les mondes que l'on voulait bien m'offrir. Accepté ! Nous voici donc partis, Quentin, ravi, Anaïs, une amie ayant bien voulu nous accompagner pour s'occuper de Quentin avant l'arrivée de sa maman, et moi. Accueil chaleureux, un logement au cœur du vieux village, près de la mairie et du fameux restaurant Le Coq d'or, et, une exigence quand même, une présence chaque soir sur scène pour « modérer » l'invité et une participation à tous les dîners d'après-conférence, par solidarité pour les organisateurs, les invités et les restaurateurs invitants.

UNE GOUTTE D'HISTOIRE. Le village des Angles est le village le plus élevé (1 655 mètres) du plateau du Capcir, lui-même plateau le plus élevé de la haute vallée de l'Aude, dominé par les pics Péric (2 820 mètres) et Madrès (2 469 mètres). « Plus on prend de la hauteur, plus on voit loin », dit un proverbe chinois, qui pourrait accompagner toute l'histoire de cet étonnant village des Angles. Le Capcir, quant à lui (du latin *caput circii*, la tête de cers, cers étant le vent du nord, la tramontane) a la réputation d'être la région la plus froide des Pyrénées-Orientales, mais il a aussi la réputation d'être sa surface cultivée la plus élevée de la région. On commence ainsi son histoire par des records, et pas n'importe lesquels, le Capcir est le plus haut, le Capcir est le plus froid, le Capcir a la tête haute face au vent du nord, belle image de courage et de provocation ! Les Angles, cités pour la première fois dans un manuscrit du xe siècle (966), signifiant l'« endroit reculé », ont été tantôt français, tantôt espagnols, mais toujours catalans. Dans un de ses restaurants, un beau soir de janvier 2001, un étonnant personnage, du nom de José (tout court, mais en fait José Péris), m'a proposé de me faire Catalan d'honneur ; j'ai bien sûr accepté, à la fois fier et amusé ; je devais pour cela me prêter, d'abord, à l'épreuve de la consommation à la régalade d'une gourde de vin (du Roussillon bien sûr) ; je n'ai pas eu de mérite, car ce n'était pas la première fois que je buvais ainsi ; je me suis donc donné en spectacle, montant de plus en plus haut la gourde en peau de chèvre et allongeant d'autant son jet, sous les hourras de José, surpris, sous ceux des gens de la soirée du festival avec lesquels je dînais, mais aussi de tous les clients du bistrot. Et, sous des cris encore plus puissants, José m'a alors solennellement (ce n'était plus, pour lui, une plaisanterie) ceint le corps de la Senyera, le drapeau catalan, quatre bandes horizontales rouges sur fond or. Mon image était le lendemain partout dans la presse, mais aussi sur les réseaux sociaux ; ce n'était pas que pour « rire » ! José est devenu un merveilleux ami. Mais revenons à mon village de baptême, village vivant bien, du bois, de la culture et de l'élevage jusqu'en 1964, date précise de la création, par son maire, courageux et inspiré, Paul Samson, et par quelques-uns de ses collaborateurs, d'une station de ski. Et depuis lors, le village des Angles a changé de cap et a troqué presque toute son activité rurale pour une activité de tourisme et de sports d'hiver. La station de ski des Angles, avec son immense domaine skiable qui s'agrandit sans cesse, ses équipements qui se diversifient et se modernisent en permanence, est devenue un grand lieu que la fréquentation tant espagnole que française ramène à sa situation historique antérieure, à cheval sur deux nations… mais toujours catalane !

Le Festival du raid et de l'aventure des Angles avait été imaginé et créé par trois amis, Jean Beli, Lulu Mignard et Michel

Poudade, dès 1990. Très ambitieux tout de suite, il a souhaité réunir, une semaine par an, une demi-douzaine d'explorateurs, au sens très large, autant de sportifs que de chercheurs, de reporters que d'aventuriers. Il y est parvenu de manière exemplaire puisqu'il en est à son 200e invité et son 31e anniversaire, ayant réussi chaque fois une bonne mayonnaise entre des Edlinger (montagne) et des Tabarly, des Mémona Hintermann (grand reporter) et des Nicolas Hulot, des Patrick Baudry (espace) et même des Coppens ! Je débarquai donc aux Angles en janvier 2001, déjà porteur du titre de « Grand Témoin », et je me retrouvai le lendemain soir (ou peut-être le soir même), projeté sur la scène de la belle salle du Capcir, bondée, en présence du premier invité, Nicolas Vannier, et d'une charmante jeune fille, discrète et en retrait, dite pourtant « la Rebelle ». Gilles Cousin, directeur de l'office de tourisme et organisateur cette année-là du festival, ouvrit la cérémonie, me présenta et expliqua qu'en tant que Grand Témoin, le public aurait à me supporter tous les soirs (applaudissements, merci !), présenta Nicolas Vannier, ses exploits et ce dont il allait nous parler ce soir (applaudissements, dont les miens) et la jeune fille, une jeune Anglesoise, au rôle (théorique) essentiel de représentante du village pour juger, soutenir, réagir, voire contredire l'orateur, d'où son titre officiel, génialement trouvé, de « Rebelle » ! Et ce fut mon tour de raconter l'invitation étrange que j'avais reçue de Gilles Cousin, qui prétendait qu'il m'avait cherché deux ans avant de me découvrir, grâce au mouchardage de Laurent Bignolas, de dire bien sûr mes remerciements et mon accord immédiat à Gilles, le plaisir et l'honneur que j'avais de me trouver aux Angles et d'avoir à y jouer ce rôle confortable de témoin, mais combien j'étais en même temps inquiet de la présence du ou de la Rebelle, omniprésent ou omniprésente, qui avait tous les droits pour encenser ou critiquer le couple Grand Témoin-Acteur orateur ! La soirée se déroula évidemment à merveille, Vannier brillant, la Rebelle enthousiaste et moi aussi. Le public nous bombarda de questions alors que nous étions encore en scène, et puis entre la scène et la sortie, au moment de la consommation, rituelle, m'a-t-on expliqué, du chocolat ou du vin chaud, dans le sas entre les portes de dedans et les portes de dehors (il fait froid aux Angles en janvier !), et puis encore entre la salle du Capcir et celle du « restaurant du jour », voire encore pendant le dîner et après, tard dans la nuit… Et toute la semaine, malgré un rhume « carabiné » qui me rendait quand même un peu fiévreux et inconfortable, je menai mon grand témoignage en recevant successivement avec panache Patrick Edlinger, le grimpeur à mains nues (qui dévissera hélas peu de temps après), Bernard Buigues, l'homme du pôle Nord (avec qui j'avais déjà travaillé en Sibérie plusieurs années), Jean-Christophe Grangé, reporter, écrivain (accompagnée de la sémillante Priscilla Termon, elle-même grand voyageur) et Philippe Monnet, navigateur, mais aussi skieur, cavalier et praticien de rallye automobile ! J'ai clôturé, comme convenu, la semaine, en donnant moi-même, sans grand témoin (!), mais avec une Rebelle, la conférence du samedi, doucement remis de mes petits problèmes respiratoires. Tout s'est parfaitement déroulé ; j'avais bénéficié, en effet, d'une Rebelle de choix puisqu'il s'agissait de la charmante arrière-petite-fille de Paul Samson, Sophie Cardusi, et j'avais été le récipiendaire de l'« A d'or », A comme Angles, le trophée du festival !

Cette relation tout à fait privilégiée, tissée avec le village et avec nombre de ses habitants, a fait que toute la famille Coppens y a passé au moins dix séjours blancs successifs et un ou deux séjours verts (pour voir) et que le petit Quentin, grandissant, y a gagné successivement toutes ses médailles de ski alpin, depuis l'ourson et le flocon jusqu'à l'étoile d'or, en passant par la première, la deuxième, la troisième étoile et l'étoile de bronze.

À chacun son or, une étoile pour Quentin et un A pour son père !

La Société des explorateurs de New York, celle de São Paulo (Association Explora), celle de Tunisie (Les Très Grands Voyageurs), etc. m'ont aussi ouvert leurs portes ou leurs pages.

CHAPITRE 10

Les pensionnaires de Rome

Un palais du Monte Pincio

(460 ans)

Une amie, Laurence Caillet, m'invita, un jour, à prendre contact avec une personne dont elle avait fait la connaissance, Maurice Tasler, et qui était en train de monter un intelligent « réseau » de personnalités françaises du monde des sciences, des arts, des lettres, des armes, des cultes, des affaires, etc. sous le joli titre de « L'Excellence française » et la belle devise « Faire savoir le savoir-faire français ». Cette initiative, aux dires de son créateur, était destinée à montrer, dans une France souvent morose, qu'il y avait dans notre pays (je suis citoyen du monde certes, mais aussi citoyen français) une très belle, très puissante, très créative collection de personnalités, qui, une fois identifiée, sollicitée, réunie et mise en lumière, pourrait redonner à la France son sourire ! Comme me disait en effet un ami sarde : « Le Français est un Italien triste ! » Et donc Laurence avait pensé, et je lui en suis très reconnaissant (c'était pour moi à la fois flatteur et intéressant), que je pouvais montrer « mon nez » dans pareil projet. Et c'est ce que je fis ! Et c'est ce qui fit de moi, dans l'année de ma rencontre avec le fondateur et son assistante, Sylvie de la Méraudière, un membre de L'Excellence française. J'ai fait partie de la promotion 2011, la troisième, promotion de onze personnes, et notre intronisation a consisté à répondre à une interview de Maurice Tasler, pour France 5, à recevoir un superbe ouvrage concernant les onze lauréats de ma promotion et leurs faits d'armes (tirés de l'interview) et à délivrer un petit discours-message sur mon idée de l'excellence, le jour de la cérémonie. Cette année-là, le lieu choisi avait été le somptueux hôtel de la Marine, place de la Concorde, et ma marraine, statutairement lauréate de la promotion précédente, Alice Dautry, directeur de l'Institut Pasteur.

Or il y avait, entre autres « lauréats » 2011, une personnalité séduisante et enjouée dont j'ai fait volontiers la connaissance ; elle s'appelait Muriel Mayette et était administratrice générale de la Comédie-Française ! Une année s'est écoulée et nous nous sommes retrouvés, Muriel et moi... (et beaucoup d'autres !), à la réception de L'Excellence (à l'hôtel Bristol, cette fois). L'un à côté de l'autre, pas tout à fait par hasard, et très inquiets de ce que nous allions improviser lorsqu'au micro nous allions avoir à présenter, en qualité d'élus de la promotion d'avant, notre filleul de cette nouvelle cuvée, nous n'en étions pas moins agités et bavards, assez insupportables pour les voisins, je pense ! Cela ne s'est pas arrangé lorsque étant devenu le parrain de Louis-Marc Chevignard, Grand Connétable des Chevaliers du Tastevin (Clos-Vougeot), je me suis amusé sur scène à démontrer, en simulant la démarche de Lucy, il y a plus de 3 millions d'années (ses empreintes de pas sont croisées), la réelle ancienneté du vin ! Je crois que j'ai conquis là, mieux que l'année d'avant, l'amitié joyeuse de Muriel qui savait évidemment jauger et juger les tentatives de mimiques, maladroites, mais de bonne volonté, d'un malheureux scientifique-acteur jeté en pâture à un public qui ne l'attendait pas ! Merci Muriel ! J'ai passé ce jour-là, grâce à toi, une merveilleuse soirée ! Et puis Muriel s'est mariée, et elle a épousé Gérard Holtz, ami depuis des années ; c'est en effet sous son autorité que j'avais été convié à célébrer aux îles Tonga le premier de l'an 2000, avant la Terre entière (jusqu'à 13 heures, car le roi avait mis son pays à l'heure d'été une heure avant tous ceux qui partageaient son fuseau !). Nous nous sommes ainsi retrouvés depuis, Muriel, Gérard et moi, accompagnés ou pas, à bien des reprises, toujours avec autant de plaisir.

Un beau jour de 2015, j'apprends avec joie que Muriel Mayette-Holtz, que je savais avoir quitté sa direction de la Comédie-Française, venait d'être nommée à celle de la Villa Médicis ! La Villa, qui est depuis 1803 le siège de l'Académie de France à Rome, est un superbe palais du XVIe siècle, qui reçoit un certain nombre de pensionnaires, artistes ou écrivains, une petite vingtaine à la fois, sélectionnés à Paris d'une manière qui a évolué au fil des années, pour un séjour, actuellement d'une année, mais dont la durée a elle-même aussi évolué. Je félicitai Muriel pour cette très belle nouvelle affectation et, à peine un mois après s'y être installée, elle m'appelle pour me demander si j'accepterais une sorte de mission dans son nouvel établissement !... Il s'agissait d'un poste de « parrain », me dit-elle, qui porte le nom étrange et trompeur de « nouveau prix de Rome », pas très bien défini, existant depuis 2014 et précédemment occupé par un philosophe italien, poste qu'il lui revenait, avec l'assentiment du ministre français de la Culture, de pourvoir pour l'année 2015-2016. Voulant en savoir un peu plus avant de m'engager – mais j'étais d'ores et déjà très tenté –, je demandai à Muriel les documents administratifs correspondant à ce poste, documents que je ne tardai pas à recevoir et qui en fait ne m'apprirent guère plus que ce que j'avais compris ! Un « nouveau prix de Rome » est le parrain des pensionnaires de l'année (la promotion) ; choisi avec, de préférence, un décalage de génération et de compétences avec ses filleuls, il a pour fonction de les rencontrer, de les écouter (confident ? confesseur ?), de les accompagner dans leurs démarches artistiques et de les aider quand la chose est possible (compagnon ? conseiller ?), de leur apporter sa propre culture, sa propre démarche, sa propre recherche, ses propres résultats pour, le cas échéant, les inspirer (passeur ? enseignant ?). Voilà ! La présence sur place était évidemment recommandée, le plus souvent possible, le titulaire y recevant, à chaque visite, logement et couvert (dans la maison). J'acceptai. J'étais ravi ! Muriel aussi ! Mon accord fut vite ratifié par madame la ministre Fleur Pellerin, qui m'expliqua que le titre de « nouveau prix de Rome » était une manière élégante d'éviter, à Rome, le mot « parrain », qui y a parfois une tout autre connotation !

UNE GOUTTE D'HISTOIRE. La Villa Médicis est un palais construit au XVIe siècle (1564 ?), sur le mont Pincio, à Rome, pour le cardinal Giovanni Ricci di Montepulciano. Mais, dès 1576, c'est le cardinal Ferdinand de Médicis qui l'acquiert, le transforme et agrandit son parc. Le palais restera dans la famille Médicis jusqu'en 1737, date à laquelle un de leurs cousins éloignés, François III de Lorraine, en hérite. Mais un incendie, survenu en 1793, va donner une toute nouvelle destination à ce domaine, alors en piteux état ; c'est en effet Napoléon Bonaparte qui l'achète en 1803 pour y installer l'Académie de France à Rome, fondée en 1666 par Colbert (sous Louis XIV donc) et un peu nomade jusque-là ; cette institution, destinée à former les artistes français aux beaux-arts de l'Antiquité, mais aussi à ceux de la Renaissance, avait en effet été logée, successivement, dans une simple maison sur les pentes du mont Janicule, et puis dans les palais Caffarelli, Capranica et Mancini ! Depuis deux cent douze ans donc (en 2015), cette somptueuse Villa Médicis, aux salles immenses et aux escaliers tordus, et qui toise Rome non sans arrogance, reçoit son lot d'artistes que lui envoie la France. Jusqu'en 1968, c'était l'Académie des beaux-arts de l'Institut de France qui gérait le concours du fameux prix de Rome (j'ai séjourné à cette époque, en 1964 et 1967, dans l'atelier d'un ami, Claude Guillemot, premier prix de Rome de peinture ; j'y ai alors salué le directeur, Balthus) et puis la « révolution » de 1968 a entraîné le transfert de cette autorité de l'Institut de France au ministère de la Culture (c'est-à-dire à l'État), ministère qui a d'abord élargi l'éventail des domaines « présentables » pour une candidature et qui a remplacé le recrutement par concours par un recrutement sur dossiers (j'ai aussi séjourné à la Villa, sous ces nouveaux statuts, à la charnière des années 1970 et 1980, chez un ami restaurateur et lauréat, Michel Bourbon ; j'y ai alors rencontré le nouveau directeur, successeur de Balthus, Jean Leymarie, avec qui je suis d'ailleurs devenu très ami au point d'avoir été accueilli, sans raison, à la Villa, à plusieurs reprises sous son « règne »).

Muriel avait dû commencer son mandat au début septembre 2015. Nous étions déjà en octobre. C'est donc avec environ un mois et demi de retard que j'ai pris mes fonctions. Le premier rendez-vous fut en effet conclu pour la fin octobre ; Muriel me conviait à un grand dîner à la Villa, dîner qui réunirait tous les pensionnaires, ou du moins le plus grand nombre d'entre eux, pour que mes filleuls et moi fassions connaissance. Moi, âgé (81 ans), scientifique, imprégné de la nécessité de démontrer avant de m'exprimer, je devais me présenter à une petite cohorte d'artistes, jeunes (de 20 à 45 ans), totalement libres dans l'expression de leur domaine, même si ce domaine nécessitait immense talent et extrême exigence. Je marchais sur des œufs. La soirée fut parfaite, me sembla-t-il, simple, joyeuse, à leur écoute, mais à mon écoute aussi, avec déjà quelques demandes de rendez-vous personnels, pour le plaisir, la curiosité ou l'intérêt, ou les trois !

Et commença ainsi, dans la bonne humeur des deux côtés, une cascade d'une demi-douzaine de généreux séjours, chacun de dix à quinze jours, répartis sur huit mois, de début novembre à fin juin, mon mandat allant jusqu'au 15 août 2016. J'avais choisi un comportement simple ; quand j'arrivais à la Villa, après avoir salué Muriel, je demandais à l'administration de faire savoir aux pensionnaires que j'étais à leur disposition. Moyennant quoi, sur la seule base du volontariat, ceux qui souhaitaient me rencontrer, pour une raison ou sans raison, me transmettaient, par le même canal, leur désir et le jour et l'heure qu'ils préféreraient. Je suis très fier de les avoir ainsi tous rencontrés, certains sans cesse, d'autres de temps en temps, quelques-uns, deux ou trois fois, mais tous et chaque fois avec un immense plaisir. Certains souhaitaient seulement parler, d'autres demander des avis (sur un de leurs textes, un de leurs dessins, une de leurs toiles), des renseignements (sur des points précis de ma compétence), des aides (pour la constitution de dossiers), des idées (pour des projets, des programmes, des recherches) ; j'ai ainsi raconté à l'un, qui réfléchissait sur les origines de la danse, la découverte d'empreintes de pas rythmés de jeunes gens au fond de grottes peintes (de l'Ariège), démontrant l'ancienneté (ici 15 000 ans) de danses, chants et musique, liés à des cérémonies se déroulant dans ces sanctuaires ; j'ai fait, pour une autre, des recherches sur l'architecture et le décor des portes d'entrée de monuments au fil des millénaires ; j'ai remis à d'autres encore, à leur demande, un petit bilan, évidemment sans prétention, des réflexions que m'avaient inspirées certaines de leurs « performances » ; j'ai lu des manuscrits, commenté des expositions, visionné des films, réagi à des vidéos ; il m'est même arrivé de bâtir avec succès deux candidatures à des maîtrises de conférences dans des universités parisiennes… et d'en soutenir avec succès deux autres à des postes d'enseignement dans des universités américaines ! Si j'ai pu aider un peu, tant mieux ; je dois dire qu'en échange j'ai reçu beaucoup, de fraîcheur, d'idées, de modèles, de rêves ; j'ai appris des schémas de pensées ; j'ai vu éclore des révélations de personnalités ; j'ai accompagné la genèse d'œuvres et assisté à leur accomplissement… Et j'ai été invité à la plupart des ateliers.

Mais j'ai bien sûr aussi donné moi-même des conférences, introduit des expositions, improvisé, à la demande de la directrice, un petit « compliment à l'Académie de France », sur scène, pour son 350e anniversaire, planté, pour la circonstance, un de ces pins romains (*Pinus pinea*) dont le parasol me fascine, participé, toujours avec la même joie, à des festivals intellectuels et artistiques, de jour et de nuit, dans la Villa, et à des fêtes, plus gourmandes, de jour et de nuit, dans ses jardins. En d'autres termes, je me suis investi beaucoup et je crois que j'ai reçu autant, sinon plus ! Merci Laurence, merci Muriel, merci à la promotion 2015-2016 des pensionnaires de la Villa. J'avais une liste de 17 de ces filleuls « de base » (1 pour la mise en scène, 3 pour la littérature, 1 pour le design, 2 pour l'histoire et la théorie des arts, 4 pour la composition musicale, 5 pour les arts plastiques et 1 pour l'écriture de scénarios), auxquels se sont ajoutés quelques jeunes gens pour une semaine ou deux ou plus, sur des contrats particuliers que je n'ai jamais cherché à comprendre. Mais, ici encore, le rideau est tombé, avec toute la mélancolie qui accompagne ce moment inéluctable.

Pas tout à fait, cependant. Car j'ai revu Lek et Sowat, les deux graffeurs (tagueurs) de génie, inséparables ; je les ai reçus à la radio (RTL) et ils m'ont fait inviter à Marseille par une fondation Planète Émergences fin septembre dernier (2021). Je reçois fidèlement, par ailleurs, les invitations d'Anne-Margot Ramstein, dont j'ai toujours admiré les travaux, aux vernissages des expos accompagnant la sortie de ses livres. Et je ne cesse d'avoir les visites, bien agréables, d'Alexandra Sand la jolie performeuse roumaine, accompagnée ou pas, en quête d'idées d'études et de réalisations ; tant et si bien qu'après avoir été séduite par le petit personnage de Lucy dont elle a tiré quelque inspiration, Alexandra-Irina Sandu vient de l'être par les Vénus préhistoriques. Je lui avais parlé, en effet, tout particulièrement, de celle de Lespugue, superbe petite statuette d'une trentaine de centimètres, en ivoire de mammouth, du Gravettien (25 000 ans) des Pyrénées françaises et je lui avais montré que j'avais découvert (et publié) que ce personnage, unique de face, était double de dos (le revers de la sculpture est en effet constitué de deux personnages féminins opposés par le bassin, l'un des deux jeunes, aux cheveux mi-longs et libres, l'autre âgé, aux longs cheveux soigneusement tressés) ! Et Alexandra de s'en inspirer et de payer de sa personne, en se faisant mouler pour réaliser, à la demande d'une galerie de Nancy, la galerie Hervé Bize, un personnage double, un gisant anacyclique, dit-on, c'est-à-dire lisible dans les deux sens, traité cette fois de face et opposé à l'entrejambe. Elle a appelé son exposition *Another Self*, le premier *Self* ayant été le moulage de son corps entier et en pied, réalisé à l'occasion de la Bombay Beach Biennale en 2018, quelque part en Californie, et appelé la Vénus de Salton. Notre dernière « collaboration » est une vidéo qu'Alexandra a réalisée pour l'événement culturel dit « La nuit des idées 2021 » de l'ambassade de France à Bucarest, avec ses dessins et ma voix.

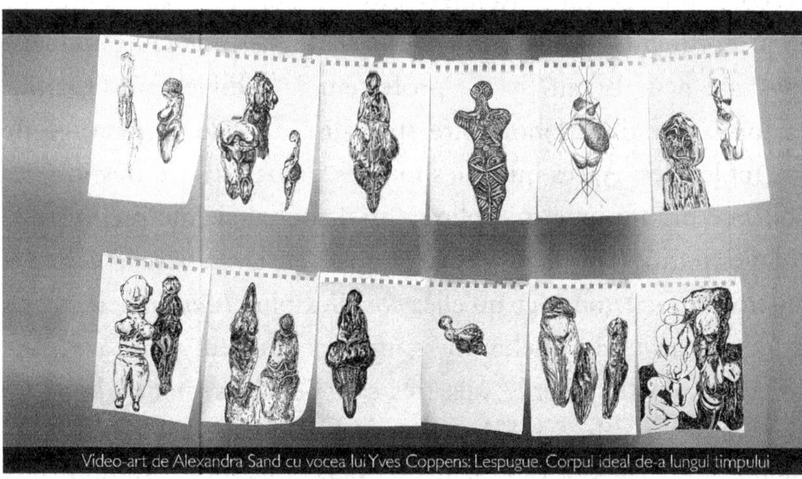

Figure 10. *Dessins d'Alexandra-Irina Sandu, pensionnaire 2015-2016 de la Villa Médicis. De la Vénus de Lespugue, grotte des Rideaux, Haute-Garonne, époque gravétienne, 25 000 ans.* (Lespugue, *créé par Alexandra Sand, narration d'Yves Coppens dans le cadre de La Nuit des Idées 2021 à l'Institut français de Bucarest, courtesy Alexandra Sand et Galerie Hervé Bize, Nancy.)*

CHAPITRE 11

La Miss de Mulhouse

Les mitochondries du Protérozoïque

(2 milliards d'années)

En 2001, le magazine *Sciences et avenir* me demanda si je voulais bien accepter de me soumettre à un prélèvement de cellules (!) pour une lecture de mon ADN mitochondrial. J'ai trouvé cela suffisamment inattendu, original et intéressant pour, devinez, accepter tout de suite. Rendez-vous fut alors pris, au Collège de France, rue d'Ulm, avec un généticien anglais que je ne connaissais que peu, Bryan Sykes, professeur à l'Université d'Oxford et fondateur d'un laboratoire spécialisé dans le séquençage de ces molécules. Après quelques rapides préparatifs, le très insolite collègue britannique m'expliqua qu'il souhaitait me prélever des cellules plutôt dans la gorge parce que c'est là, me disait-il, qu'on en trouve facilement et qu'elles sont les plus *beautiful.* Il me fit donc me laver la bouche, me gargariser un peu, puis, avec une sorte d'écouvillon stérile, alla très consciencieusement à la pêche aux cellules au fin fond de ma gorgerette ! Ce qu'il en rapporta ne me parut pas très spectaculaire, mais visiblement lui plut. Il le glissa dans un petit tube à essais préétiquetté, boucha évidemment le tube hermétiquement (je l'espère), et puis s'en fut joyeux et fraternel ! C'est le mot, car nous avions sympathisé beaucoup et nous sommes revus depuis à quelques reprises.

Quelques semaines (?) plus tard, Bryan m'appelait et me déclarait à peu près ceci : « Écoute, Yves, je reçois beaucoup de gens du monde entier, mais évidemment majoritairement des Européens, étant donné la situation géographique de mon labo ; ce qui signifie que j'ai eu suffisamment de résultats de gens de notre continent pour en tenter des statistiques ; or "mes" ADN mitochondriaux européens se sont organisés, en gros, en sept nuages de points (un point par résultat de lecture) ; eh bien le tien n'entre dans aucun de mes nuages ! Ta maman n'est pas européenne ; elle vient d'ailleurs ! » J'étais stupéfait, amusé, intrigué, certes, mais stupéfait. Ma maman que je croyais bretonne de vieille souche, carnacoise et bretonnante du côté maternel (le côté qui transmet cet ADN-là), viendrait de quelque région lointaine… par la mer (?)… il y a combien de temps (?)… ! Je risquai alors, timide et à la limite inquiet, je ne sais d'ailleurs pas pourquoi : « Et as-tu une idée, Bryan, d'où elle pourrait venir, ma pauvre maman qui est morte depuis longtemps et qui aurait été bien surprise d'apprendre pareille chose ? – Peut-être d'Asie, me répondit-il, je veux dire du Proche- ou du Moyen-Orient ! » *Sciences et avenir*, enchanté du résultat, et d'autant plus enchanté que, sur le plan journalistique, ce résultat-là, on ne l'attendait pas, me demanda si je voulais bien les autoriser à le publier. N'ayant vraiment aucune raison de m'y opposer, j'acceptai bien volontiers. Ce qui fut immédiatement exécuté. Mais comme les rédacteurs avaient entendu « Asie » et qu'ils voulaient bien sûr gentiment s'en amuser, ils prirent délibérément ce mot au sens de l'Extrême-Orient « mongoloïde », comme on disait dans le temps, et ils publièrent l'article me concernant avec un de mes portraits que, sans en changer les traits, ils « jaunirent » (*Sciences et avenir*, n° 650, avril 2001) ! Ça faisait une drôle d'image !

Or, pour le même reportage, le magazine *Sciences et avenir* avait choisi quelques autres « victimes » dont une Miss France, la dernière en date (2001), Élodie Gossuin. Les résultats de son ADN mitochondrial furent, pour elle, apparemment conformes à ce qu'on lui avait dit dans sa famille et que donc elle attendait. Pour illustrer cet article sur les ADN, le nucléaire et le mitochondrial, le décryptage des deux, leurs significations et les deux tests que nous représentions (la *cover story* de ce numéro), le journal souhaita nous avoir, Élodie et moi, en photo ensemble ! Et on m'appela donc pour me demander si ça ne me gênerait pas de poser, avec Élodie Gossuin, pour ladite photographie ! Une nouvelle fois, j'acceptai, de plus en plus amusé par l'aventure et donnai rendez-vous, toujours au Collège, toujours rue d'Ulm, au photographe commandité par *Sciences et avenir* et à la fameuse Miss. Le photographe arriva tôt le jour J, pour choisir le lieu de la prise de vue et pour avoir le temps d'y installer son matériel. On trouva, avec les gardiens, une salle adéquate sans difficulté. Puis arrivèrent, ce que je n'attendais pas, Élodie Gossuin certes, mais aussi sa mentor (?), Geneviève de Fontenay, la Dame au chapeau, avec son chapeau ! Mes collègues ont eu beau me dire qu'ils n'avaient rien à faire de pareille visite dont je me « vantais », pour plaisanter bien sûr et pour les provoquer, ils étaient tous, sous un prétexte ou un autre, hors de leur bureau ou de leur labo, lorsque les dames arrivèrent ! Mais vint aussi, toujours à la demande du journal, un homme censé simuler l'homme de Cro-Magnon, notre ancêtre commun supposé, pour figurer avec nous deux sur l'image ; il était certes charmant, mais, jaloux de mon privilège, je regrettais de devoir partager cette rencontre avec lui ! Tout se passa à merveille. Je me dois d'avouer que, pour être à la hauteur d'Élodie, au sens propre, j'ai demandé au photographe son accord pour monter sur un « tout petit » marchepied qu'on a vite trouvé dans les matériels du Collège, ce qui me fut accordé. Je n'ai eu ensuite qu'une peur, c'est que la photographie retenue soit celle où nous apparaîtrions « en pied » !

Mais le journal a été correct, il s'est contenté d'un plan américain. Le résultat, par contre, a été, quant à lui, pour le moins cocasse. Une rencontre vraiment inattendue de deux « mondes ». Nous avions alors eu, Geneviève de Fontenay, qui avait retiré son chapeau (les mauvaises langues avaient dit qu'elle le gardait parce qu'elle était chauve ! C'était faux, je peux en témoigner), Élodie Gossuin et moi, une conversation très agréable, très détendue, sur nos métiers respectifs, leurs contraintes, mais aussi, bien sûr et surtout, leurs charmes ; Élodie m'avait dit qu'elle avait fait un peu de biologie et qu'en ce sens nous avions un petit espace de connaissance commun. Et puis nous nous sommes séparés, en nous promettant, comme toujours dans ces cas-là, de nous revoir.

Une goutte de science. Une mitochondrie aurait été, à l'origine, il y a 1,5 ou 2 milliards d'années, un être vivant à part entière (une bactérie), mais qui aurait été absorbé par un autre être vivant, une cellule eucaryote (avec noyau), créant ainsi une symbiose visiblement « durable » ! Nous sommes donc, depuis longtemps, ce que l'on peut appeler des êtres « pluriels » ou des êtres « habités ». Et c'est évidemment la raison pour laquelle chaque mitochondrie détient encore son propre ADN (acide désoxyribonucléique), différent de l'ADN de la cellule hôte (appelé ADN nucléaire, car il est situé dans son noyau). Bien que gracieusement logée, la mitochondrie a donc refusé de renoncer à son propre ADN, souhaitant conserver ainsi sa personnalité ! Mais elle a dû tout de même prendre part au travail de la cellule hôte ; elle est devenue en effet responsable de sa respiration et donc de sa production d'énergie. Comme cet ADN mitochondrial n'est (ne serait ?) en outre transmis que par les femmes, porté par les ovocytes lors de la fécondation, sa lecture serait révélatrice de l'origine et de l'histoire de la mère. Les mitochondries du spermatozoïde n'entrent pas en effet dans l'ovule, au moment de cette fécondation. L'ADN mitochondrial est, de loin, le plus modeste des deux génomes, constitué d'un seul chromosome et de 37 gènes répartis sur 16 500 paires de bases ; tandis que l'ADN nucléaire et ses 46 chromosomes pourraient en posséder 20 000 ou plus, répartis sur plus de 3,5 milliards de paires de bases !

L'ADN mitochondrial est, en outre, un très précieux révélateur du sens géographique du peuplement humain de la Terre. Il mute en effet beaucoup plus (5 à 10 fois) que l'ADN nucléaire, si bien que la lecture de son degré de diversification permet de suivre aisément le sens et l'ordre des mouvements de populations dans l'espace et dans le temps. Cet ordre – Afrique, Asie, Europe, Amérique – confirme élégamment ce que la paléontologie, l'archéologie, leurs datations, nous avaient par ailleurs peu à peu appris.

Figure 11. *Avec Élodie Gossuin et « Cro-Magnon », pour la couverture du magazine* Sciences et avenir *(photographie : Fabrice Redlenfer), avril 2001, « Votre nouvelle généalogie ADN ».* (Avec l'autorisation de Sciences et Avenir-La Recherche. *Tous droits réservés.)*

Et, en fait, peu de temps après, en effet, Xavier de Fontenay, fils de Geneviève, m'appelait pour me demander si j'accepterais de présider le jury d'élection de la prochaine Miss France (2002) ! J'ai trouvé l'invitation suffisamment inattendue, insolite, provocatrice dans mon monde, mais bien agréable dans son exercice, pour, devinez encore, immédiatement l'accepter. Et je me suis retrouvé à une table du Fouquet's, l'invité de ce monsieur très civil, pour qu'il me raconte un peu en quoi allaient consister mon rôle et sa fonction. L'événement arriva. Nous étions en décembre 2001 (le 8 et le 9, toujours le deuxième week-end). Comme il avait lieu à Mulhouse, nous avons pris à Paris l'avion, nous, animateurs, chanteurs, jurés (mais pas les miss, déjà à pied d'œuvre), pour l'aéroport franco-suisse de Bâle-Mulhouse. Nous étions attendus par des officiels évidemment et au moins un escadron de motards de la gendarmerie nationale. Xavier de Fontenay gérait tout merveilleusement ; pas de temps d'attente, tout bien minuté, bien huilé. Nous embarquâmes dans un certain nombre de véhicules, et l'ensemble du cortège, dans un bruit de sirènes et de sifflets, nous conduisit à une vitesse et dans un temps record, à l'hôtel où nous avions chambre et déjeuner. C'était la première fois, me trouvant dans la voiture de tête, que je voyais aussi bien comment, à chaque carrefour, se positionnaient les motards, pour nous permettre de le franchir comme s'il n'existait pas, et puis comment ils se remettaient en selle, l'obstacle passé, pour aller sécuriser le carrefour suivant ; c'était superbe comme un ballet ! Valise déposée (j'occupais d'ailleurs la chambre qu'Élodie Gossuin venait de quitter, elle étant arrivée la veille et repartant le soir même, juste après l'élection) et repas pris, nous remontâmes dans nos bolides du matin pour rejoindre cette fois la salle de la Filature ; beaucoup de monde s'y agitait déjà : les quarante-six Miss bien sûr, en salon de maquillage ; les responsables de l'événement lui-même, dans la salle (équipement de la scène, des fauteuils, des claviers pour les jurés) ; les équipes de TF1, partout... Ambiance de fièvre d'avant-spectacle par laquelle on se laisse volontiers séduire. Et l'on vaque du « laboratoire » des Miss, normalement privé, à la salle, et puis au laboratoire décidément bien agréable des Miss, toujours préservé, à la coulisse très agitée et aux loges plus sereines et puis à nouveau au laboratoire toujours aussi séduisant des Miss, qui ne cessait d'être fermé ! Tout se mit en place, le jury comme les autres acteurs, les lumières s'allumèrent, le public entra, on aperçut alors les deux Jean-Pierre, Jean-Pierre Foucault et Jean-Pierre Pernaut, qui s'installèrent, et puis la Dame au chapeau qui, elle, bougeait encore (Xavier, lui, était déjà en salle de commandement) ! Et la musique, triomphante, ouvrit le bal !

Très joli spectacle, des défilés multiples de jeunes filles forcément superbes, en tenues toutes aussi séduisantes les unes que les autres. Des intermèdes de Julien Clerc et d'Hélène Ségara, de la qualité que l'on sait ; un présentateur épanoui et bavard, qui a introduit tout le monde dans le détail (j'ai eu droit à mon couplet sur Lucy, la première Miss !), et un jury, « mon » jury, très attentif, retenant déjà quelques silhouettes par élimination ou par émotion, et affinant son choix au fil des passages. Puis on en est arrivé aux votes successifs, du jury, bien sûr, mais aussi du public présent et des publics en ligne, dans un décompte que je n'ai jamais compris ou cherché à comprendre. Et ce fut Miss Lyon, Sylvie Tellier, qui sortit du dernier chapeau ; triomphe, rires, sourires, pleurs... Élodie Gossuin, ma compagne en prélèvements mitochondriaux, passa le relais, le diadème qu'elle avait gardé une année, à la gagnante ; Geneviève de Fontenay suivit pour les félicitations et la bise de rigueur, et moi, le discret parrain, j'apparus sur scène à mon tour, dans l'ombre de la mère supérieure, et félicitai très sincèrement celle qui était devenue ma filleule et l'embrassai de grand cœur. Mission (belle mission !) accomplie. Et le rideau tomba sur une salle qui s'éteignait.

Mais, sans avoir le temps de se retourner, nous voilà à nouveau en selle sur nos étalons de course pour, cette fois, le dîner de gala à la Cité de l'automobile, cité la bien nommée qui expose, en effet, la fameuse collection d'automobiles des frères Schlumpf, la plus importante au monde (500 véhicules). Une myriade de tables somptueuses était dressée, de manière un peu incongrue, entre les voitures rutilantes, dont bien sûr la table d'honneur, présidée par la gracieuse héroïne du jour (la numéro 72 des Miss France), table à laquelle j'ai eu l'honneur de prendre place ès fonctions avec mon jury de prestige. Soirée gourmande, bruyante, joyeuse, évidemment rehaussée par la présence de nos jolies Miss, et qui durera bien au-delà du dessert ! Je dois dire que j'y ai beaucoup échangé avec les belles représentantes de nos provinces métropolitaines et ultramarines (c'est d'ailleurs Miss Guadeloupe, Sandra Bisson, qui avait été élue première dauphine), mais j'y ai aussi particulièrement sympathisé avec un des membres de mon jury, Smaïn. Lorsqu'en effet vous êtes sensible au recul que permet l'humour et que vous êtes interpellé par cet artiste, vous ne pouvez guère passer votre chemin, sans au moins une repartie de bonne humeur ! Et de repartie en repartie nous sommes, ce soir-là, devenus sans peine très amis. La suite est l'histoire toujours triste d'une fin de fête – nuit courte – et d'un retour de fête – je me souviendrai toujours, au petit matin à l'aéroport, des allures « défaites à pleurer » des héros de la veille ; je ne devais pas y échapper, mais j'ai évité de le vérifier !

UNE GOUTTE D'HISTOIRE. Le concours de beauté, ancêtre de celui des Miss France, a été créé en 1920 par un certain Maurice de Waleffe, écrivain et journaliste, sous le nom de « La plus belle femme de France ». Mais le concours des Miss France à proprement parler a été mis en place, sept années plus tard, par Jean-Jules et Gustave Cousin et la première Miss, élue, dès cette année-là. Après un certain nombre de péripéties (il y en a toujours eu dans cette histoire des Miss !), un certain « comité Miss France » (assisté d'une « Société Miss France ») a été créé à son tour, comité qui va réglementer un peu le fonctionnement du concours national et organiser les concours régionaux. C'était en 1954, et les responsables de cette petite révolution avaient pour noms Guy Lévy et Louis Poirot dit de Fontenay ; voici donc apparaître le patronyme désormais fameux ! Et Louis (né en 1906) rencontrera alors Geneviève, de vingt-quatre ans sa cadette, et ne s'en séparera plus. Geneviève Mulmann, quant à elle, née à Longwy, esthéticienne puis modéliste et finalement mannequin (*top model* chez Balanciaga), deviendra alors la secrétaire administrative du fameux comité (en même temps que salariée de la Société) et en prendra la direction à la mort de Louis en 1981. Elle fera ainsi du concours des Miss France, assistée de son second fils Xavier, un événement incontournable. Et ce n'est qu'en 2010 qu'elle quittera la Société, après de nouvelles péripéties, presque trente ans donc après y être entrée ! Dès 2002, en fait, la marque « Miss France » avait été vendue à une autre société du nom d'Endemol, présidée par Albert Benhamm et dirigée par… Sylvie Tellier, ma « filleule » d'une année, jusqu'en octobre 2021… et l'histoire continue !

Quelque temps après, j'ai eu à m'exprimer, dans une petite brochure consacrée à l'épopée des De Fontenay, sur la maman, Geneviève, et sur le fils, Xavier, ce que j'ai fait très volontiers ; j'y ai dit toute mon estime pour ces personnalités, parvenues, par leur travail permanent et peu visible (organisation, recrutement, sélection, éducation, répétitions), à cette brillante consécration annuelle, élégante et ludique, elle, très visible (communication). J'oserais dire que, contrairement à la belle légende de Geneviève de Fontenay, la Dame au chapeau dont elle ne se sépare pas, moi, je leur ai tiré le mien !

CHAPITRE 12

L'étudiante de Poznań

Les homininés de Kromdraai

(2,5 millions d'années)

Une thèse est un travail personnel, un travail original de recherche qui, théoriquement, doit aboutir à un doctorat. Et la soutenance, qui s'appelle souvent tout autant à juste raison « défense », est évidemment faite pour que le candidat à ce diplôme « suprême » raconte le cheminement de son travail, ce qui lui paraît en être résulté et le « défendre », autrement dit une idée nouvelle, une « thèse ». C'est un très bel exercice qui se déroule en public, devant un jury évidemment souverain dans sa décision finale d'attribution ou non du diplôme. Dès que l'on a acquis ce statut de docteur (qui a quand même des dérogations), autorisant à enseigner, à transmettre, on est amené à diriger à son tour ces fameuses thèses et à les juger, en siégeant dans ces jurys tant craints. En ce qui me concerne, je me suis trouvé du bon côté de la table à partir de 1974 ; ma première « victime » s'appelait Paul Mazars ; il était dentiste et se présentait pour obtenir un doctorat dit « de troisième cycle » (le premier cycle s'arrête à la fin du collège, anciennement sanctionné par le BEPC, et le deuxième cycle à la fin du lycée, sanctionné par le bac ; le troisième cycle commence alors et c'est lui qui sera sanctionné à son tour par un doctorat). Comme les structures universitaires évoluent, souvent et partout, les jurys auxquels j'ai été invité à participer ont eu à juger des thèses d'État, des thèses d'universités considérées comme moins importantes que les thèses d'État, puis des thèses d'universités alignées sur les PhD et cette fois équivalentes aux thèses d'État, des thèses de troisième cycle, première marche pour accéder à la préparation de thèses d'État, marche qui évidemment a disparu au moment où ont disparu les thèses d'État. Sont nées alors les HDR, habilitations à diriger des recherches, complétant les thèses d'université, etc. Et on a vu vivre de même les maîtrises et les DEA, et puis les masters qui les recouvrent, tous ces niveaux étant de toute façon clos par des mémoires à soutenir. C'est donc tout un pan compliqué de l'histoire universitaire qui n'a cessé d'accompagner une vie professionnelle telle que la mienne. Entre la thèse de troisième cycle de 1974 que j'évoquais précédemment et le doctorat international (PhD) d'un étudiant indonésien dont j'ai été rapporteur et président en mai 2020 (télésoutenance), j'ai en effet siégé dans 198 jurys !

Un jury est en général composé de cinq (rarement quatre) à sept (parfois huit ou neuf) personnes. C'est le directeur de la thèse qui le compose, avec ou sans la collaboration, de toute façon officieuse, de l'étudiant. Il lui faut choisir, à cet effet, deux collègues compétents et un peu disponibles pour écrire les rapports, un collègue professeur de l'université qui reçoit (sauf si le directeur de thèse ou un des deux rapporteurs est déjà celui-là), et y adjoindre au moins un collègue prestigieux, de préférence étranger, pour donner plus de lustre au diplôme ; il est fréquent que, dans un curriculum, un « docteur » fasse, en effet, état de ce qu'a été la composition de son jury de thèse, ou au moins de sa direction et de sa présidence. C'est ensuite au jury constitué de choisir, sur place, le jour de la soutenance, la personnalité qui le présidera. Les règles à cet égard varient un peu d'une université à l'autre ; dans beaucoup d'établissements, un président ne peut être le directeur de thèse ni être choisi parmi les rapporteurs, mais il y a bien des exceptions. Après cette courte réunion à huis clos d'avant soutenance, pour s'entendre aussi sur l'ordre des prises de parole des jurés, le jury, parfois en robe, entre, plus ou moins solennellement, dans la salle où le public, souvent impressionné, surtout lorsqu'il est composé de beaucoup de membres de la famille du candidat, fait silence et où le futur jugé attend fébrilement qu'on lui donne la parole. Le président prend alors la parole, au centre de ses collègues, tous debout ; il s'adresse au doctorant et lui dit en substance : « Monsieur (ou Madame) X, vous avez demandé à l'université de Y de présenter un exposé sur Z en vue d'obtenir le grade de docteur ès X dans la discipline Y ; vous avez quarante-cinq minutes (ou trente, ou soixante) pour exposer votre travail, le jury et moi-même vous écoutons. » Et la machine se met en route, pratiquement jamais interrompue sauf si l'exposé dépasse un peu trop le temps accordé. Quand l'étudiant a terminé, le président reprend la parole pour le remercier brièvement puis passer cette parole successivement à tous les membres du jury et terminer par la sienne. Les interventions des jurés contiennent évidemment des questions, des remarques, des demandes de précision sur le manuscrit ou sur l'exposé, des critiques, mais des compliments aussi. C'est donc un très intéressant moment, un brillant débat, et c'est véritablement là que l'on peut parler de défense d'une thèse. Le président conclut donc puis annonce au doctorant que le jury va se retirer pour délibérer. Dans la petite salle qui a servi à la première réunion à huis clos va donc se tenir la seconde, celle qui va décider de l'attribution de la thèse (mais ce n'est qu'une formalité, car l'impétrant n'aurait pas été admis à soutenir s'il y avait eu le moindre doute à ce sujet), assortie ou non d'une mention et, si oui, de laquelle, et les jurés vont signer, comme toujours dans ces cas-là, beaucoup de papiers et rédiger tout de suite, ou demander à un des jurés de le faire, le rapport de soutenance. Et puis le jury va réapparaître dans l'arène ; l'émotion y est alors à son comble. Si le président est un bon théâtreux, il fera habilement durer (mais pas trop) le plaisir. Et puis après que le résultat eut été annoncé sous les applaudissements désormais sans retenue, chaque juré ira saluer le nouveau docteur, la famille, les amis, et ce sera un joyeux désordre avant que le nouvel élu n'invite jury et public à un pot ou un buffet, ici ou ailleurs.

Comme il est évident que la thèse et son noble titre de docteur conditionnent bien des situations et ouvrent bien des portes dans la suite d'une carrière et le déroulement d'une vie, il est évident que le jury de ladite thèse a un rôle et une responsabilité dont il ne pèse pas toujours bien toutes les conséquences pour l'étudiant. J'ai vu quelquefois la mine un peu défaite et le sourire un peu tiède de celui ou de celle dont la mention n'avait pas été la plus haute ; il n'y a en effet pas de retour possible, ce que le jury assène est irréversible. Ce qui veut bien dire que tous les membres d'un jury sont importants dans leurs prises de parole, en commençant par le directeur de la thèse bien sûr, dont le postulant est un peu un produit, en continuant par les rapporteurs, idéalement experts et impartiaux, et puis en continuant par le président, qui, s'il remplit bien son rôle de président, s'il est « bon », peut orienter les échanges, les prolonger ou les raccourcir, et colorer fortement la conclusion. De ce côté-ci de l'estrade ou des pupitres, quand nous atteignons l'âge et le statut de membres de jury, nous sommes bien tous des « parrains », au plus joli sens du mot. En ce qui concerne mon expérience (144 jurys de thèses de doctorat – 19 fois directeur, 60 fois rapporteur, 35 fois président – et 54 jurys de mémoires de fin d'études – 11 fois directeur – en quarante-six ans), je dois dire que j'ai toujours eu, sans exception, grand plaisir intellectuel et humain à écouter ces jeunes gens exposer le fruit de leurs efforts de plusieurs années, apprendre d'eux et participer à leur mise à l'épreuve, mais aussi à leur succès. Le lien qui s'installe entre juges et jugé est un rapport de confiance, une communion de quelques heures dont il reste des traces dans les têtes et dans les cœurs. Cela se confirme dans les relations d'après thèse, professionnelles ou amicales, ou les deux, des collaborations parfois, de nouvelles requêtes d'autres fois. Je peux citer une généreuse douzaine de chercheurs qui m'ont ainsi sollicité (fait solliciter, bien sûr) pour siéger dans plusieurs de leurs jurys (parfois deux, DEA-thèses de troisième cycle ou d'université, thèses de troisième cycle-thèses d'État, thèses de troisième cycle-thèses d'université, thèses d'université-HDR, parfois trois, maîtrise, DEA, thèse pour l'une, DEA, thèse, HDR pour un autre), et j'ai eu aussi, plus tard dans l'existence, des demandes multiples de lettres de soutien, de préfaces, de remise de médailles. C'est toujours une agréable surprise et un réel honneur. De mon côté, en amont, j'ai pu « alimenter » en fossiles originaux recueillis par mes expéditions un certain nombre de thèses, voire susciter des sujets de « dissertations » proprement dits, en aval, j'ai créé deux collections nouvelles d'ouvrages du CNRS, « Les Cahiers de paléoanthropologie » et « Les Travaux de paléontologie est-africaine » pour publier les mémoires et thèses.

Bien de petites ou grandes histoires se sont déroulées au fil de ces 198 soutenances, bien des situations originales s'y sont présentées, bien des cas particuliers y sont apparus, et il me faudrait beaucoup de pages pour les raconter. Mais tentons quand même une très courte sélection – j'en meurs d'envie !

J'ai rencontré, en 1988, lors d'un congrès dans l'est de l'Allemagne (alors « Allemagne de l'Est ») appelé « Kontinuitaet und Diskontinuitaet in der Evolution des Menschen bis zur Herausbildung der Urgesselschaft », congrès tenu à Wittenberg-Lutherstadt, une jeune Polonaise de Poznań, passionnée par les australopithèques (ça arrive !). Mais de son côté du rideau, elle n'avait pas grande possibilité d'assouvir sa passion. Une excursion de ce congrès sur le fameux site préhistorique de Bilzingsleben nous donna, alors, l'occasion de parler beaucoup de ces pré-humains que je connaissais bien, puisque j'en avais découvert beaucoup de restes moi-même en Afrique orientale, et je l'invitai alors volontiers à venir à Paris les étudier, et même, qui sait, à venir peut-être un jour sur le terrain en collecter, mais ces invitations restaient évidemment pour elle des rêves. Et puis, au terme du congrès, je suis rentré à Paris et elle à Poznań. Mais un jour, c'est de Londres que j'ai reçu de cette jeune femme un message ! Elle était sortie de son pays avec un visa temporaire de tourisme et survivait comme elle le pouvait dans cet apprentissage de l'Ouest. Souhaitant l'aider, je m'apprêtais à la rejoindre à Londres lorsque je reçus d'elle un nouveau message : elle était arrivée aux États-Unis, à Ann Arbor, dans le laboratoire de mon collègue Milford Wolpoff, où elle s'était inscrite en PhD. La passion des australopithèques peut ainsi être très puissante ! Et sept années après l'avoir rencontrée, c'est en Afrique du Sud, cette fois, à l'Université du Witwatersrand à Johannesburg, que je retrouvai Katarzyna, préparant sa thèse sur les australopithèques (pardi !) du site de Kromdraai ! Rentré à Paris, je ne tardai pas alors à recevoir une invitation pour siéger dans son jury ; nous étions en 1995 ; j'y étais *external examiner*, « examinateur extérieur », c'est-à-dire rapporteur par excellence, et je soignai donc particulièrement ce rapport, amusé par ce rebondissement et cette fidélité inattendue ! Katarzyna rentra bientôt à Poznań – elle y est désormais professeur à l'Université Adam Mickiewicz ; je lui proposai alors de publier sa thèse, si elle le souhaitait, dans une collection de mémoires que j'avais fondée, et que je dirigeais au CNRS, « Les Cahiers de paléoanthropologie » ; elle l'accepta et son ouvrage fut publié en 2002 et lui valut, d'ailleurs, m'a-t-elle dit, un important prix scientifique dans son pays (le prix du ministère de l'Éducation nationale). Et c'est encore en 2002, pour fermer avec élégance une si belle boucle, que je l'invitai officiellement à donner des conférences au Collège de France, où j'avais depuis 1983 la chaire de paléoanthropologie et préhistoire, ce qu'elle fit en janvier de cette année-là. Puis j'ai revu Katarzyna, avec toujours autant de plaisir, à la Société d'anthropologie de Paris, où elle nous a présenté son travail de doctorat ès sciences (ce que nous appelons HDR) ; c'était en 2009. Et c'est elle-même qui, en ce début 2022, a relu et validé ce petit texte. Merci Katarzyna pour ce superbe exemple de curiosité, de passion, de persévérance et d'aboutissement (brillant !).

UNE GOUTTE DE SCIENCE. Kromdraai, où a travaillé Katarzyna Kaszycka, fait partie des sites paléoanthropologiques sud-africains fameux de la région appelée abusivement *the cradle of humankind*. Je dis « abusivement », car, si l'Afrique du Sud est incontestablement un haut lieu de la paléoanthropologie et un des morceaux du « berceau de l'humanité », elle n'en est pas la seule ; deux autres grandes provinces biogéographiques, l'Afrique orientale (Malawi, Tanzanie, Kenya, Éthiopie) et l'Afrique centrale (Tchad), pourraient aussi prétendre à ce titre. Toujours est-il que la très riche histoire des sciences paléoanthropologiques en Afrique du Sud n'en commence pas moins la première, dès 1924, avec la découverte d'un petit crâne fossile pliocène d'un primate inconnu, à Taung, dans la province ancienne du Bechuanaland. C'est Raymond Dart, professeur de médecine à Johannesburg, qui va en hériter, l'étudier, le publier en 1925 sous le nom nouveau d'*Australopithecus africanus* et l'interpréter comme un ancêtre de l'homme, ce qui va évidemment entraîner des années de débats avant que ce fossile ne s'installe confortablement dans ce statut prestigieux. Il faut dire qu'en 1925, la paléoanthropologie ne connaissait que l'homme de Neandertal, l'homme de Cro-Magnon, l'homme de Java, et avait entendu parler de quelques dents attribuables à un possible homme de Pékin ! Un autre médecin, Robert Broom, fasciné par la découverte de l'enfant de Taung, va alors entreprendre, avec un incroyable succès, des prospections dans les grottes de la région de Johannesburg ; c'est ainsi que, dans les années 1930 et 1940, il enchaînera de superbes découvertes d'homininés fossiles provenant des sites de Sterkfontein, Swartkrans et Kromdraai, trois grottes du Transvaal (aujourd'hui Gauteng), homininés qu'il appellera *Plesianthropus transvaalensis* (un *Australopithecus*), *Paranthropus robustus*, *Paranthropus crassidens* (un nouveau genre confirmé depuis), *Telanthropus capensis* (un *Homo*). C'étaient évidemment trop de taxons pour si peu de différences morphologiques, mais c'était quand même la découverte, ailleurs qu'au Bechuanaland, de ces fameux préhumains, la démonstration flagrante de la réalité de leur existence, celle de leur appartenance aux homininés et la découverte d'une forme nouvelle d'entre eux, le *Paranthropus*. Dans les années 1940, Robert Broom fut rejoint par un de ses collaborateurs au musée de Pretoria, John Robinson, et à la mort de Robert Broom en 1951, ce fut « Bob » Brain du même musée qui se joignit à John Robinson pour la recherche sur le terrain et la publication de ses bilans. Mais au début des années 1960, John Robinson quitta l'Afrique du Sud pour les États-Unis et « Bob » Brain tourna la page des homininés, pour ouvrir celle des plus anciennes traces de vie (micro-organismes fossiles de l'archéen et du protérozoïque).

Un peu en marge de ces travaux de Robert Broom, Raymond Dart, rejoint par Phillip Tobias de la Medical School de Johannesburg, avait poursuivi ses recherches, dans ces mêmes années 1940 et suivantes, d'autres restes fossiles d'homininés et des ossements et dents d'animaux qui les accompagnaient ; ils provenaient, cette fois, d'une grotte appelée Makapansgat, située près de Potgietersrus ; toujours très imaginatif, Dart nomma l'homininé qu'il y reconnut *Australopithecus prometheus*, parce qu'il avait cru voir près de lui des traces de feu (c'étaient en fait des traces de manganèse) et considéra un certain nombre des ossements et des dents recueillis à ses côtés comme ayant été ses outils, industrie qu'il appela « ostéodontokératique » (pour se moquer de Dart, des auteurs appelèrent alors ces artefacts des « dartefacts » !). À cette période particulièrement féconde des années 1930, 1940 et 1950 succéda un épisode plus calme ; Phillip Tobias et un de ses collaborateurs, Alan Hughes, maintinrent bien, dans les années 1960, 1970 et 1980, quelques travaux à Kromdraai, à Sterkfontein et à Makapansgat, mais il ne s'y passa pas grand-chose. C'est à partir des années 1990, et jusqu'à aujourd'hui compris, que les découvertes de sites d'homininés et de leurs occupants se multiplièrent à nouveau : André Keyser, Francis Thackeray, Lee Berger,

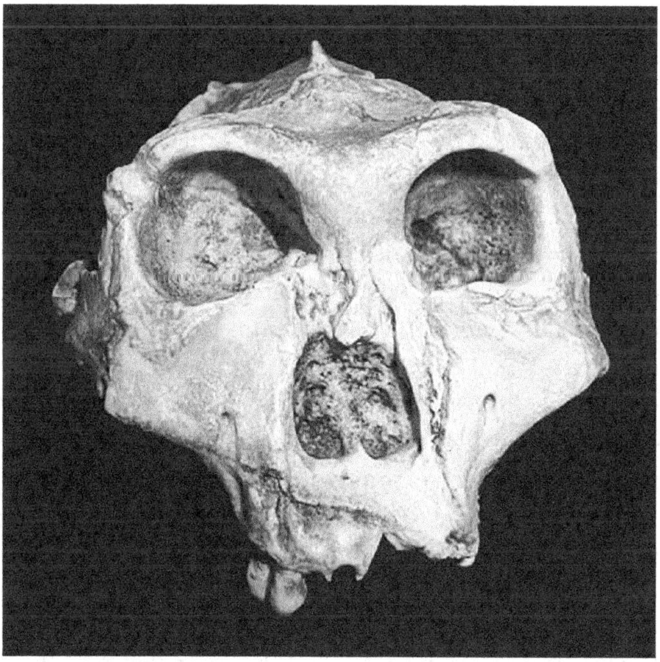

Figure 12. *Le crâne type de* Paranthropus robustus *Broom 1938, site de Kromdraai, Afrique du Sud.* *(Dessin de Sacha Gepner.)*

Ronald Clarke, mais aussi les Français Brigitte Senut, Martin Pickford, Dominique Gommery, José Braga et Laurent Bruxelles, s'illustrèrent alors et, pour certains, continuent de le faire, dans les grottes nouvellement découvertes de Drimolen, Cooper, Gladysvale, Malapa, Rising Star, Bolt's Farm, comme d'ailleurs dans les anciens gisements déjà fameux de Sterkfontein et de Kromdraai ; de nouvelles espèces d'homininés, *Australopithecus sediba*, *Homo naledi* en résultèrent, d'anciennes furent mieux illustrées et de nouvelles datations en changèrent l'histoire.

Toutes ces aventures mériteraient d'être racontées, mais je n'en retiendrai que deux : la première, peu banale, est une redécouverte, faite à l'occasion d'un rangement dans un laboratoire. Classant, en effet, à la Witwatersrand University de Johannesburg, des collections de Sterkfontein des années 1930 (fouilles de Broom), Ron Clarke reconnut, parmi des ossements dits « de bovidés », quatre petits os d'un pied d'homininé passés inaperçus. Alerté, il poursuivit l'examen de la collection et y recueillit d'autres pièces dont un fragment de tibia brisé. Comme ces fossiles provenaient tous de dépôts sédimentaires très indurés que l'on appelle des brèches, Ron Clarke tenta de rechercher, dans la paroi du remplissage du niveau indiqué (Sterkfontein 2), l'autre morceau du tibia en question... et le trouva ! Il entama alors un long et minutieux travail de fouille de ladite brèche et parvint à réunir 97 % du squelette de cet homininé, surnommé « Little Foot », attribué par lui à *Australopithecus prometheus* et daté de 3,67 millions d'années.

La seconde est la recherche tenace et intelligente de José Braga à Kromdraai. José y a repris des fouilles très raisonnées et qui se sont montrées incroyablement fertiles ; il a su, par ailleurs, accompagner ses travaux d'expertises sédimentaires permanentes et de leurs datations, et d'analyses anatomiques précises des fossiles recueillis et de leur interprétation ; le résultat est à la hauteur de l'effort. José Braga est aujourd'hui en mesure d'illustrer, à Kromdraai, l'étonnant épisode de notre histoire (ce que j'ai appelé l'(H)Omo Event), qui voit les préhumains s'adapter à un changement climatique – une sécheresse – en donnant naissance à deux parades bien différentes, *Paranthropus* et *Homo*, le premier (au sevrage rapide) ayant vécu

1,5 million d'années, le second (au sevrage très lent), vivant encore après 3 millions d'années. Chapeau, José ! Votre démonstration savante de l'émergence de ces deux genres de notre famille, à la fois contemporains et si différents, à partir de fossiles de jeunes (*Homo* et *Paranthropus*), qu'il fallait commencer par découvrir, est superbe !

Quelle est donc l'histoire du contenu de ce morceau du berceau de l'humanité ? Le plus ancien homininé sud-africain semble donc avoir été *Australopithecus prometheus* ; il pourrait arriver d'Afrique centrale ou orientale, autres morceaux du berceau qui offre des personnages (Toumaï, Orrorin) presque deux fois plus vieux. Et puis l'Afrique du Sud subit, comme le reste de l'Afrique tropicale, le grand « coup de sec » des 2,5-3 millions d'années ; dans cette belle province du Sud, notre famille y a réagi par trois solutions adaptatives, un homininé plus fort, mais à petit cerveau, *Paranthropus robustus* (recouvrant aussi *Paranthropus crassidens*), une création sud-africaine (dissuasion physique), un homininé gracile, bipède et grimpeur, à petit cerveau, mais qui marche et court beaucoup mieux que ses prédécesseurs, *Australopithecus africanus-Australopithecus sediba*, une création sud-africaine (dissuasion sportive) et un homininé gracile, mais à gros cerveau, *Homo habilis* (dissuasion intellectuelle). Et l'histoire de notre famille se poursuit de manière tout aussi originale, produisant un drôle d'homme, *Homo naledi*, petit et grimpeur, il y aurait seulement 300 000 ans, contemporain donc de l'homme moderne !

Ma propre petite histoire avec l'Afrique du Sud, quant à elle, est ancienne, fidèle et passionnée ; ma première visite remonte en effet à 1963 ; elle m'a permis de visiter Sterkfontein, Swartkrans, Kromdraai et Makapansgat. Et puis je n'ai plus cessé de visiter ce pays, y rencontrant Raymond Dart, John Robinson, Bob Brain, Phillip Tobias, Alan Hughes, André Keyser, Ronald Clarke, Francis Thackeray, Lee Berger. J'ai pu visiter ainsi Drimolen, participer à un tournage à Gladysvale, et descendre avec Ron Clarke au fond de la grotte de Sterkfontein pendant le long dégagement de Little Foot. J'ai fait la Robert Broom Memorial Lecture ; j'ai été, avec Bob Brain, *honorary patron* de l'exposition *Ms Ples* du musée de Pretoria ; je suis devenu aussi *fellow* de la Royal Society of South Africa et j'ai monté et signé un protocole de coopération entre ma chaire de paléoanthropologie et préhistoire du Collège de France, le Transvaal Museum de Pretoria et l'ambassade de France le 29 novembre 1995, accord destiné à faciliter, sur les plans administratif, financier et universitaire, les échanges entre les chercheurs des deux pays pour tous les travaux de paléontologie et préhistoire ; son vingtième anniversaire a été commémoré par un colloque franco-sud-africain organisé par Dominique Gommery le 7 février 2015, au Sénat. J'ai enfin travaillé moi-même à la Medical School, au Bernard Price Institute, à l'Université du Witwatersrand à Johannesburg, au Transvaal Museum (aujourd'hui Ditsong National Museum of Natural History), à Pretoria et à l'Université du Cap.

Le Collège de France est une institution très particulière, qui ne dépend pas de la chancellerie des universités. Son enseignement est pour tout le monde. Comme elle n'a donc pas d'inscriptions à l'entrée, elle ne peut avoir de diplômes à la sortie. Ses professeurs ont par contre toute latitude pour enseigner (aussi) et par suite faire passer des diplômes ailleurs, mais cela n'est pas du ressort du Collège, qui tient farouchement à son statut. Ce qui veut dire, en ce qui me concerne, que les 144 jurys de thèse dans lesquels j'ai siégé ont tous été à l'invitation d'un autre organisme universitaire que le mien. J'ai noté, pour m'amuser – vous connaissez mon obsession des listes –, que j'avais participé à des jurys, en France, hôte des universités de Paris, bien sûr (Paris-I, III, V, VI, VII, X, XI), de Bordeaux (I, II), d'Aix-Marseille (I, II, III), de Rennes (I, II), de Lyon (I), du Muséum de Lyon, de Poitiers, de Toulouse, de Montpellier (II, III), de Perpignan, du Muséum national d'histoire naturelle, de Compiègne et de Versailles-Saint-Quentin-en-Yvelines, et à l'étranger, des universités de Namur (Belgique), deux fois du Witwatersrand à Johannesburg (Afrique du Sud), d'Utrecht

(Pays-Bas), de Saint-Jacques-de-Compostelle et deux fois de Tarragone (Espagne). À partir de règles communes, lorsque l'université a établi qu'une soutenance se faisait devant un jury, d'une part, et un public, d'autre part, existent bien sûr de multiples variantes ; en France, ce ne sont que des règles de composition de jury (un ou deux professeurs de ladite université exigés dans tout jury par exemple), de fonctions de ses membres (une indépendance obligatoire du président, par exemple, qui ne peut être en même temps directeur ou rapporteur) ou de réglementation des mentions (les compléments habituels : mentions passable, ou honorable, ou très honorable, avec, ou sans, félicitations du jury, peuvent ne pas être officiels, mais faire l'objet d'une simple annonce informelle du jury). À l'étranger, des us et coutumes spécifiques de chaque pays, mais parfois aussi de chaque université, surtout les plus anciennes, viennent s'ajouter ou remplacer les nôtres.

La Hollande sera mon exemple étranger. C'était en 1997. J'étais invité à siéger dans le jury de thèse de Gerrit Dirk Van den Berg à l'Université d'Utrecht, et j'y avais été surpris par les règles de durée de soutenance (une heure), très frustré dans la brièveté de mon temps de parole ; au terme du temps imparti, quel que puisse être l'intérêt de la discussion en cours, une personne extérieure, dont c'est la fonction, et qu'on avait déjà aperçue au début de la cérémonie, le *pedel*, fait en effet irruption sur la scène, armée d'un bâton, et, comme au théâtre, en assène un coup vigoureux sur le sol (pas sur le candidat !) en hurlant : « *Hora est !* » Et il n'est alors plus question de prolonger de quelques secondes le coup d'arrêt de cette autorité étrange, comme venue d'un autre monde, un appariteur en fait, mais à l'allure d'apparition ! En Hollande aussi, le candidat, au moment des échanges avec le jury, se trouve assisté par deux personnes, debout derrière lui, des sortes de souffleurs « officiels », les *paranimfen* ! Ce qui est plutôt curieux pour un doctorant qui est là tout de même un peu pour prouver la qualité de ses connaissances, de son raisonnement et de son travail ! La soutenance, comme on l'a dit au début de ce chapitre, est, par excellence, une « défense » ! En Hollande encore, décidément, comme nous étions, nous membres du jury, tous en robe, j'ai voulu, un peu trop précipitamment, me défaire de ce signe d'autorité, pour me rendre au « pot », lui vraiment traditionnel, saluer le jeune docteur et poursuivre la passionnante discussion coupée par l'énergumène castrateur, et j'en ai été immédiatement dissuadé par un de mes confrères jurés : le pot fait partie de la thèse, le jury y apparaît donc dans la tenue qui le distingue !

Mon exemple français sera celui d'une soutenance « en ligne » qui a eu lieu le 27 mai 2020. Il s'agissait de la défense d'un mémoire sur l'étude des dents d'hominidés (plus de 700) découvertes dans le Pléistocène et l'Holocène de Java et de Sumatra, pour l'obtention d'un PhD international des universités de Ferrare, de Tarragone et du Muséum national d'histoire naturelle de Paris. Le candidat était un Indonésien, Sofwan Noerwidi, et son jury, que je présidais, composé de neuf personnes, se trouvait réparti entre la France (Paris), l'Italie (Ferrare), l'Espagne (Tarragone), l'Indonésie (Yogyakarta) et les États-Unis (Pittsburgh). J'étais donc chez moi, à Paris, devant mon ordinateur, ordi que j'ai ouvert, comme convenu, à 14 heures, heure de Paris ; et tout le monde était au rendez-vous, premier miracle, chacun à sa petite fenêtre, le collègue américain au petit déjeuner, l'indonésien au dîner ! Curieuse expérience ! Je donnai d'abord la parole, diplomatie oblige, à un représentant de l'ambassade d'Indonésie en France (à Paris) et à un représentant de l'ambassade de France en Indonésie (à Jakarta), ce qui se déroula sans encombre, chacun quittant sa vignette pour un plus grand cadre lorsque c'était à son tour de s'exprimer et qu'il avait, à mon invitation, ouvert son micro. Et puis ce fut tout de suite le candidat que j'appelai et qui, de l'amphithéâtre de l'Institut de paléontologie humaine (à Paris), où il avait installé son PowerPoint, fit défiler en les commentant près de cinquante excellentes images qui nous arrivaient (en tout cas à moi) plein écran ; c'était superbe. J'enchaînai, après avoir remercié Sofwan, en donnant successivement la parole à tous les membres du jury, un à un, en commençant par les plus lointains. La relation avec l'Amérique commença mal, un peu bruyante et souvent interrompue ; je passai donc aux autres jurés et tout se passa parfaitement bien, ce qui me permit de revenir au collègue américain qui cette fois put s'exprimer sans problème. Les échanges entre chaque membre du jury et le candidat terminés, je demandai aux deux diplomates, qui, courtoisement, étaient restés écouter toute la « dissertation », à certains observateurs et au candidat lui-même bien sûr, de couper leur micro et je réunis les membres du jury, et eux seulement, pour une délibération à huis clos, on dira bientôt « à ordi sélectif ». J'avais devant moi, pour la première fois sur un même plan, les jurés en une seule et belle image, un damier très régulier, chacun ayant le même petit carré où s'inscrire. Surprenant, impressionnant, presque gênant ! La délibération se déroula ainsi, de manière régulière et facile ; je rappelai alors, sur scène, je veux dire sur écran, le candidat et lui annonçai son succès sous les applaudissements de trois continents. Cette histoire n'est sûrement pas extraordinaire et elle deviendra même banale, mais le lecteur comprendra mon étonnement et mon admiration devant ces merveilles de la science et de la technologie (dont je n'avais jamais douté). C'était, pour moi, une première soutenance électronique, une première e-soutenance, et, pour cette première fois, une présidence à gérer, soit, tous fuseaux abolis, la conduite d'un jeu de distribution, à bon escient, de rôles et de prises de parole. Jubilatoire ! Le lendemain sonnait à ma porte le jeune docteur tout neuf, pour me remercier d'avoir mené à bien la présidence d'une soutenance virtuelle qui ne s'annonçait, au moins techniquement, pas simple, en tout cas pas courante ; il était là, vivant, souriant, réel ! Une hallucination !

CHAPITRE 13

Le lauréat de Genève

Les hommes fossiles de Dmanisi

(1,8 million d'années)

Nous irons siéger, dans ce chapitre, dans quelques grands jurys de quelques grands prix.

Les Rolex Awards for Enterprise ou prix Rolex à l'esprit d'entreprise ont été lancés en 1976, à l'occasion du 50e anniversaire de la création du fameux chronomètre Oyster, la première montre totalement étanche au monde, d'où sa très poétique dénomination la rapprochant de ce délicieux mais hermétique mollusque. Ne dit-on pas, en effet, « se fermer comme une huître », autrement dit « refuser obstinément de répondre », ce qui fait référence à la parfaite clôture des deux valves de l'animal (grâce à son puissant muscle adducteur) et par rebondissement à celle du chronomètre Oyster. Ce prix Rolex (de 100 000 ou 50 000 francs suisses) est attribué à des gens, plutôt jeunes, plutôt pionniers, qui lancent de nouveaux projets ou souhaitent mener à bien des projets en cours, dans les domaines des sciences et santé, techniques appliquées, explorations et découvertes, environnements et patrimoines culturels. Un jury international, interdisciplinaire et indépendant, composé d'experts incarnant eux-mêmes le même esprit d'entreprise que les prix visent à encourager, nouveau chaque fois (c'est-à-dire tous les deux ans), est nommé par la direction de Rolex.

J'étais donc dans le jury 2004. Et j'ai eu le plaisir de « peser » dans la nomination de : David Lordkipanidze, collègue géorgien dirigeant les fouilles d'un extraordinaire site préhistorique (restes des hommes, de leurs outils, de leur gibier) de 1,8 million d'années ; Teresa Manera de Bianco, collègue argentine, qui a découvert, au lieu-dit Pehuen Co, un site ichnologique grandiose, une dalle de quelques kilomètres de long couverte de traces de quantité d'animaux de 12 000 ans (35 déterminés), édentés géants, mastodontes, camélidés, etc., empreintes qu'elle doit mouler très vite car, au bord de l'océan, ce gisement est peu à peu envahi par le sable et détruit par les marées ; la zoologue suisse Claudia Feh qui élève en France, sur le causse Méjean, des chevaux de Przewalski, cheval de la grande faune des périodes glaciaires eurasiatiques, pour les transporter en Mongolie où survivent encore quelques troupeaux sauvages de cette espèce en voie d'extinction ; la zoologue américaine Jo Thompson qui s'efforce, en République démocratique du Congo, de préserver une population de bonobos, menacée par la déforestation et par le braconnage ; et l'Américain Lonnie Dupre, sportif, passionné de l'Arctique et qui ne cesse de le parcourir, à pied, à ski, en traîneau, en kayak, pour faire connaître les dommages qu'y produit le réchauffement climatique.

Une goutte de science. J'ai rencontré un beau jour à Paris un paléontologue géorgien de grand renom, Leo Gabunia. C'était au temps de l'URSS et il me raconta, dans un français superbe, combien il avait apprécié mes interviews à la télévision russe ! J'avais en effet répondu deux fois à l'invitation, à Moscou, du physicien Sergueï Kapitsa de participer à une émission de vulgarisation scientifique fameuse dont il était le présentateur et qui s'appelait *Otchevidnoïe neveroïatnoïe*, mot à mot « L'incroyable est évident », je dirais : « La réalité dépasse la fiction. » Sergueï la présentait évidemment en russe ; un interprète me traduisait ses propos à l'oreille – et pas à l'oreillette que nous n'avions pas ! ; je répondais en français et « mon interprète » me traduisait au fur et à mesure (deux enregistrements le 17 décembre 1980) ! Or, pour moi, quand on participait à une émission de l'autre côté du rideau de fer, c'était un peu comme lorsque l'on fait une émission à RFI pour toute l'Afrique ; on est toujours surpris de rencontrer, un beau jour, un de ses auditeurs ! On a tellement l'impression que les « paroles se sont envolées » vers l'inconnu, vers l'infini, que l'on est très impressionné (moi, en tout cas) de prendre ainsi conscience que de petites histoires jetées dans un micro dans cette partie du monde pouvaient avoir été entendues et même écoutées par quelqu'un quelque part ! Mais ce jour-là, le collègue Gabunia me raconta aussi (quand même) l'incroyable découverte qui venait d'être faite en Géorgie et dont il s'occupait.

Des collègues archéologues avaient en effet rencontré (1983) un site paléontologique et préhistorique, en fouillant « trop » profondément les puits de stockage de nourriture (graines) d'une petite ville médiévale (IXe siècle) appelée Dmanisi, à 80 kilomètres de Tbilissi ! Des fossiles de vertébrés, puis des pierres taillées (1984), puis des restes humains (1991), y avaient en effet été rencontrés et recueillis. Leo Gabunia, vieillissant, passa bientôt la main à un de ses élèves, David Lordkipanidze, et Dmanisi devint peu à peu un des dix plus grands sites paléoanthropologiques du monde (le *top ten* !). Il faut d'abord dire qu'il s'agit d'un site « complet » avec sol d'habitat, fossiles d'homininés, outils et reliefs de nourriture ; que l'âge de 1,8 million d'années, bien daté grâce à des basaltes, et qui ne m'a personnellement pas surpris (j'ai toujours pensé que l'arrivée du genre *Homo* en Eurasie avait au moins 2,5 millions d'années), a eu ici l'intérêt d'être démontré ; que ces restes humains, dont 5 crânes, montrent qu'il s'agissait d'homininés d'évidente souche tropicale africaine, avec un encéphale encore très petit (de 546 à 730 centimètres cubes), une taille et un poids maximum respectivement de 1,50 mètre et de 50 kilos, mais d'un grand dimorphisme sexuel, homme que l'on n'osa pas appeler *habilis* ou *rudolfensis* (les deux premières espèces du genre humain) parce qu'ils sont en Eurasie (!), et que l'on *appelle* donc *georgicus* par confort. Ajoutons que leurs membres inférieurs et leurs pieds sont plus dérivés (évolués) que leurs membres supérieurs et que leur crâne (notamment celui numéroté 5) montre un mélange de caractères attribués à au moins quatre espèces

(*Homo habilis, rudolfensis, ergaster, erectus*), ce qui démontre, s'il en était besoin, la très grande diversité des humains (due en partie, à mon avis, à leur interfécondité permanente, rétroaction de la culture sur leur biologie dont on ne tient guère compte alors qu'il s'agit de l'une de leurs grandes spécificités). Et dire que d'aucuns, que je ne citerai pas, disaient que « l'homme eurasiatique n'avait pas pu arriver là sans le feu » (la fabrication du feu date de 1,8 million d'années !) et que d'autres, que je ne citerai pas non plus, disaient : « l'homme eurasiatique n'a pas plus du million d'années » ! Demeurons humbles ! David Lordkipanidze a donc été un des grands lauréats du prix Rolex 2004 à l'unanimité ; je suis fier d'avoir été le rapporteur de son dossier. Marie-Antoinette de Lumley, médecin et paléoanthropologue, ayant bien compris, par ailleurs, l'originalité de cette très ancienne espèce humaine eurasiatique, proposa à David de lui donner un nom nouveau, même s'il n'était que provisoire, et c'est donc ainsi que l'homme de Dmanisi devint *Homo georgicus*. L'annonce de ce nouveau-né fut faite en 2002 à l'Académie des sciences de l'Institut de France (Leo Gabunia, Marie-Antoinette de Lumley, Abesalom Vekua, David Lorkipanidze et Henry de Lumley). Or, comme c'était encore l'époque où les notes soumises à l'Académie des sciences devaient être obligatoirement présentées par un académicien, garant en quelque sorte de leur qualité, Marie-Antoinette et Henry de Lumley me demandèrent d'être celui-là. J'acceptai bien sûr de devenir un peu le parrain, certes discret, mais le parrain quand même, de cette nouvelle « espèce » humaine, ce qui fut fait.

Patrick Heiniger, citoyen suisse né en Argentine, président de Rolex, présidait le jury, solidement assisté par Rebecca Irvin, citoyenne suisse née aux États-Unis, directrice des Rolex Awards for Enterprise. Durant ces quelques jours genevois du jury 2004, merveilleusement organisés, je dirais que je me suis fait remarquer par trois événements : mon coup de force pour faire passer Teresa Manera de Bianco (Rebecca a dû en référer au président qui a tranché en ma faveur), mon attitude en faveur des candidats de ma discipline ou de disciplines affines (j'en ai fait passer cinq sur

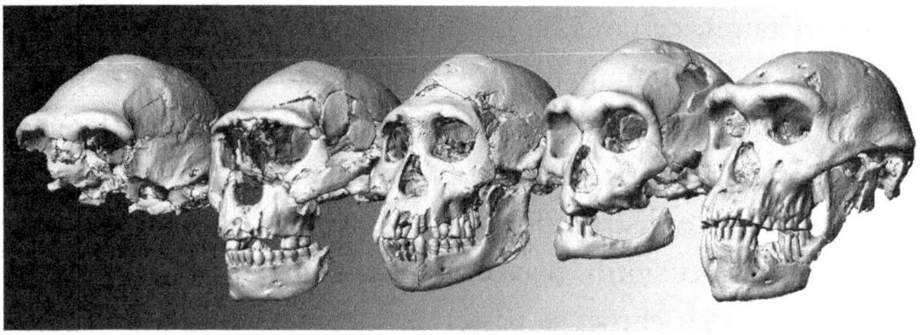

Figure 13. *Reconstruction numérique des cinq crânes d'*Homo georgicus *de Dmanisi, Géorgie, 1,8 million d'années. (Crédit : Marcia Ponce de León and Christoph Zollikofer, University of Zurich, Switzerland.)*

dix), attitude d'habitude inverse, disait Rebecca, et mon refus « incompréhensible » du cadeau de l'Oyster à mon nom, tout simplement parce que je ne porte jamais de montre et que je n'ai jamais eu l'heure de ma vie (elle est écrite partout !!). Jacques Séguéla, publiciste, provocateur (un ami), avait dit : « Si à 50 ans on n'a pas une Rolex, on a quand même raté sa vie » ; j'ai ainsi le double privilège de ne pas avoir eu « ma » Rolex à 50 ans et de l'avoir refusée à 70, ce qui est doublement « pitoyable », j'en conviens. Et puis a eu lieu la remise officielle de ces prix 2004, ou du moins les principaux d'entre eux ; c'est Paris qui a été choisie pour cette cérémonie, dans les semi-sous-sols superbes de la Conciergerie (que moi, Parisien, je n'imaginais même pas) le soir du 29 septembre, sous la présidence d'honneur de la fascinante Charlotte Rampling. Comme c'était « sur mon terrain », Rebecca Irvin me demanda d'organiser quelques visites, ce que je fis, en choisissant l'Institut de France (grandes salles de réunions des académies, bibliothèque de l'Institut, bibliothèque Mazarine et célèbre Coupole). J'invitai en outre les membres du jury et les lauréats disponibles au Coupe-Chou (dont je parle dans ce livre à propos de… théâtre !) et ce choix plut au point que, m'ont dit les propriétaires, certains de mes invités y étaient revenus à titre personnel le lendemain midi. Comme certains des lauréats n'avaient pu venir recevoir leur consécration, Patrick Heiniger et Rebecca Irvin me chargèrent de mettre sur pied une autre cérémonie pour cette distribution complémentaire. Je l'organisai au Musée des arts décoratifs, peu connu, mais aux espaces accueillants et généreux, et les choses se passèrent à merveille. Enfin, l'équipe de Genève n'oublia jamais ses jurés d'une saison et j'ai eu le plaisir d'être convié à Dubaï pour une autre remise fastueuse et à Verbier pour un superbe festival de musique (où j'ai eu le plaisir d'entendre et de lier amitié avec la pianiste chinoise Yuja Wang, pleine de talent et de charme).

C'était sur le campus d'Orsay (université Paris-Sud ou Paris-IX), en 1988, lors d'un des séminaires du Centre interdisciplinaire d'étude de l'évolution des idées, des sciences et des techniques (CIEEIST), sous l'autorité d'Ernest-Marie Laperrousaz, directeur d'études à l'École pratique des hautes études, que j'entendis parler, pour la première fois, du projet de l'entreprise Philip Morris de créer un prix scientifique pour la France. Mais les choses ne se précisèrent pas tout de suite ; il y eut au départ un certain « flottement » qu'on pourrait même appeler « cafouillage », dans la manière de se saisir de cette offre et de l'organiser ; et puis, bientôt, une prise en main ferme d'un cabinet de lobbying, « Communications et institutions », rompu à ce genre d'exercice, qui m'appela pour que je l'assiste dans la mise en place scientifique de l'opération. J'acceptai volontiers, mais me rendis vite compte que tout était à faire ! Il fallait commencer par décider de quels montants seraient les prix en fonction de la somme allouée par Philip Morris, choisir des thèmes d'appels, établir la liste la plus complète possible des universités, instituts, laboratoires, centres de recherche susceptibles d'en être destinataires, pour accéder au vivier des candidats potentiels, et puis bien sûr composer les jurys compétents pour examiner les dossiers et y choisir les lauréats. Philip Morris Europe, établi en Suisse (Lausanne), nous fit part très vite de la somme susceptible d'être accordée par an (400 000 francs). En m'appuyant sur les prix de l'Académie des sciences de l'Institut de France que je connaissais bien, je proposai à l'agence une répartition du crédit pour la première promotion, je choisis moi-même le premier thème, constituai le meilleur jury adéquat possible et lançai courageusement le premier appel. Le retour fut généreux, le jury, sous ma présidence (il faut contrôler ses troupes, surtout au démarrage), fonctionna à merveille et les prix furent distribués de la manière somptueuse et bruyante qui convient pour plaire au mécène et honorer les élus, mais cette partie-là n'avait pas été de mon ressort. Et les choses s'enchaînèrent, en se perfectionnant ; une association pour le prix Philip Morris fut créée ; un comité de parrainage sous ma présidence (réunissant les membres des jurys passés) m'aidait à choisir les thèmes, à présélectionner les candidats et à composer les jurys correspondants ; quant auxdits jurys, ils choisissaient eux-mêmes leurs présidents ; et cette belle construction qu'était devenu le prix scientifique Philip Morris pour la France, avec sa chaîne de rouages bien huilés association-parrainage-jury-lauréats, dura douze ans, jusqu'à ce que les organisations antitabac se fâchent. Il est vrai que Philip Morris, cigarettier, avait si bien réussi que son nom était devenu synonyme de tabac, même lorsqu'il s'efforçait de déclarer qu'il faisait désormais de l'agroalimentaire ! Le Comité national contre le tabagisme déposa donc une plainte à la cour d'appel de Paris contre l'association pour le prix scientifique Philip Morris, s'appuyant sur la loi Évin 1991 et le fait que « la promotion d'un prix scientifique décerné par une association dont la dénomination comporte une marque de cigarettes caractérise une publicité illicite ». Le président de l'association, directeur de l'agence, Olivier Le Picard, et moi, en qualité de président du comité de parrainage, fûmes convoqués au tribunal, quai des Orfèvres, le 12 février 1998. Nous y fîmes tous les deux, à notre manière, la promotion des mécénats en général et du mécénat scientifique en particulier, et la cour d'appel, compréhensive, « débouta le comité de ses demandes... ». Mais le comité fit appel et le 29 juin 1999, la Cour de cassation annula l'arrêt de la cour d'appel et demanda que la plainte soit à nouveau jugée devant, cette fois, la cour d'appel de Versailles. À la suite de quoi nous avons été contraints de fermer boutique. Bilan 1988-2000 : 65 équipes scientifiques récompensées dans 34 disciplines, 12 superbes cérémonies de remise (au palais de la Découverte, au Sénat, etc.), un certain nombre de volumes de présentations des lauréats (*Un prix pour la science*, édité par l'association, 88 pages, 1992 ; 103 pages, 1993 ; 100 pages, 1994 ; 143 pages, 1995 ; 150 pages, 1996 ; 176 pages, 1997, 1998, 1999 et 2000) ; et pour moi des préfaces et des discours ès fonctions, beaucoup de filleuls nouveaux, beaucoup de plaisir d'aider confrères, collègues et élèves (je me rappelle que Bernard Vandermeersch, professeur d'anthropologie à Bordeaux, m'avait dit n'avoir jamais reçu autant d'argent d'un coup !), et la grande satisfaction, ayant fait le maximum pour diversifier les disciplines retenues chaque année et le maximum pour choisir les jurés – à bon jury bons lauréats –, de n'avoir jamais eu de critiques de « ma » communauté ! Tous les scientifiques de la Terre sauront apprécier l'exceptionnalité de pareille situation !

Je suis sorti un beau jour de l'Institut, d'un de ces lundis (devenus mardis) de réunions hebdomadaires de l'Académie des sciences, en même temps que Louis Leprince-Ringuet, physicien nucléaire célèbre, membre de la même académie, l'Académie française, professeur au Collège de France, joueur de tennis et fumeur de pipe ! Nous nous connaissions bien et aimions bien bavarder de temps en temps, malgré notre différence d'âge (il était né en 1901), pratiquant tous les deux le métier de scientifique, certes, mais aussi celui de diffuseur (vulgarisateur) de la science. Président du comité scientifique de la Fondation de France, c'est lui qui m'en avait remis le prix en 1975, prix précisément destiné à un scientifique qui prenait le temps de faire connaître sa discipline au public ; président de la Société d'encouragement au progrès, c'est lui aussi qui m'en avait remis la médaille d'or en 1991. Toujours est-il que ce lundi-là, Louis Leprince-Ringuet et moi-même avons remonté ensemble la rue Mazarine et la rue de l'Ancienne-Comédie pour rejoindre nos métros ou bus respectifs au carrefour de l'Odéon ; mon respectable vieux compagnon, qui avait déjà 92 ou 93 ans, me fredonna, tout le long du chemin, des chansons de ses années d'étudiant à l'École polytechnique et puis, changeant brusquement de sujet et de ton, me demanda tout à trac de prendre sa place à la présidence de la Société d'encouragement au progrès (SEP) ! J'avoue que je ne connaissais pas bien cette société, que je ne percevais pas bien en quoi consisterait sa présidence et ne mesurais pas du tout la charge qu'elle pouvait entraîner. Je ne m'engageai donc pas et disparus dans les entrailles de Paris en le remerciant et en promettant à ce joyeux confrère, qui avait repris ses rengaines estudiantines quelque peu gaillardes, d'y penser et de lui en reparler. Je me renseignai donc ; la ministre Alice Saunier-Seïté, que je connaissais bien et que je rencontrai quelques jours plus tard, m'encouragea (c'est le cas de le dire) à accepter cette proposition, m'expliquant combien il lui paraissait important de soutenir ce genre d'association, dont la raison d'être remontait certes à une autre époque, mais dont l'action, toujours efficace, méritait d'être soutenue, et combien, par ailleurs, il ne lui semblait pas « inintéressant »… de faire partie de son réseau (?).

C'était de toute façon une élégance de répondre favorablement à une offre de succession qui m'honorait, même si elle pouvait être à la fois aussi bien faveur que cadeau empoisonné. J'acceptai et devins donc en 1994 président de la Société d'encouragement au progrès.

La Société d'encouragement au progrès a été fondée le 18 janvier 1908 par Albert Lebrun, Paul Painlevé, Louis Cailletet, Georges Soulas, Auguste et Louis Lumière, Édouard Belin et Édouard Branly (et on ajoute quelquefois Édouard Herriot et Carlo Sarrabezolles), ce qui est déjà en soi une belle carte de visite ; et elle a été déclarée d'utilité publique le 25 mars 1925 par le président Gaston Doumergues. Lorsque je suis arrivé à la présidence de cette société, j'y ai rencontré un solide conseil de seniors, tous bénévoles, chacun ayant un rôle bien défini et l'ensemble menant la barque de manière tout à fait fluide, et je dois dire admirable, de l'édition d'un journal, *La Tribune du progrès*, organisation de conférences et surtout distribution de médailles (et pour cela parcours du long processus que l'on imagine, de l'instruction des candidatures proposées ou reçues à la séance solennelle de remise des médailles, en passant par le choix des lauréats et la rédaction de leurs biographies). Contrairement à ma situation à la présidence des prix Philip Morris pour la science où j'étais seul et en amont de tout, j'avais ici un peu l'impression d'arriver comme un chien dans un jeu de quilles. J'y ai été en fait fort bien reçu, certes, mais regardé tout de même un peu de travers au départ, avec une certaine méfiance et l'inquiétude de personnes solidaires qui ne souhaitaient pas que soit trop bousculé leur fonctionnement. Je n'avais de toute façon pas l'intention de faire, d'entrée, de profondes réformes dans une maison de l'âge (presque) du président sortant, mais celle de m'y couler avec le respect qu'elle méritait et la considération que méritait son équipe de pilotage. Et c'est ainsi que se déroulèrent, le mieux du monde, la passation de pouvoir de Louis Leprince-Ringuet à ma petite personne et mon intronisation à la présidence de la vieille dame et du club de ses gardes du corps. Le déroulement d'une année de la SEP passait, comme je viens de le dire, par le travail de rédaction de la tribune, un travail de recherche de conférenciers et de gestion de leurs prestations et le travail de prestige de la recherche des candidats aux médailles, appel à candidatures et propositions des membres du bureau, choix des lauréats par le même conseil érigé en jury, constitution du long palmarès (grande médaille d'or, médailles d'or, de vermeil, d'argent, de bronze) pour leur présentation en public et organisation de la fameuse cérémonie, toujours au Sénat (salle Médicis), et de la remise officielle des diplômes. J'ai présidé, sans faute, toutes les cérémonies des médailles de mon octennat et je dois dire que j'ai été impressionné chaque fois par le succès public de cette remise – j'ai toujours vu la salle pleine –, par la présence fréquente de personnalités du monde des arts, des sciences, des lettres, des affaires, du sport, de la politique (le ministre Hubert Curien, par exemple, en était un auditeur fidèle), par la joie sincère des lauréats et de leurs proches communiquée sans peine à toute l'assistance. Et il m'est arrivé, ici ou là, en France ou à l'étranger, de rencontrer des gens qui me rappelaient, avec toujours un grand bonheur, que j'avais été le parrain de leur récompense. « Participer au progrès de nos sociétés dans tous les domaines » était évidemment un propos suffisamment large pour nous permettre un « ratissage » tout aussi vaste (pratiquement sans réelles limites) et c'était, chaque année, un vrai plaisir de dénicher des personnes, souvent discrètes, inconnues, modestes, mais au parcours incroyable, étonnées d'avoir été remarquées et de voir leur œuvre reconnue. À l'annonce du nom de chaque lauréat, notre collègue chargé des biographies disait, au pupitre, l'histoire de sa vie ; le lauréat venait alors devant l'estrade où siégeait, sous ma présidence, le noyau dur de notre conseil, et celui d'entre nous qui avait plus volontiers rapporté sur cette candidature et moi-même lui accrochions sa médaille et lui remettions son diplôme avec l'accolade de circonstance. J'ai à cet égard été très surpris, et le suis encore, par l'allure officielle d'une médaille qui émane d'une association, même si elle est nationale ; à l'égal des décorations des ordres nationaux ou ministériels, elle semble pouvoir se porter aux côtés des ordres cités, aussi bien en pendant qu'en barrette ; elle consiste en une médaille, portant, à l'avers, une allégorie féminine, drapée à l'antique, assise, tenant une palme et entourée d'objets symboles des sciences et des arts et, au revers, la mention « Société nationale d'encouragement » au progrès dans un médaillon, entouré d'un rameau de chêne et d'une palme (encore !), suspendue à un ruban parme, rouge et vert. La médaille est signée Massonnet.

J'ai dû quitter cette belle présidence, trop pris hors de France, huit années après l'avoir reçue. Je garde de ce « séjour » le souvenir très agréable d'une société qui doit le maintien de sa très haute qualité et de sa vigueur au travail important et permanent d'une équipe de haute qualité elle-même, intelligente et unie, ayant su se partager les tâches, et faire ainsi parfaitement tourner une machine de plus d'un siècle maintenant (cent douze ans cette année). La SEP a su acquérir depuis longtemps ses lettres de noblesse, mais elle a su aussi les garder ; la belle tenue des conférences-débats et la qualité des palmarès en sont les meilleurs témoignages. Un seul regret que je ne m'explique pas bien : le manque de « visibilité », comme on dit, d'une association qui travaille et produit, et mériterait une nouvelle image. Mais peut-être ne la souhaite-t-elle pas.

Je voudrais clore ce chapitre en évoquant, parmi beaucoup d'autres jurys de beaucoup d'autres prix, celui espagnol dit « Palarq » (*Paleontología y Arqueología*), fondé par Antonio

Gallardo, industriel passionné de ces disciplines et désireux, sa retraite venue, de les promouvoir dans son pays. Siégeant à Barcelone, son grand jury international, dont je fais donc partie, a tenu jusqu'ici deux sessions, la première en 2018, la deuxième en 2021.

IV

L'accomplissement

CHAPITRE 14

Les rencontres du Taïmyr

La fouille au marteau-piqueur

Je suppose qu'une partie de ma fascination, très jeune, pour le passé vient du fait que, étant sous nos pieds, ce passé permet à l'imaginaire, si présent chez les enfants, de s'épanouir. Lorsqu'on ouvre une fouille, l'accès à l'enfoui a en effet quelque chose de magique ; on a soudain la clé d'un coffre dont on ne connaît rien du contenu, bien qu'on l'ait rêvé. Et même si le rêve se réalise en partie (ça arrive !), il est toujours habillé d'une façon que l'on n'avait bien sûr pas prévue.

Est-il besoin de dire que les méthodes de fouilles ont fait et ne cessent de faire des progrès de précision en même temps qu'en font les techniques d'analyse de leurs récoltes ? Les premiers fouilleurs, les Neandertal peut-être, étaient des collecteurs ou, mieux, des collectionneurs, ce qui est déjà quelque chose. À Arcy-sur-Cure, dans l'Yonne, on a trouvé, « chez » l'un d'entre eux, trois objets apparemment recueillis pour le plaisir, un gastéropode et un polypier fossiles et un morceau de pyrite ; cet humain de 40 000 ans, un collègue, commençait peut-être à réunir les « trésors » de son cabinet de curiosités. Et pendant longtemps, les fouilleurs n'ont pas dépassé ce souci-là, celui de recueillir de belles pièces, surprenantes parce qu'inattendues.

Mais la science s'en est vite mêlée. Des gens à l'esprit logique ont dû d'abord se dire que lorsque l'on trouvait des objets dans des couches de terrain superposées, ceux du dessous devaient être logiquement plus anciens que ceux du dessus, ce qui est majoritairement vrai. D'autres avaient déjà pensé que l'association de deux ou plusieurs objets dans la même couche signifiait leur contemporanéité (c'est le coup de génie de notre officier des douanes dont on est si fiers, Jacques Boucher de Crèvecœur de Perthes). Et les récoltes sont devenues plus rigoureuses, leur emplacement dans l'espace significatif de leur situation dans le temps.

Et puis l'étape d'après a été la prise de conscience du fait que, au-delà de l'intérêt en lui-même de chacun des objets rencontrés, existait un autre intérêt qui n'excluait pas le premier, celui du rapport des objets entre eux. Après avoir désormais dégagé le mieux possible chacun de ces objets, on ne les a plus extraits immédiatement de leur support ; on ne l'a fait qu'une fois leur sol ou leur niveau sédimentaire nettoyé dans la totalité de sa surface ou de son épaisseur conservées. Et l'information du fouilleur a été considérablement enrichie. La lecture du sol est devenue la lecture du comportement d'un groupe (palethnologie). Et l'objet lui-même a alors souvent bénéficié, au-delà des informations apportées par sa propre étude, de l'éclairage de la place qu'il occupait dans la « composition » du sol de ses usagers. « Je lis un sol comme je lis un rupestre », m'avait dit un jour André Leroi-Gourhan. Quant à la lecture du niveau géologique, elle est devenue la lecture de la nature du dépôt-contenant, de son origine et de ses caractéristiques (taphonomie). Et ce n'est qu'ensuite, après avoir levé le plan du sol, l'avoir saisi par tous les moyens disponibles, l'avoir même « moulé », que l'archéologue, la mort dans l'âme, le « démonte ». Chaque fouille est, en effet, malgré toutes les attentions possibles, une destruction ; on sait bien que les techniques d'enregistrement de ce que l'on recueille s'améliorent et s'amélioreront, mais on sait aussi que, lorsque l'on tire un objet de sa matrice, on se prive d'un grand nombre d'informations encore contenues dans cette matrice, y compris celles qu'on ne sait pas encore « lire ». C'est la raison pour laquelle on laisse en place, chaque fois qu'on le peut, une partie de la matière que l'on fouille, celle-là intouchée, pour de futures investigations de contrôle et de complémentarité, un témoin.

Quand on imagine le nombre de gens qui ont vécu où que ce soit (avec des nuances bien sûr) et quand on pense au nombre d'années qu'ils y ont passées (avec d'autres nuances bien sûr), on réalise que bien des sols que l'on piétine chaque jour se trouvent être gorgés d'informations concernant l'histoire ou la préhistoire de ces habitants successifs. Tous les travaux de terrassement ne cessent de nous en apporter la preuve. Et c'est donc pour réduire ce gaspillage, cette perte d'informations permanente, que le ministère de la Culture, entouré de beaucoup d'experts, et après beaucoup de temps de réflexion, a posé l'idée simple de « précéder pour moins perdre », et créé l'Inrap, l'Institut national de recherches archéologiques préventives (loi du 17 janvier 2001, naissance au 1er février 2002). J'ai eu l'honneur d'apporter ma caution à cette création, qui, bien sûr, faisait débat dans la société, mais aussi dans la communauté des chercheurs. Un déjeuner de « baptême » a été organisé (2002) par le ministre Jean-Jacques Aillagon, en présence du président (Jean-Paul Demoule) et de la directrice (Nicole Pot) pressentis pour lancer cette nouvelle et délicate structure. Nous étions deux professeurs du Collège de France parrains et témoins, validant par notre présence cette création audacieuse, Christian Goudineau et moi. J'ai revu plusieurs fois Jean-Paul Demoule et Nicole Pot dans les premiers pas de l'institution, et puis, plus tard Nicole Pot qui avait la bien belle idée d'élargir le concept d'archéologie préventive tel qu'il fonctionnait désormais en France, au monde entier. Je devais en être aussi une sorte de parrain. Nous avons rendu plusieurs visites à l'Unesco pour tenter de lancer l'opération. La direction y était extrêmement favorable, nous proposait de mettre sur pied un grand colloque d'information et de lancement… Mais les moyens (pardi) manquèrent.

Depuis 2002, l'Inrap, qui a connu plusieurs présidences et plusieurs directions (actuellement Dominique Garcia et Daniel Guérin), fait merveille, sous la très belle devise « Nous fouillons, c'est votre histoire ». Cet organisme avait été précédé par une association dite « pour les fouilles archéologiques nationales » (AFAN), créée dès 1973 ; et puis la ministre de la Culture Catherine Trautmann, pensant, à juste raison, qu'il fallait renforcer l'action de la recherche archéologique et la sauvegarde du patrimoine enfoui, monta, en 1999, un groupe de travail pour y réfléchir. Et c'est de ce *think tank* fécond qu'est né ce nouvel institut exemplaire. Pour 2019, je retiens ces quelques chiffres qui donnent une idée du volume d'actions engagées : 2 237 collaborateurs, 21 280 journées de travail, 1 788 rapports de diagnostics de découvertes, 227 fouilles ! Parmi bien des bilans impressionnants, je me souviens avoir lu que sur une centaine de kilomètres de creusement du nouveau canal Seine-Nord Europe, 300 sites avaient été découverts et le tiers en avait été fouillé ! Je n'ose penser à la quantité de connaissances perdues avant que ne soit mise en place cette veille permanente. Il convient d'ajouter au bilan de terrain de l'Inrap une multitude de rapports et de très nombreuses publications pour la science et un nombre impressionnant de conférences, expositions ou visites de chantiers pour la diffusion de la science. Je salue très sincèrement cet institut d'excellence et son activité que sa lettre d'information se donne la peine de faire connaître avec grande fréquence et générosité. J'ai eu, par ailleurs, l'honneur d'accrocher des insignes de hautes distinctions aux boutonnières de deux de ses directeurs, Nicole Pot (2009) et Pierre Dubreuil (2018).

Mais finissons par quelques fouilles insolites.

Il est banal d'entendre tout un chacun se moquer de l'image de l'archéologue, penché, au fond d'une tranchée, sur un fragment d'os qu'il dégage au pinceau ou à la brosse à dents ! L'image n'est pas fausse. Les objets peuvent être fragiles, très fragiles, au point d'ailleurs de n'être parfois récupérables que par l'image, voire ne l'être que par la mémoire du fouilleur à qui il convient alors de faire confiance (découverte dite « fugace »). Le temps a conservé jusqu'à nous ces précieux témoignages de son déroulement ; il faut évidemment en respecter la récolte. Mais la sacro-sainte image de la brosse à dents est parfois bousculée parce qu'une fouille doit s'adapter à la nature de l'objet découvert ou à découvrir et aux caractéristiques de son « emballage ».

Ainsi, en Éthiopie, dans la basse vallée de l'Omo, dans le début des années 1970, j'ai découvert ce que l'on nomme un *bone bed*, c'est-à-dire un niveau sédimentaire qui, pour des raisons naturelles (taphonomiques), a contraint les ossements de vertébrés charriés par un cours d'eau, par exemple, à s'accumuler (il s'agit souvent, dans de tels cas, de résultante de la force centrifuge du courant d'une rivière sur une de ses rives concaves). Mais ce niveau, que nous avons appelé Omo 33, se trouvait recouvert par plusieurs mètres d'une belle cinérite (cendres volcaniques) bien indurée, une sorte de « coiffe protectrice », précieuse pour la conservation du niveau, mais très encombrante pour son exploration et bien sûr sa fouille. Alors nous avons décidé d'employer la manière forte : l'explosif ! C'est un ami et collaborateur, Claude Guillemot (nous étions ensemble dans un régiment du génie !), qui s'en est chargé, je dirais admirablement chargé. De petites charges introduites dans des fentes (naturelles ou réalisées par nos soins) du niveau de cinérite ont fractionné en blocs plus ou moins gros le niveau en question, qu'il a suffi alors (c'est une manière de parler !) de faire basculer, à la barre à mine, sur la pente de la colline-support des sédiments en question. Et, explosion après explosion, bloc après bloc, le niveau Omo 33 s'est peu à peu découvert, nous offrant, en généreuse pâture, ce que nous recherchions, sa surface. Il s'agit ici d'un niveau « naturel » (et non « culturel ») qui ne peut donc être traité comme un niveau archéologique. Un site paléontologique, tout aussi « bavard », doit être lu en termes taphonomiques, plus en épaisseur qu'en sols. Il s'en déduit des informations sur la nature de l'agent d'érosion à l'origine de ce regroupement, s'il s'agit du vent, son intensité et son orientation, s'il s'agit d'une rivière, son cours, sa vitesse, sa température, sa salinité, sa profondeur, s'il s'agit d'un lac, son ampleur, sa profondeur (également), la composition de ses eaux, etc. Et Omo 33 nous a donné en outre une merveilleuse image de la faune de son âge, de son environnement, de son climat, ce qui, en l'occurrence, était particulièrement important puisqu'il s'agissait du temps des tout premiers humains… (la cinérite « explosée » est la cinérite dite « F » et elle a environ 2,3 millions d'années).

En Russie, dans les toundras de la presqu'île du Taïmyr, en Sibérie septentrionale, dans la fin des années 1990, un ami, Bernard Buigues, organisateur de l'expédition, et moi-même nous sommes trouvés devant le problème de l'extraction d'un mammouth de 20 000 ans du permafrost où il était enterré. C'était moi le fouilleur ! Nous étions au mois de juillet, un des mois de la plus importante fonte de permafrost de l'année, 70 centimètres à 1 mètre. La fouille de cette première tranche se déroula comme une autre fouille ; elle livra une grande partie du squelette du crâne (osseux puisque nous étions dans la partie régulièrement dégelée). Puis au fond de cette large tranchée, je me suis trouvé sur une sorte de niveau de poils, impossible à collecter même en

« tirant dessus ». J'étais sur le dos du mammouth ! Et à partir de ce niveau, toute tentative de creusement était devenue impossible tant le permafrost gelé, cette fois toute l'année, se montrait dur comme du ciment. Alors nous avons décidé d'employer les grands moyens : le marteau-piqueur ! Il a fallu d'abord faire venir l'objet par hélicoptère de la petite ville la plus proche (250 kilomètres). Nos collaborateurs se sont vite mis à l'usage de cet outil d'enfer et je leur ai proposé un pointillé circonscrivant au large la carcasse présumée du mammouth enfoui que nous étions censés avoir sous nos pieds. Nous avons ainsi dégagé au mieux un cube de 2 mètres de côté et l'avons laissé sur place, avec l'idée de revenir l'extraire vers octobre ou novembre, au moment où la température du dehors (–30 °C, –40 °C) se trouverait être plus basse que la température du dedans (environ –15 °C). Ce qui fut fait avec succès. Et, « quand novembre fut venu », nous retournâmes à notre cadavre et arrachâmes le cube de 24 tonnes grâce à l'hélicoptère le plus puissant de la flotte russe, le Mi-26, qui alla le déposer, sans encombre, sur le tarmac du terrain d'aviation de Khatanga.

Mais l'histoire n'était pas gagnée pour autant. La première étape réussie, il fallait maintenant tenter d'extraire de ce bloc de permafrost le mammouth qui devait y dormir encore. Or il se trouva qu'à Khatanga, comme dans toutes les localités de Sibérie, les habitants creusent des caves dans leur sous-sol gelé. Le gouverneur de Khatanga, sollicité pour qu'il nous loue une partie de ces caves, nous fit ainsi visiter de très vastes souterrains, d'ailleurs véritable garde-manger-congélateur à –15 °C de la petite ville de 5 000 âmes. Moyennant un examen vétérinaire préalable, il accepta de nous céder une large salle de cet étrange palais gelé des pieds à la tête (du sol au plafond) ! Et ce fut cette fois en camion à large plateforme, et grâce à une grue accompagnatrice pour charger l'objet sur le terrain d'aviation et le décharger à la porte

Figure 14. *Transport du mammouth Jarkov dans sa gangue (20 000 ans), presqu'île du Taïmyr, Sibérie, 1999, hélicoptère Mi-26.* (*Photographie © Francis Latreille.*)

de la « caverne », que se déroula l'étape suivante. Et puis notre cube entra dans sa nouvelle demeure, sur un traîneau sur rails, et termina sa course installé royalement, trônant devant le mur du fond de la salle qui nous avait été concédée ; il était à –15 °C à 250 kilomètres, il se retrouvait à –15 °C à la porte de notre « domicile » ou pas loin ! Et nous pûmes alors, Bernard et moi, commencer à nous occuper de débarrasser l'animal de sa gangue. Le permafrost est du sédiment gelé et non de la glace ; c'est dire que l'emballage détritique du mammouth lui est contemporain et qu'il est, par suite, aussi précieux que l'objet emballé. Comment donc éliminer peu à peu le contenant gelé sans détruire la masse d'informations qu'il contenait, flore, faune, sédiment lui-même ? Nouvelle adaptation, nouvelle solution : le sèche-cheveux !

Alors, oui, c'est vrai, l'archéologue fouille avec pinceaux et brosses à dents, mais il fouille parfois aussi à l'explosif, à la pelle mécanique, au marteau-piqueur, au sèche-cheveux. En fait, on l'a bien compris, il utilise le meilleur outil pour la meilleure récolte possible de l'objet découvert. L'archéologue est un opportuniste ; l'archéologie a d'ailleurs toujours su passer des alliances avec mille sciences et mille techniques pour aider ses enquêtes et enrichir ses lectures. Mais il n'empêche que pour lire, il faut avoir quelque chose à lire, et ce quelque chose, il convient d'aller le chercher, de le trouver, de l'extraire, de le transporter, de le « livrer »… Nous revenons, à la fin de ce chapitre, à notre point de départ : le passé est sous nos pieds, il est enfoui, il faut donc aller le chercher : l'archéologie, la paléontologie, la paléoanthropologie, la préhistoire sont des sciences de terrain.

CHAPITRE 15

La leçon d'Ishango

La musique

(25 000 ans)

Odile Jacob, mon éditeur, m'a demandé, lors de la rédaction de cet ouvrage, ce que j'avais écrit sur la musique. Sa mère était pianiste, la mienne aussi. Ce lien entre nous, parmi d'autres, lui avait fait espérer quelque chapitre de mon existence vagabonde associé au plus sensible des arts, le quatrième dans notre liste (sur 7 ou désormais 10...), après l'architecture, la sculpture et la peinture ; mais ce fut en fait aussi le quatrième des *technè* grecs (sur 9), après l'éloquence, l'histoire et la poésie, et lié, dans l'Olympe, à la muse Euterpe (fille de Zeus et de Mnémosyne). Kant, au XVIIIe siècle, plaçait la musique dans les sensations, en numéro 3 (sur 3) de sa classification. Quant à Hegel, au XIXe, il situait déjà en quatrième position la musique, telle qu'on la retrouve dans les classements des deux siècles suivants. Il est évident que ces ordres n'ont qu'une valeur culturelle et historique, situant la manière de comprendre le mot « art » aux époques où ils ont été établis. On parle, par exemple, désormais, aujourd'hui et ici, de l'art du jeu vidéo ; je suppose par ailleurs qu'un classement chinois ancien aurait attribué plusieurs numéros aux céramiques, faïences et porcelaines et que mes amis préhistoriques n'auraient pas mis le biface dans la section des grattoirs ou des racloirs ! Toujours est-il que, pour moi, la musique est incontestablement le premier des arts, celui qui atteint le plus profondément la sensibilité, probablement le seul qui puisse me faire pleurer.

La préhistoire est hélas muette. Mais un jour cependant, un confrère physicien de l'Académie des sciences, Georges Charpak, me demanda de le recevoir au Collège – j'avais à l'époque un très grand bureau dans l'aile droite du bâtiment Chalgrin, donnant par trois fenêtres sur la petite rue appelée place Marcellin-Berthelot, le square Michel-Foucault et la rue des Écoles. Et il me raconta que la physique avait fait de tels progrès qu'aujourd'hui la sensibilité du radar lui permettait, par exemple, d'entendre des personnes qui se parleraient dans une pièce aux fenêtres fermées de cette rue des Écoles, juste en face. Même si on ne les voyait pas, grâce à la seule vibration des vitres de la pièce dans laquelle elles se trouvaient ! L'exemple était en effet impressionnant. « Et, continua-t-il, j'ai pensé qu'il pourrait être intéressant d'appliquer ces progrès de la physique à la préhistoire ! » Nous y voilà ! « Imagine, me dit-il, ton préhistorique, gravant sur une paroi rocheuse un mammouth ou un bison, tout en chantonnant ou en bavardant avec son voisin. Comme son corps vibrerait et son bras aussi, son silex ou son obsidienne vibrerait et ces vibrations s'inscriraient de manière ténue certes, mais incontestable, au fond du sillon du trait gravé ! Peut-être alors pourrait-on lire la vibration et écouter chanter Cro-Magnon ! » Il me déclara alors : « Si tu es d'accord, je me débrouille pour nous équiper ! » Bien sûr que j'étais d'accord. « On pourrait s'entraîner, enchaîna-t-il, avant de me quitter, enthousiaste et rêveur, en lisant les gravures de poteries protohistoriques faites au tour et qui doivent être de véritables disques plus simples à "faire parler". »

Mais Georges Charpak décrocha le prix Nobel de physique en 1992, et fut par suite très sollicité. Et puis, très séduit par la manière d'enseigner la science d'un de ses collègues de Chicago,

Leon Lederman, et souhaitant offrir aux jeunes écoliers et collégiens français cette méthode tellement différente de celle pratiquée dans notre pays, il se lança (en 1995) dans la grande aventure de La Main à la pâte, reprise avec un très grand succès depuis par Pierre Léna. Et tout cela fut si chronophage que mon pauvre ami Charpak fut occupé à plein temps et mourut, hélas, en 2010. La préhistoire resta donc muette. Mais, qui sait, peut-être parlera-t-elle un jour et se souviendra-t-elle alors d'une visite de Georges Charpak au Collège de France, vers la fin des années 1980.

Une goutte de science. Si on n'entend certes pas encore les préhistoriques chanter ou jouer de quelque instrument que ce soit, on a par contre accès à cesdits instruments. Les mammifères s'expriment beaucoup par la voix ou d'autres sons naturels, pour communiquer ; ce devait être le cas des préhumains (Lucy). Mais je pense que la croissance de la conscience a, petit à petit, ajouté au chant-signal un chant pour le plaisir et que ce chant-là a dû très vite être rythmé par d'autres sonorités que celles dites « naturelles ». Lorsque le genre humain est apparu, il a utilisé la transformation de ses voies respiratoires supérieures pour découvrir le langage articulé ; et il s'est « servi » du développement en complexité de son cerveau pour « fabriquer » des outils. Eh bien, si vous écoutez bien le fond sonore de la savane, entre le monde d'avant l'homme et le monde d'avec l'homme, deux « bruits » nouveaux, importants, prégnants, y sont apparus : la cascade des mots qui roulent devenue la façon de nous exprimer et les percussions des roches qui sonnent devenues la façon de nous équiper. L'homme est un être bruyant ! Et tout au long des 3 millions d'années de son existence, il va nous laisser, sur ses sols d'habitats, des quantités d'objets dont les traces d'usure évoquent des émissions de bruits pour rien, des pierres qui ont été frappées par exemple ou des coquilles qui ont été frottées. Mais ces « instruments » naturels vont vite se multiplier, se diversifier, se transformer, s'améliorer… Je ne prendrai que trois jolis exemples, de quelques milliers d'années cette fois, et plus quelques millions ; une flûte, un lithophone, et l'équipement d'instruments en ivoire et en os d'un orchestre entier. La flûte que j'ai choisie est celle faite d'un radius de vautour (très léger) de 22 centimètres de long, percé de cinq trous, découverte dans la grotte de Hohle Fels, dans le Jura souabe (Bade-Wurtemberg), dans un niveau d'une quarantaine de milliers d'années. Le lithophone auquel j'ai pensé est celui découvert à Ndut Lieng Krak, au Vietnam central, composé de onze superbes lames de pierre taillée et daté d'environ 5 000 années. Quant à l'orchestre que j'ai évoqué, il vient d'Ukraine, date d'une dizaine de milliers d'années et n'est composé que d'instruments tirés de squelettes de mammouths, des ossements marqués de percussions puissantes, d'autres de frappes plus légères, des bracelets d'os ou d'ivoire porteurs de traces de frottements répétés, et de nombreux objets ayant pu devenir sonores par simple agitation ou chocs.

Pas de musique audible donc, mais une préhistoire fascinante qui n'a jamais cessé de nous surprendre.

Un de mes très bons amis belges (on a travaillé en Afrique dix ans ensemble entre 1967 et 1976), géologue beaucoup, préhistorien un peu, Jean de Heinzelin de Braucourt, fouillait dans la vallée de la Semliki, au Congo alors dit belge, à la limite de l'Ouganda et aux abords du lac Édouard, dans les années 1950 (il avait 30 ans), lorsque, sur un site du Paléolithique supérieur, on dit Late Stone Age, LSA (20 000 à 25 000 ans ?), appelé Ishango, il mit au jour deux « bouts d'os longs » bizarres ! Mesurant respectivement 10 et 14 centimètres, ces fragments d'os étaient en fait des manches d'outils. Celui de 10 centimètres a d'ailleurs conservé un éclat très fin et très coupant de quartz inséré dans une de ses extrémités ; l'autre a perdu sa partie active, son complément lithique. Les deux os ont été « travaillés », amincis, raclés, polis, mais ils ont surtout été gravés d'une grande quantité d'incisions, mais d'incisions disposées de manière ordonnée. S'agit-il d'une comptabilité, d'une règle à calcul, d'une leçon de mathématique, d'un calendrier ? Ici commencent toutes les interprétations et hypothèses possibles et, sauf comparaisons avec une « comptabilité de Rosette », évidemment invérifiables.

L'outil le plus petit est gravé de 168 marques parallèles, réparties sur 3 faces, groupées de la manière suivante : colonne 1, dite « de gauche » par convention : 4 groupes proposent respectivement 19, 17, 13 et 11 encoches ; colonne 2, dite « du centre » : 8 groupes offrent 7 ou 8, 5 ou 7, 7 ou 9, 10, 8 ou 14, 4 ou 6, 6 et 3 entailles, les options signifiant des comptages moins assurés, car les lignes y sont discontinues ; colonne 3, dite « de droite » : 4 groupes proposent cette fois 9, 19, 21 et 11 entailles.

Quant à l'outil le plus grand, il offre 6 groupes de 20, 6, 18, 6, 20 et 8 entailles.

Ce n'est pas ici l'endroit de décrire et de discuter des multiples interprétations qui existent (déjà) – il y en aura d'autres... –, mais je retiendrai quand même deux, se rapportant au premier objet, celle de Jean de Heinzelin (publiée en 1957) et celle d'Alexander Marshack (proposée dans un livre en 1972). Jean de Heinzelin écrivait que la colonne 1 pouvait révéler que ces graveurs connaissaient les nombres premiers ; que la colonne 2 proposait un nombre et son double ; et que la colonne 3 expliquait le calcul sur la base 10. Quant à Alexander Marshack, il y voyait un calendrier, avec notamment le rappel des cycles lunaires.

Comme je l'ai dit plus haut, j'ai bien connu Jean de Heinzelin, universitaire, mais l'histoire d'Ishango, alors vieille de plus de dix ans, était pour lui, son inventeur, une découverte passée et ses interprétations, auxquelles il avait alors certes beaucoup réfléchi, des propositions au-delà desquelles il ne pensait pas pouvoir ni devoir aller. Il n'en parlait plus. Mais j'ai bien connu aussi Alexander Marshack, journaliste, autodidacte, passionné, qui, lui, au contraire, ne parlait que de ça. Il était en permanence à la recherche de gravures paléolithiques sur des parois immobilières ou des objets mobiliers (dont Ishango) susceptibles d'être analysées en termes d'événements astronomiques et, lorsque les gravures étaient en relation avec des représentations animales, en termes d'événements biologiques associés. Il y voyait une manière pragmatique pour un chasseur de noter la corrélation entre les périodes de rut, de mise bas, de chute des bois, de mue de gibier et les lectures du ciel.

Figure 15. *Outil d'Ishango, manche en os, partie active (éclat de quartz) insérée à une extrémité de l'os (en haut), Late Stone Age, 20 000-25 000 ans, République démocratique du Congo, Institut royal des sciences naturelles de Bruxelles.* (*« De l'archéologie dans le PNVi [Parc National des Virunga] au Bâton d'Ishango »,* in *Van Schuylenbergh P. et de Koeijer H. (dir.),* Virunga, Archives et collections d'un parc national d'exception, *collections du MRAC et de l'IRSNB, Institut royal des sciences naturelles de Belgique, et Musée royal de l'Afrique centrale, coédition avec Philippe de Moerloose, Tervuren, p. 106-117 + bibliographie, p. 181-185.) (Collection : IRSNB ; photo et infographie : Patrick Semal, 2002 ; d'après Cammaert & Jadin, 2017, p. 113 ; © IRSNB. Cammaert L. & Jadin I. 2017.)*

Les deux regards avaient en fait des points communs ; par nécessité, le préhistorique avait dû en effet apprendre à observer la nature, mais il est vrai que, pour avoir la possibilité de le noter autrement que dans sa mémoire et de le transmettre autrement que par tradition orale, il lui avait fallu apprendre à noter, et pour cela apprendre à écrire et puis apprendre à écrire ses comptages. Ces marques des « bâtons d'Ishango » pourraient donc être un témoin du début de la pensée mathématique, une immense étape dans le développement intellectuel du genre humain et de son espèce *sapiens*.

Mais, me direz-vous, où est donc la musique dans tout cela ? La voici ! Deux musiciens et compositeurs belges, Chris Joris, percussionniste, et Daniel Schell, guitariste, ont créé un oratorio, inspiré de cette découverte et du symbole qu'elle porte. Et ces auteurs m'ont alors écrit pour que j'en devienne parrain (2003). La première représentation de cet oratorio a eu lieu au palais des Congrès à Bruxelles en 2001, suivie par une deuxième à Arlon en 2003 et puis par beaucoup d'autres, en Belgique d'abord, et puis à l'étranger. La pièce, qui mêle curieusement jazz, musique classique, *world music* et textes, est une œuvre superbe et audacieuse, mettant en scène pas moins de 75 personnes, musiciens, choristes et conteurs. La première production a été réalisée par Pascal Noël. Fabrice Alleman était saxo, Chris Mentens, basse, Ben N'Gabo, percussionniste et voix, Ken N'Diaye, djembé, les textes étaient dits par Dieudonné Kabongo et Dorothy Cox, et les chœurs étaient ceux de la Communauté française de Belgique, dirigés par Denis Menier. À la première audition, je dois dire que j'ai été un peu décontenancé par le cocktail inattendu des genres, et puis, à la deuxième, à la troisième, etc., de plus en plus séduit par la qualité, la subtilité, l'harmonie, l'originalité de cet hymne à l'humanité. L'oratorio *Ishango* se mérite ! Et la création de cette pièce musicale, hommage à l'Afrique et à l'intelligence du genre humain, a entraîné la mise sur pied de multiples comités de parrainage et de comités de soutien de l'oratorio, de programmes de sa captation numérique, de projet d'envoi symbolique d'une copie d'un des bâtons d'Ishango dans l'espace et de créations de comités d'action pour la paix (Sharing Knowledge for Peace), etc. Quant aux pièces originales d'Ishango, elles sont conservées au Musée royal des sciences naturelles de Bruxelles ; l'une des deux est exposée.

CHAPITRE 16

La carrière de Saint-Césaire

Les derniers des néandertaliens

(36 000 ans)

Quand on fait des recherches archéologiques, préhistoriques, paléontologiques, on recueille des vestiges variés destinés à reconstituer l'histoire naturelle ou l'histoire humaine d'une période et d'une région ; il convient donc de déposer ces vestiges quelque part, pour les étudier, les conserver, les exposer, les enseigner. Le passage du terrain à la recherche puis aux musées et à leurs expositions est donc un glissement obligatoire. Mais au-delà des dépôts, il y a évidemment mille manières d'enseigner nos disciplines : la réalisation de « parcs préhistoriques », par exemple, sur les lieux d'anciennes fouilles, sur ceux de fouilles actuelles ou de paysages évoquant certaines périodes du passé, est un de ces moyens.

Le premier musée que j'ai participé à mettre sur pied a été celui de Fort-Lamy (aujourd'hui N'Djamena). J'ai raconté ailleurs mes sept années (1960-1966) au Tchad. Un Institut (national tchadien) des sciences humaines (INTSH) avait été fondé dans la capitale de cette toute jeune République par un archéologue-ethnologue, Jean-Paul Lebeuf. Et Jean-Paul Lebeuf m'avait demandé d'y créer un laboratoire de paléontologie. Et d'institut en labo, on en vint vite aux récoltes, stockages, collections, expositions et musée. Je participai donc ainsi à la mise sur pied du premier musée de la république du Tchad, qui, proposant une exposition permanente de squelettes de vertébrés contemporains, de vertébrés fossiles, d'échantillons de roches, d'artefacts archéologiques et d'objets ethnographiques, se prétendit être, comme à Paris, un Muséum d'histoire naturelle (géologie, minéralogie, anatomie comparée, paléontologie) et un musée de l'Homme (préhistoire, archéologie, ethnologie). Jean-Paul Lebeuf et sa femme, Annie Lebeuf, ethnologue, le colonel Chapelle, passionné, et moi créâmes ce joli Musée national tchadien (MNT), qui, malgré son éclectisme, reçut vite beaucoup de visiteurs, mais aussi des dons, des aides, du volontariat pour toutes les tâches qui accompagnent toujours pareille entreprise. Et puis nous fûmes aidés et suivis par les archéologues Françoise Treinen (qui deviendra Claustre), Jean Courtin, Gérard Bailloud et par une cohorte de jeunes naturalistes et de jeunes ethnologues (dont très vite des étudiants tchadiens), et l'institution gagna ses lettres de noblesse. J'ai raconté un peu ailleurs la naissance de ce bébé, sa mise en route et son succès immédiat, succès de curieux, mais aussi outil de pédagogie pour tous les enseignants de toutes les écoles. Et je me suis attelé par ailleurs à la constitution de sa bibliothèque ; j'ai simplement écrit à des dizaines de collègues, paléontologues et préhistoriens, et toutes les réponses ont été positives, enthousiastes et généreuses ; c'était l'époque où l'on s'échangeait les publications sous la forme de « tirages à part » ; « mon » petit musée en reçut du monde entier. Ce musée n'existe évidemment plus sous sa forme première et en son emplacement d'origine, mais je pense que, en dépit des conditions politiques qu'a dû traverser en un demi-siècle ce pays, quelques objets des premières collections et quelques ouvrages des premières bibliothèques ont dû survivre et participer à celles et ceux des organismes devenus universitaires d'aujourd'hui.

En deuxième exemple de mise sur pied d'un établissement dans son ensemble, de sa conception à sa réalisation, je retiendrai le « Paléosite » de Saint-Césaire en Charente-Maritime. Son histoire commence en 1975, avec la découverte par un archéologue amateur, Bernard Dubiny, de quelques pierres taillées et de quelques ossements (d'animaux) au pied d'une petite falaise au lieu-dit « La Roche à Pierrot », sur la commune de Saint-Césaire. Alerté, ce fut l'archéologue François Lévêque qui se rendit sur place, fut convaincu de l'intérêt du site et y ouvrit un chantier de fouilles en 1977. Et son initiative fut vite couronnée de succès puisqu'il put reconnaître une superbe séquence stratigraphique et culturelle proposant, de bas en haut, plusieurs niveaux à outillage dits « moustériens », puis deux niveaux à outillage dits « châtelperroniens », une couche d'argile stérile et puis de nouveaux niveaux archéologiques à outillage dits « aurignaciens ». Cette série représente le grand tournant du Paléolithique moyen au Paléolithique supérieur avec, pensait-on de manière quelque peu schématique, un Moustérien à outils à éclats, œuvre de l'homme de Neandertal, et puis un Châtelperronien et un Aurignacien à outils lamellaires, œuvre d'*Homo sapiens* (appelé dans cette région Cro-Magnon). Mais le succès se poursuivit de façon éclatante par la découverte en 1979 d'un squelette humain dans la couche supérieure du Châtelperronien, squelette soigneusement recueilli, préparé en laboratoire et déterminé par Bernard Vandermeersch, professeur d'anthropologie à l'université de Bordeaux. Or il s'agissait d'un squelette de néandertalien ! Le fameux tournant Paléolithique moyen (Moustérien) – Paléolithique supérieur (Châtelperronien), le passage de l'éclat à la lame, la discontinuité Neandertal-Cro-Magnon, tout cela existait bien, mais pas de la façon dont on l'avait imaginé ; non seulement Neandertal aurait survécu au virage, mais c'était lui (aussi) qui aurait inventé la lame. Et ce squelette, d'ailleurs féminin et devenu vite, de manière familière, « Pierrette » (La Roche à Pierrot oblige), a bientôt été daté de 36 000 ans. C'était sans exagérer une grande découverte. Discontinuité biologique, continuité culturelle et coexistence des deux « espèces » humaines. Certains auteurs reviendraient aujourd'hui sur cette idée, mettant en doute la contemporanéité de Pierrette et du Châtelperronien ; ce sont sûrement des jaloux !

Les responsables politiques locaux, du député de Charente-Maritime (Xavier de Roux) au maire de Saint-Césaire (Claude Faure), se saisirent alors de l'importance de cette découverte et de la situation de son gisement, pour en envisager une promotion ; leur idée était d'y faire venir les touristes qui, dans ce département, ne se rendent pratiquement que sur le littoral. Ils prirent donc contact avec Bernard Vandermeersch, lui demandèrent de constituer une commission d'experts pour réfléchir à la manière de concrétiser leur idée et Bernard Vandermeersch composa la commission et, à son tour, me demanda de venir la présider, ce que j'acceptai volontiers. J'avais été sensible à cette élégante invitation et intéressé par ce projet original de diffusion de la science. Après un certain nombre de réunions, scientifiques et mixtes (science et politique), et un autre nombre de réunions entre Bernard et moi, nous nous mîmes facilement d'accord sur l'idée de la création d'une sorte de centre d'interprétation (je trouve cette terminologie très peu « sexy », mais elle dit à peu près ce qu'elle recouvre). Du côté scientifique, Bernard Vandermeersch tint à ce qu'un colloque de collègues apporte sa caution à ce que lui et moi avions concocté ; je n'y tenais pas, mais il eut lieu et, si on avait écouté toutes ses conclusions, bien sûr, il aurait fallu tout repenser ! Et du côté de l'administration locale et régionale, un appel d'offres fut lancé pour trouver une maîtrise d'ouvrages capable de réaliser cet ambitieux projet. Une agence de Moselle fut retenue et de nombreuses, très nombreuses, réunions reprirent sur place pour débattre, pas à pas, de toutes les étapes à concrétiser, sans parler du travail à « abattre » entre les réunions. J'avais pris, avec plaisir, le rythme du train du soir qui me conduisait à La Rochelle, à une nuit sur place et à la suite du voyage en voiture le lendemain, puis à un retour à La Rochelle le soir de la réunion, une nouvelle nuit sur place et un retour à Paris le surlendemain, souvent en compagnie des personnels chargés du projet, ce qui permettait une séance de travail supplémentaire dans le train. Bernard Vandermeersch, avec qui je partageais désormais la direction scientifique de ce chantier, venait, quant à lui, en voiture particulière de Bordeaux. Un de nos très « gros » problèmes avait été au départ le choix de l'emplacement du parc. Nous avions visité, arpenté, discuté de bien des lieux offerts par la municipalité qui disposait de quelques belles surfaces, mais avec leurs limites ; le choix était difficile ! Mais un miracle se produisit… ça arrive ! La direction d'une très grande carrière, proche de La Roche à Pierrot, terminait son bail avec la commune et ne souhaitait pas le renouveler. Nous nous précipitâmes et retînmes la carrière de rêve pour ce qui allait devenir le Paléosite de Saint-Césaire.

Et le Paléosite, mi-parc, mi-musée, mi-centre d'interprétation, se construisit peu à peu et ouvrit ses portes en 2005, sous la direction de Vincent Armitano-Grivel et de Virginie Teilhol (dont j'avais été en 2001 président du jury de thèse), recrutés eux aussi par appels d'offres. Le Paléosite avait été délibérément composé d'un certain nombre de lieux qui pouvaient être visités séparément, le gisement, La Roche à Pierrot, la raison d'être là du Paléosite, un grand hall d'entrée dit « des géants », mettant tout de suite dans une ambiance des temps glaciaires (avec un mammouth, un rhinocéros laineux, un « tigre » à dents de sabre, etc., sur « pattes ») et une enfilade de trois salles, où étaient racontés, de manière très ludique, le temps, la vie des préhistoriques et les méthodes de laboratoire pour accéder à ces connaissances. Un généreux parcours extérieur promenait ensuite le visiteur à travers des reconstitutions de lieux de vie de ces hommes de quelques dizaines de milliers d'années et d'ateliers, pour adultes où l'on apprend à faire du feu, à lancer le javelot avec un propulseur (ou pas), à tailler la pierre, et pour enfants où l'on se risque à fouiller ! Deux salles indépendantes, dites « Morpho » et « Échos », étaient accessibles directement de l'extérieur ; elles proposaient diverses comparaisons amusantes entre soi-même et un des nombreux hommes fossiles représentés (forme du crâne, force, poids, etc.) et un approfondissement des données enseignées dans cet établissement par diverses manipulations personnelles. Pour tester certaines manipes de Morpho, je me souviens m'être rendu un dimanche matin, avec mon fils alors âgé de 8 ou 9 ans, dans un atelier, quelque part dans la banlieue de Paris, pour jouer au face-à-face, yeux dans les yeux, avec Neandertal. Le système marchait à merveille et on s'était beaucoup amusés. Rappelons pour finir que l'ensemble du Paléosite couvrait 17 hectares et que les seuls bâtiments muséaux en occupaient 2 000 mètres carrés ; notre Paléosite était et doit toujours être une belle bête qui recevait au départ environ 70 000 visiteurs par an ! J'ai écrit à l'imparfait sa description première, car il y a longtemps que je ne m'y suis rendu et je pense que beaucoup de choses ont pu avoir été changées, remplacées, complétées, mises à jour.

J'ai régulièrement reçu de sa direction, depuis 2005, des newsletters et des invitations pour les manifestations que le Paléosite organisait, les améliorations qu'il apportait, les transformations qu'il effectuait ; l'établissement est extrêmement actif et bénéficie en retour d'un très beau succès qui ravirait les fondateurs politiques et nous enchante, nous, Bernard Vandermeersch et moi-même, les artisans désormais parrains du fameux Paléosite. Deux exemples récents : les fouilles préhistoriques ont repris sur le site de La Roche à Pierrot et elles font partie du parcours des visiteurs, qui voient ainsi comment ces recherches se déroulent ; et par ailleurs, Jacques Malaterre, un ami proche, ayant réalisé en 2010 un excellent film de fiction sur les rapports Neandertal-Cro-Magnon (*Ao*), un accord est intervenu entre le Paléosite et sa production, qui a permis au premier des deux d'acquérir quantité d'éléments du film lui-même et de son *making of*.

UNE GOUTTE DE SCIENCE. L'homme de Neandertal, *Homo neanderthalensis*, est une « espèce » humaine disparue, qui est probablement née en Europe, par dérive génétique, due à l'isolement géographique d'une

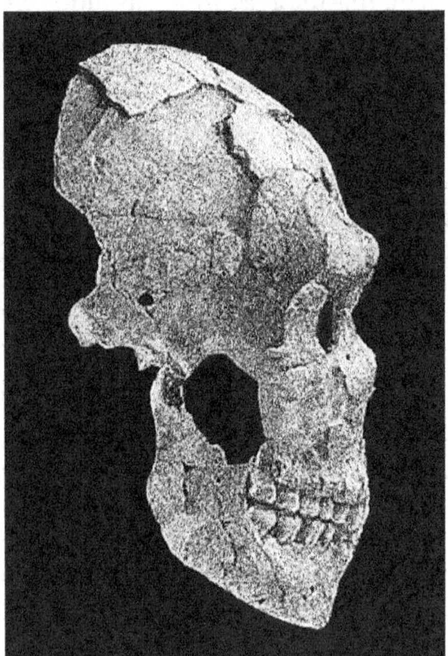

Figure 16. *Crâne de « Pierrette »,* Homo neanderthalensis, *Saint-Césaire, Charente-Maritime, époque châtelperronienne, 36 000 ans.* *(Dessin de Sacha Gepner.)*

population d'*Homo erectus* arrivée d'Afrique ; Neandertal a ensuite reflué sur les Proche- et Moyen-Orient, jusque dans le sud de la Sibérie (peut-être), puis s'est éteint entre 30 000 et 25 000 ans (le Neandertal de Gibraltar aurait 29 000 ans). Première espèce découverte par la science (Engis, près de Liège, 1839), son « look » l'a fait très mal recevoir par les chercheurs, comme par les publics, qui, alors qu'ils espéraient trouver un ancêtre « beau », « rencontrèrent » celui-là, pas dans les normes esthétiques du XIXe siècle !

Neandertal est en effet un humain à la silhouette massive et ramassée, au squelette robuste, aux jambes et aux avant-bras courts et à la masse musculaire puissante ; son crâne allongé (dolichocéphale) et en bombe, au volume important, portait une forte « barre » au-dessus des orbites, une face projetée, un front, des pommettes et un menton fuyants, des cavités nasales et des orbites vastes et une forte pneumatisation des os (sinus importants)... Ce qui ne décrit pas vraiment aujourd'hui le portrait d'un « jeune premier » !

L'homme de Neandertal est sans doute l'homme préhistorique qui a fait et fait toujours couler le plus d'encre (on devrait dire désormais « noircir le plus de courriels ») ; sans doute parce qu'il a été le premier découvert, sans doute parce qu'il a été contemporain d'*Homo sapiens*, sans doute parce qu'il s'est éteint (bien qu'il ait laissé quelques souvenirs de son « passage » dans l'ADN des Européens et des Asiatiques), alors que l'homme moderne a survécu et vit toujours. En fait, toute l'histoire de la vie, depuis 4 milliards d'années, est faite, outre les adaptations, de compétitions, compétitions qui se terminent par la prévalence d'une forme sur une autre ; « jamais deux ours dans une même caverne », disent les Mongols. Pour des raisons d'effectifs, d'équipements, de croissances différentielles, après des milliers d'années (quand même) de coexistence (de cohabitation, dirait-on en France), *Homo sapiens* a prévalu sur son vieux cousin !

Je pense, personnellement, que c'est la forme nord-africaine d'*Homo erectus*, dite « Atlanthropus mauritanicus » (1,4 million d'années pour Tighennif en Algérie), qui, après avoir traversé le détroit de Gibraltar, a donné naissance à l'homme de Neandertal ; les espèces découvertes en Espagne dites *Homo antecessor* (1,2 million d'années à la Cueva del Elefante) et puis leurs descendantes probables, *Homo heidelbergensis*, seraient ainsi pour moi des *Homo neanderthalensis*, en cours de dérive génétique, en cours de néandertalisation et par suite de plus en plus chargées des caractères dérivés qui caractérisent Neandertal. Je m'appuie sur la présence en péninsule Ibérique de mobiliers lithiques comparables à ceux de l'autre côté de la Méditerranée et sur un certain nombre de traits anatomiques d'*Atlanthropus mauritanicus* partagés par *Homo antecessor*.

Mais revenons aux musées.

Nous avons parlé de celui, naissant, de Fort-Lamy ; voyons cette fois, de sa conception à son ouverture, celui de Jéongok. J'ai raconté ailleurs son origine. Une agence parisienne d'architectes avait répondu à un appel d'offres international pour la création (contenant et contenu) d'un Musée de préhistoire en Corée… et gagné le concours. Et je me suis trouvé sollicité par ces architectes (Xtu), un peu embarrassés par leur succès inattendu, pour les accompagner dans la réalisation de ce sujet, très nouveau pour eux. C'était en 2006. Et s'ensuivirent de nombreuses réunions à Paris, avec Anouk Legendre (surtout) et Nicolas Desmazières (un peu), dans les longues salles de leur agence, rue de Paradis, là où on peut dérouler des plans sans fin et construire à 9 000 kilomètres de la réalité. Il s'agissait d'un musée de site, à bâtir sur le lieu même d'un gisement qui avait livré, à un archéologue local, Kidong Bae, devenu un ami, un habitat d'environ 400 000 ans. Après un certain nombre de « leçons » de préhistoire aux architectes – c'est toujours un plaisir de raconter ce que sa discipline pense avoir compris –, je passai la main à un élève devenu collègue, Fabrice Demeter, ne pouvant disposer moi-même, et je le regrettais, du temps qu'allaient exiger de multiples voyages sur place. Demeter fit des merveilles et je demeurai dans la coulisse, dépêchant sur le chantier une amie sculpteur, Élisabeth Daynès, spécialiste de la reconstitution des divers hommes fossiles, qui se chargea de peupler généreusement de ses créatures ce beau musée du bout de l'Asie. Et le Musée de préhistoire de Jéongok fut officiellement ouvert.

Et j'ai raconté aussi ailleurs ce genre de rebondissement que j'adore et qui me fit un jour présider un grand congrès international dans ce musée que j'avais participé à fabriquer de loin et dont je n'avais pu assister à l'inauguration de près. Le département du patrimoine mondial de l'Unesco s'était en effet rendu compte alors que ses listes de sites classés manquaient terriblement de ceux concernant la préhistoire. Nuria Sanz fut alors chargée de traiter ce problème, s'en saisit et mit sur pied un système très intelligent d'inventaire objectif de ces sites potentiellement classables. Elle s'entoura d'abord d'une garde rapprochée d'une demi-douzaine de « conseillers » préhistoriens ou paléontologues (je fus l'un d'entre eux) et organisa, avec ces derniers, une série de colloques scientifiques (un par continent) pour établir ces listes. Dix ans s'écoulèrent et nous fêtâmes au musée de l'Homme à Paris, en janvier 2018, la fin de notre tour du monde et celle de l'établissement de la liste des grands sites de la préhistoire de l'humanité. J'avais été personnellement chargé de m'occuper, dans cette entreprise, de l'Afrique (le colloque eut lieu en Éthiopie à Addis-Abeba) et de l'Asie (et le colloque eut lieu en Corée… à Jéongok !). Voilà comment on ferme une boucle.

Encore un petit pas de deux et nous voici à nouveau dans un parc, celui de Gannat, dans l'Allier.

Disons tout de suite que le Mont Libre, à Gannat, est un site fossilifère miocène – 20 millions d'années – bien connu des paléontologues. Un beau jour de 2011 ou 2012, je reçus en effet au Collège de France la visite d'une personne charmante, un concentré d'enthousiasme et d'énergie, du nom de Viviane (comme « vive ») Gorce. En gros elle m'annonçait qu'elle voulait mettre sur pied un parc préhistorique (plutôt paléontologique d'ailleurs), à l'emplacement d'un site fameux qu'en effet je connaissais. Et elle venait me demander d'en garantir la qualité en prenant la présidence d'un comité scientifique que je constituerais et qui l'assisterait dans ses projets et leurs réalisations. Elle m'avouait son incompétence totale, mais venait à moi avec un terrain, des relations privilégiées avec des collectionneurs privés, une association déjà constituée pour la gestion des financements, et toute sa bonne volonté… ; en résumé, un espace, des fossiles, des sous, des bras, mais une ignorance reconnue dans les domaines qu'elle souhaitait aborder et la facette un peu « sulfureuse » d'une alliance avec un circuit parallèle de fossiles originaux « privés ». Comme j'ai toujours pensé que l'information scientifique et par suite l'enseignement de la science étaient un des devoirs du chercheur, j'ai accepté très vite l'offre de cette dame, en acceptant tacitement du même coup de « jouer » avec des fossiles que je savais se monnayer. Et j'ai mis sur pied ce comité scientifique, le plus large possible dans ses compétences (géologie, paléontologie, paléobotanique, préhistoire), mais pas trop important dans son effectif. J'en avais l'habitude. Cette opération, est-il utile de le préciser, a été, comme toutes les autres de cette nature, entièrement « gracieuse ». Et l'affaire s'est mise en route, dans la joie habituelle de la pratique de la science et de la réalisation de projets pour la faire connaître et partager. Les réunions se sont faites à Paris, « chez moi », dans le petit amphithéâtre du site de la rue d'Ulm du Collège de France ; quelques-unes plus ponctuelles, ont eu lieu, sur place, à Clermont-Ferrand, à Vichy, ou sur le domaine. Et a été ainsi réalisée, à partir de 2012, une bien belle théorie d'expositions, l'une dite « permanente » de 600 mètres carrés sur le déroulé de l'évolution biologique (*La Fascinante Histoire de la vie sur Terre. 4 milliards d'années d'évolution*, réalisée par Pierre-Yves Lamer), les autres (500 mètres carrés d'expos temporaires) sur *Les Dinosaures polaires*, *Les Trésors des mines de France*, *L'Auvergne tropicale*, *Les Paleomonsters*, ou le superbe sujet de la naissance des oiseaux et leur conquête du ciel (réalisé par Éric Buffetaut)… Historiquement cette création d'un parc avait fait suite à un premier tout petit musée (200 mètres carrés), appelé Rhinopolis, et fondé à Gannat même dès 1994. C'est l'acquisition par le conseil général de l'Allier de 5 hectares sur la colline de Chazoux qui avait entraîné le musée de Gannat à migrer, à s'agrandir et à prendre le joli nom de Paléopolis, opération qui avait été confiée à la société Fossilis dont s'est occupée Viviane Gorce. Et puis des problèmes d'entente entre le conseil et la société Fossilis ont conduit Viviane Gorce à abandonner son parc en 2016, repris par le conseil général (désormais départemental) de l'Allier, son propriétaire. Et le conseil l'a alors confié à la société Organicom, parc devenu plus ludique, avec jeux divers, ateliers, terrain de fouille, etc. Ce parc m'avait été dédié, une borne l'annonçant avait été inaugurée en mon absence (j'avais été aimablement remplacé, lors de cette cérémonie, par un jeune collègue, Jean-Sébastien Steyer) ; je n'ai pas retiré « ma borne », depuis la mutation (partielle) du site, mais n'y suis pas retourné. Ce fut une bien belle aventure, qui aura duré cinq bonnes années, années très fécondes, pour un public apparemment très enthousiaste et en hausse permanente – 36 000 visiteurs en 2015 (et qui, après un creux de vague, reprend sa croissance – 38 000 en 2018 –, ce qui est une bonne nouvelle). Et dernière nouvelle, le parc renaîtrait dans sa forme plus scientifique et je viens d'être à nouveau pressenti pour en prendre la présidence d'honneur.

Et c'est le tour d'un musée !

J'ai enseigné la paléoanthropologie et la préhistoire au Collège de France, de manière statutaire, de 1983 à 2005 ; j'y ai donc donné, durant neuf semaines, dix-huit cours et séminaires chaque année. Les deux enseignements étaient ouverts, comme toute prestation du Collège de France, mais mes cours étaient délibérément plus simples à suivre, dans leur langage et leur développement, que les séminaires, plus techniques et spécialisés. J'avais ainsi plusieurs centaines d'auditeurs par cours (500-600) et une petite centaine par séminaire. Et comme presque toujours dans cette institution, le public se divisait en un solide fond de gens disponibles (les plus âgés), un effectif comparable de gens en activité, suffisamment intéressés pour se libérer un jour par semaine, et un troisième lot, plus variable, d'étudiants d'universités parisiennes (surtout Paris-VI, VII et IX – sciences – et Paris-I et X – archéologie) ou d'universités étrangères (surtout américaines) venus pour un « *term* ».

Or, parmi mes fidèles auditeurs du premier contingent, fidèles à la fois aux cours et aux séminaires, il y avait un monsieur charmant, retraité, passionné (il enregistrait tous mes enseignements), avec qui je prolongeais quelquefois la prestation publique par un long bavardage privé. Et ce monsieur, Serge Favard, parvint ainsi à me convaincre, un jour, d'aller donner une conférence dans une association dont il s'occupait à Villers-sur-Mer, dans le Calvados. Cette petite ville des bords de Manche était en effet très connue des paléontologues grâce à son site fameux dit « des Vaches noires ». Il s'agissait, comme on peut l'imaginer, de blocs de craie effondrés des falaises voisines et couverts d'algues, qui, de la mer, font en effet penser à un troupeau de bovidés, mais représentaient en réalité de très importants rochers provenant d'affleurements jurassiques – 160 millions d'années – et du Crétacé – 100 millions d'années –, particulièrement fossilifères (ammonites, bélemnites, ichthyosaures, plésiosaures, théropodes). La réputation internationale de ce site et les extraordinaires collections de fossiles qui y avaient été réalisées avaient entraîné la création, en 1979, d'une association paléontologique, l'APVSM (une société ainsi orientée prioritairement vers la paléontologie est extrêmement rare, comparativement aux multiples associations archéologiques, historiques, préhistoriques). Serge Favard, qui avait une résidence secondaire à Villers, était évidemment un membre très actif de cette association, chargé de ses conférences. Je me rendis donc un jour à Villers où je fus remarquablement reçu, donnai une conférence, puis une autre, puis une autre encore, etc. Et je devins très lié à cette association (je suis devenu membre du comité scientifique éditorial de sa revue – *L'Écho des falaises* –, créée en 1995 par Serge Favard), très lié à Villers, à ce pays, à sa paléontologie, et puis bientôt à beaucoup de ses habitants, hôteliers, restaurateurs, collectionneurs, notables, le maire de Villers, députée devenue ministre, Nicole Ameline, préfet du Calvados... et fus convié à réfléchir, avec tous ces gens, à la création d'un vrai musée, plus officiel et plus professionnel que les expositions modestes que proposaient l'association ou des collectionneurs privés... Je devins ainsi, dès 1987, citoyen d'honneur de la ville (M. André Salesse était alors maire). Et nous travaillâmes beaucoup, un certain nombre de représentants de la municipalité, des représentants de l'association et d'autres experts, au concept de ce musée et à son contenu. Le cahier des charges qu'avait établi la mairie était de prendre en compte trois spécificités de Villers : les Vaches noires et la paléontologie bien sûr, mais aussi, et au même titre, le méridien de Greenwich qui aurait pu (ou dû) s'appeler méridien de Villers (49° 19' 46" Nord certes, mais 0° 00' 49" Ouest !) et les marais marins (120 hectares), exceptionnels pour la réserve ornithologique qu'ils constituent. Un vrai casse-tête pour trouver un joli nom fédérateur de trois sujets aussi dissemblables que remarquables. Finalement le nom de Paléospace l'Odyssée a été retenu. La mairie avait réservé depuis longtemps un important terrain dont elle était propriétaire du côté précisément de ces fameux marais. Le musée a donc été construit, son contenu habilement réparti, et son inauguration a eu lieu le 20 avril 2011 (le maire était Gérard Vauclin) ; j'en ai été parrain. Il s'agit d'un bien bel établissement d'un millier de mètres carrés, dont 450 mètres carrés de musée, 300 mètres carrés d'exposition permanente et 150 mètres carrés d'exposition temporaire. Sa fréquentation annuelle est de l'ordre de 60 000 visiteurs et il a déjà obtenu le European Museum of the Year Award 2012. Bravo, monsieur le maire.

Juste un mot sur le Laténium, le Musée archéologique de Neuchâtel, à Hauterives, dont j'ai déjà généreusement parlé ailleurs. Créé par Michel Egloff, professeur de préhistoire à l'université (mort en 2021), selon les conceptions qu'il avait de la présentation au public de la vie des temps anciens, ce musée, particulièrement remarquable, a été ouvert le 7 septembre 2001. J'en étais un des quatre parrains (trois Suisses, René Felber, Claude Nicollier, Jacques Piccard, et moi) et me trouvais à son baptême. Riche de 500 000 objets dont 3 000 exposés, ce musée a eu en effet l'intelligence de montrer aux visiteurs les objets de la préhistoire tels qu'on les découvre et les mêmes objets tels qu'ils se présentaient « au complet », dans les mains de leurs artisans, prêts à l'emploi. La qualité du Laténium a d'ailleurs été largement reconnue et déjà récompensée par plusieurs grandes distinctions, dont le prix du Musée du Conseil de l'Europe (2003) et la médaille de la médiation archéologique de l'Union internationale des sciences préhistoriques et protohistoriques (2018). Je ne saurais clore ce sujet sans expliquer ce nom étrange de Laténium ! Il y a sur les bords du lac de Neuchâtel un site fameux du deuxième âge du fer, La Tène, si fameux que c'est lui qui a été choisi pour désigner cette période, avec audace, par Michel Egloff pour en faire, d'abord, un seul mot, Latène, et pour, ensuite, le « latiniser », le Laténium !! En science, on est libre de torturer les langues ; on n'est pas à un barbarisme près ! Souvenons-nous de la création du nom *Australopithecus*, mélange cruel de latin et de grec, osé en 1925 par Raymond Dart, professeur de médecine à Johannesburg, et devenu le nom de genre consacré d'un grand nombre de nos ancêtres !

Et c'est le tour d'un parc.

Ce sont sans doute mon mariage avec une Ardennaise et mon attachement tout neuf, mais réel, à ce pays de caractère qui me valurent d'être appelé un jour de 2006 par un de ses députés, Philippe Vuilque, qui souhaitait m'associer à un projet qui lui tenait à cœur, faire d'une partie du département un parc naturel régional (PNR). Il avait retenu, pour ce parc, un peu plus de 100 000 hectares, répartis sur 92 communes, 9 cantons et 76 000 habitants, et souhaitait ainsi préserver un ensemble de cultures rurale, forestière et manufacturière unique et demeuré très authentique. Je trouvai l'idée suffisamment intéressante pour accepter son invitation et devins une sorte de « parrain » du projet. J'ai dit ailleurs, dans ce même livre, que j'avais travaillé à ce programme à la fois dans le pays, en y donnant des conférences pour expliquer ce qu'était un parc naturel, son intérêt et ses engagements (et leurs limites), et aussi à Paris, au ministère de l'Écologie et du Développement durable chargé du dossier. Le cheminement fut long, mais efficace et le parc fut créé le 21 décembre 2011 et inauguré par Nathalie Kosciusko-Morizet, alors ministre de l'Écologie, le 26 janvier 2012. On peut diviser, bien qu'un peu artificiellement, ce parc en six grands paysages, la pointe de Givet vallonnée et forestière, pénétrant profondément dans la Belgique, le massif primaire de l'Ardenne, aux reliefs très escarpés, creusés par la vallée de la Meuse et celle de la Semoy, le plateau de Rocroi (360-380 mètres), couvert de prairies et de tourbières (dites « rièzes »), le val de Sormonne, issu de ce plateau, les bassins ardoisiers en limite du massif, et la Thiérache ardennaise, pays vallonné de bocages et de forêts des terrains mésozoïques, partagé avec l'Aisne et le Nord. Le syndicat mixte, basé à Renwez, a alors eu pour mission, outre de gérer le parc, de participer à diversifier les activités économiques qu'il porte, à préserver la richesse des patrimoines et à agir en faveur de l'identité et de la qualité de vie de ses habitants, en d'autres termes, à « développer tout en conservant »... ce qui n'est jamais facile (mais louable), et parfois même presque contradictoire ! La charte court jusqu'en 2023 ; elle a été jusqu'ici très bien conduite sous la présidence de Jean-Marie Meunier, conseiller départemental, et raisonnablement respectée ; souhaitons qu'elle soit renouvelée. Merci, monsieur Vuilque, de m'avoir « injecté » dans cette belle aventure.

C'est en 2004 que je fus sollicité, grâce à l'intercession d'un ami, maître Patrick Caillet, pour parrainer, dans les Deux-Sèvres cette fois, un parc animalier ancien, mais en mutation, qui venait en effet de devenir le Zoodyssée ; c'était à Villiers-en-Bois, en forêt de Chizé. Dès 1972 était né à cet endroit, à la place d'un dépôt de munitions de la Seconde Guerre mondiale, puis à la place de l'OTAN qui lui avait succédé, un projet de parc ; l'idée était venue d'un « Centre d'études biologiques des animaux sauvages » qui s'était établi là (en 1968), parce que la forêt y était généreuse (elle couvre en effet près de 5 000 hectares, 95 % dans les Deux-Sèvres, 5 % en Charente-Maritime). Le centre d'études et l'Office national des forêts (ONF) se sont alors alliés pour créer, avec le soutien du conseil général des Deux-Sèvres, une association « des Amis du Zoorama – alors virtuel – de Chizé », lequel Zoorama deviendra une réalité en 1973. Son propos était donc l'étude et la conservation de la faune sauvage européenne, la valorisation de ce patrimoine et son ouverture au public. Le Zoorama fit merveille, proposant aux chercheurs et aux visiteurs 31 espèces de mammifères, 6 de reptiles, 8 d'amphibiens, 78 d'oiseaux, 530 de papillons, etc., dans un parc de 30 hectares aux « fosses de vision » innovantes pour éviter les grilles ; mais il proposait aussi un vivarium, une miniferme et un pavillon original de comparaison de notre propre espèce avec un certain nombre de celles du monde animal, pavillon dit « Humanimal », équipements aux côtés bien sûr du laboratoire de recherche d'origine (devenu CNRS). Je me suis donc rendu à ce Zoorama (2004) et j'y ai rencontré une équipe active et passionnée de collègues, chercheurs et personnels scientifiques, d'administratifs, de soignants, etc., sous la direction de Dominique Meignan, vétérinaire, en quête permanente de procédés pédagogiques nouveaux pour faire comprendre, admirer et aimer cette faune européenne si méconnue. Une nouvelle association dite « pour le développement de la pédagogie et du tourisme scientifique et écologique » avait d'ailleurs été inventée pour que cet établissement tellement dynamique conduise plus facilement les missions qu'il s'était assignées. En 2004, le Zoorama devenait en effet Zoodyssée ; désormais administrativement régie autonome, il ajoutait aux précédentes formulations de sa mission une invitation au voyage et à la découverte de l'aventure animale. C'est avec cet objectif affiché que j'ai eu l'honneur de recevoir le parrainage prestigieux de cette brillante réalisation, si brillante d'ailleurs qu'elle a déjà reçu le prix Planète-Avenir (écoconstruction du bâtiment d'accueil), le label Presti'prop (sensibilisation des publics à la protection de l'environnement), et a été certifiée ISO 14001 (actions environnementales exemplaires). Mais je n'oublierai pas l'essentiel, ma rencontre aussi avec des aurochs génétiquement « reconstitués », des lynx, des loups, des visons, des marmottes, des porcs-épics, des blaireaux, des loutres, des fouines, des cerfs élaphes, des tarpans, heureux pensionnaires d'une institution où ils sont respectés.

J'ai gardé pour la fin, car il faut bien arrêter cette liste interminable, une institution originale, une grotte-musée, l'ancienne carrière des caves de la Mignonne, route de Chavignol à Sancerre, où s'est logée la Maison de la géologie du Sancerrois, créée par une association dite « des géologues du Sancerrois », fondée par un jeune musicien, pianiste, compositeur et concertiste (!), passionné de préhistoire et de paléontologie, Valentin Carayol. Valentin s'est d'abord entouré de conseillers, des jeunes gens, excellents professionnels, géologues pour certains, paléontologues pour d'autres. Et puis fort d'une collection d'objets préhistoriques et d'une collection de fossiles de vertébrés et d'invertébrés de la région, il a mis sur pied cette maison-musée-grotte. On y est convié à un cheminement remontant le temps, des différents étages préhistoriques si importants pour la connaissance de notre origine et de notre évolution, et puis aux divers niveaux géologiques présents dans le sous-sol de la région, en l'occurrence les niveaux mésozoïques (en commençant par les murs mêmes de la grotte [!]), si essentiels à ses vignobles. Riche d'un grand nombre d'informations écrites ou diffusées par des tablettes ou les simples téléphones portables de chacun, grâce à une application spéciale, riche de beaucoup d'échelles chronologiques, d'arbres phylogénétiques et de cartes géologiques, ce petit musée est un modèle de pédagogie et de clarté. J'en ai accepté le parrainage et « prêté » ma voix, comme on dit, aux commentaires écrits par Valentin (qui y a beaucoup travaillé). La Maison de la géologie du Sancerrois a été ouverte le 4 octobre 2019, à l'occasion des fêtes de la science. Mais cette maison a dû quitter sa jolie grotte, pour des raisons de normes de sécurité ; elle est allée se reconstituer cette fois dans les caves de la Perrière, grottes karstiques deux fois plus grandes, où elle a été inaugurée une nouvelle fois le 28 octobre 2021.

CHAPITRE 17

Le permafrost des îles Liakhov

Les derniers des mammouths

(2 800 ans)

Figure 17. *En Sibérie en 1999. (Photographie © Francis Latreille.)*

Bien qu'à l'origine mon souhait de vie, ma « vocation », ait été de faire de la recherche et de ne faire que de la recherche, je suis parvenu à mes fins en ce qui concerne la première partie de cette proposition (faire de la recherche), mais j'en ai manqué la seconde partie (ne faire que de la recherche), ayant été affecté dès 1956 dans un musée (Muséum national d'histoire naturelle), puis en 1969 dans un autre musée (musée de l'Homme), et ayant été élu dans l'enseignement supérieur dès 1969 (musée de l'Homme) et Collège de France. La recherche pure et dure à plein temps s'est vue ainsi peu à peu grignotée d'une grande fraction de son espace.

Mon activité muséale a donc été importante et, je dois dire, très intéressante dans ses contraintes de présentation de résultats parfois compliqués et de clarification de sa propre pensée. Je suis certain que mes quinze années au Muséum national d'histoire naturelle (Jardin des Plantes) et mes quinze autres années au musée de l'Homme ont participé à la bonne préparation de mes vingt-deux années d'enseignement au Collège.

J'ai déjà, dans ce livre, traité un peu de la création et de la mise sur pied de musées et de parcs (la carrière de Saint-Césaire). Je voudrais évoquer ici, cette fois, les grandes expositions françaises ou étrangères auxquelles j'ai été mêlé d'une manière ou d'une autre.

Mon premier exemple, sans la moindre hésitation, a été l'exposition *Origines de l'Homme* présentée au musée de l'Homme de 1976 à 1978 et que j'ai conduite de sa conception à sa gestion, en passant par sa réalisation et sa promotion. Un très gros travail de longs mois à temps plein, avec un comité scientifique d'abord, et puis avec un commissaire artistique seulement (Bruno Courtade). J'ai parlé de ce grand événement ailleurs et je ne m'y attarderai donc pas. Mais je voudrais attirer ici l'attention sur quelques idées muséographiques dont je suis fier : utilisation des contremarches d'un des escaliers du musée de l'Homme, du rez-de-chaussée au premier étage, pour matérialiser et chiffrer la grande « montée » du temps, des 14 milliards d'années de notre première perception de l'univers à aujourd'hui (ce que l'on simule souvent grâce à un calendrier ou à une corde à nœuds) ; traitement des 500 mètres carrés de l'expo, au premier étage, comme un terrain de fouilles, avec quelques tonnes de sable, un carroyage et un semis d'objets semi-enfouis (objets originaux, c'était un pari) ; une circulation consécutive des visiteurs sur praticables au-dessus de la « fouille » ; une présentation des vitrines, plaquées aux murs, comme des fenêtres ouvertes sur des paysages en couleurs de grands sites préhistoriques ou paléontologiques mondiaux (agrandissements de mes propres diapos) ; usage d'un miroir en retrait au fond de la dernière vitrine pour que chaque visiteur, en sortant, prenne pleinement conscience, en se voyant, que toute cette histoire étrange, astronomique, géologique, paléontologique, préhistorique est bel et bien la sienne ; dépose d'un registre à la sortie de l'expo pour inciter les visiteurs à s'y exprimer (ce qu'ils ont fait en remplissant quatre gros volumes) ; très puissante campagne de presse conduite, pour la première fois au musée de l'Homme, par une professionnelle de la communication (un de ses clients était le Club Med !) ; très beau catalogue, très illustré, multi-auteur, dont j'avais assuré le fil rouge, tout le travail éditorial et d'ailleurs le financement sur mes deniers, catalogue traité comme un livre racontant les 14 derniers milliards d'années d'histoire. Ouverte le 19 novembre 1976 par Alice Saunier-Seïté, ministre de l'Enseignement supérieur et de la Recherche, cette exposition a bien sûr reçu, étant donné son propos, de multiples visites françaises et étrangères de personnalités politiques et scientifiques et plusieurs centaines de milliers de personnes en deux ans, ; elle a d'ailleurs été prolongée à plusieurs reprises et a finalement représenté un record de fréquentation de toutes les expositions du musée de l'Homme depuis son inauguration en 1939 et, dit-on, de toutes celles qui l'ont suivie jusqu'à la transformation du musée et sa réouverture en 2015. À sa fermeture à Paris en 1978, l'exposition, traduite en italien, est partie à Rome, grâce à l'intercession de Nancy Wise, déléguée permanente de la Société des amis du musée de l'Homme et… romaine, et puis, sous la responsabilité d'un collaborateur, Denis Geraads, elle n'a plus cessé de voyager, en totalité ou en partie, à travers la France et le monde. Détail insignifiant, mais significatif : mon père, résidant à Nancy, m'avait écrit pour s'amuser : « C'est la gloire ! On parle même de ton exposition dans *Le Coopérateur* » (le petit journal de publicités de la chaîne de magasins Coop) !

Mon deuxième exemple pourrait être *The Human Story*, exposition présentée pour la première fois à Londres, au Commonwealth Institute, et ouverte par Sa Majesté la reine Elizabeth II le 20 novembre 1985. J'en étais, avec deux collègues et amis anglais, Richard Leakey et David Pilbeam, l'un des trois commissaires scientifiques ; nous étions soutenus par un aîné, le secrétaire de l'Académie royale des sciences de Suède, Carl Gustaf Bernhard, avec qui nous avions fondé un *think tank* nommé IPSHO (International Programme for the Study of Human Origins), et nous avions été très aidés sur place par un autre collègue, lui anglais, Bernard Wood. C'est amusant de réaliser aujourd'hui que Richard Leakey (récemment décédé) était devenu professeur à l'Université de New York à Stony Brook, David Pilbeam à Harvard, Massachusetts, Bernard Wood à celle de Washington DC, et moi au Collège de France. L'expo a eu une très longue carrière itinérante ; elle est d'ailleurs, sur son chemin, passée par Paris où elle a été ouverte le 1er décembre 1987 et présentée par mes soins au Muséum national d'histoire naturelle. Détail original : le personnage de Lucy, reconstitué « en chair et en os », était une petite dame terriblement maigre, aux seins pendants comme des chaussettes, mais aux yeux qui, grâce à une petite mécanique intérieure, bougeaient ! « *Daddy, come, come, she moved* », s'étaient écriés, dans un mélange de terreur et d'émerveillement, les jeunes visiteurs britanniques à leurs parents sceptiques ! À chacun sa Lucy !

J'ai bien sûr participé à mille autres expositions, en y insérant un (ou plusieurs) objet, une (ou plusieurs) vitrine, un article ou une préface au catalogue. À tout seigneur tout honneur, rappelons que j'ai monté en 1957, pour la galerie de paléontologie du Muséum national d'histoire naturelle, ma maison d'alors, un mammouth sibérien, originaire de la plus grande des îles Liakhov, offert par les Russes en 1912 et que j'avais trouvé en morceaux dans les sous-sols de cet institut en y arrivant en 1956 ; mais j'ai aussi monté des vitrines de fossiles de mes propres expéditions au Tchad et en Éthiopie au Muséum et au musée de l'Homme, participé à des expositions du Muséum au Jardin des Plantes, mais aussi au Parc floral et même à la Maison de la Radio, fait partie de plusieurs commissions de préparation de la grande nouvelle galerie du Muséum, dite de l'Évolution, et fais partie de celles, tout aussi nombreuses, de renaissance du musée de l'Homme. Mais je ne quitterai pas le Muséum national d'histoire naturelle (en l'occurrence le Jardin des Plantes) sans citer la très belle, très pédagogique exposition *Au temps des mammouths* (2004-2005), mon animal fétiche, due au travail d'Alain Foucault et de Marylène Patou-Mathis ; un vrai troupeau de ces animaux d'âges individuels divers avait fait le déplacement de Russie, une cabane en os de ces pachydermes y avait été construite, la plus belle collection de Vénus en ivoire de leurs incisives y avait été réunie, et mon petit Liakhov y trônait bien sûr, tellement fier d'être le seul de tous chez lui !

Enfin, sans trop trahir une de mes maisons mères, je me suis quand même retrouvé aussi membre (assumé) du conseil d'administration du musée du Quai-Branly-Jacques-Chirac, généreux bénéficiaire du dépouillement partiel du musée de l'Homme !

Revenons quelques instants aux mammouths (en pays totémique, on n'aurait pas eu beaucoup de peine à trouver mon « correspondant » animal). Comme je l'ai raconté ailleurs, peu de restes de vertébrés préhistoriques ont été recueillis en Bretagne, leurs ossements y étant rapidement détruits par l'acidité de ses sols. Mais il existe une exception notable en Ille-et-Vilaine : le site de Mont-Dol. Un campement de néandertaliens d'un peu plus de 100 000 ans y a en effet laissé sur place les débris carnés de sa cuisine, et en particulier plusieurs centaines de restes (notamment dentaires) du fameux *Mammuthus primigenius* légendaire. Cette découverte de la fin du XIXe siècle a été alors exploitée par un scientifique, naturaliste, professeur à l'université de Rennes, Simon Sirodot. Or la municipalité de Mont-Dol a souhaité, il y a quelques années, donner le nom de ce grand archéologue à son école communale et faire de Jean-Laurent Monnier, préhistorien, et de moi-même les parrains. Jean-Laurent empêché, je me suis rendu seul à cette charmante inauguration ; c'était le 20 septembre 2003. Détail pittoresque : quelques jeunes (très jeunes) élèves m'ont demandé si j'étais là parce que j'avais fouillé avec le fameux Simon (1872) ; j'ai répondu par l'affirmative, flatté au fond que la question ait pu se poser et se résoudre ainsi. Et puis après tout, qu'est-ce qu'un siècle à côté du millier de siècles qu'accusent les reliques célèbres découvertes à la porte de leur école.

UNE GOUTTE DE SCIENCE. Les mammouths (le genre *Mammuthus*) sont des éléphants, différents de ceux des Indes (genre *Elephas*) et de ceux d'Afrique (genre *Loxodonta*). Né en Afrique il y a peut-être 7 millions d'années (*Mammuthus subplanifrons*), ce proboscidien s'est déployé à travers tout ce continent (je l'ai rencontré en Éthiopie aux côtés de Lucy et au Tchad, sous les « traits » d'une autre espèce, *Mammuthus africanavus*) et ce déploiement a fini par l'en faire sortir. On le connaît en effet en Eurasie, dès 3 millions d'années, sous le nom de *Mammuthus meridionalis*, puis sous celui de *Mammuthus trogontherii* qui commence, vers 1 million d'années, son adaptation aux températures froides. *Mammuthus primigenius*, le mammouth laineux, celui des permafrosts sibériens (cadavres) et celui de nos grottes ornées (peintures, gravures), est issu de ce dernier ; il semble qu'il soit apparu, vers 200 000 ans, en Asie du Nord-Est, avant de se répandre sur toute l'Eurasie et sur l'Amérique du Nord (*Mammuthus columbi*). Son adaptation au froid est exemplaire : 10 centimètres de graisse sous 2 centimètres de peau et une triple couche de poils – un pelage fin, serré et clair d'abord (la bourre ou le gilet de corps), puis un emballage plus cossu et plus foncé (les crins ou le pull) et, recouvrant ces deux premières « épaisseurs », les fameux très longs poils descendant jusqu'au sol et qui donnent à cet animal son allure de somptueuse peluche (les jarres ou la houppelande) –, une bosse de graisse en haut du crâne et une autre à l'amorce de la croupe ; et, pour finir, de petites oreilles, une queue raccourcie et le fameux clapet anal, supplément de chair situé au-dessus de l'anus et destiné à le fermer pour éviter le refroidissement de l'appareil digestif (ce clapet a été dessiné sur deux bêtes gravées au plafond de la grande salle de la grotte de Rouffignac en Dordogne). Tout cela esquisse ce joli profil un peu bourru de notre mammouth des steppes.

Le mammouth méridional de 3 millions d'années faisait une dizaine de tonnes, celui dit *trogontherii* ou *intermedius* de 500 000 ans n'en faisait pas plus de 6, et les derniers d'entre les *primigenius*, ceux de moins de 3 000 années (le dernier aurait eu 2 800 ans avant le présent, soit 800 ans avant Jésus-Christ) des îles de l'Océan glacial arctique (Liakhov, Wrangel), ne dépassaient guère 4 000 kilos.

Le mammouth devait, comme les éléphants contemporains, porter son petit vingt à vingt-deux mois. Ce long temps de gestation associé au changement climatique résultant de la fin de la dernière glaciation et transformant la steppe en forêts a, d'ailleurs, dû participer à l'extinction de ce somptueux mammifère.

On se trouve souvent lié à un musée ou à une exposition, le temps d'un lancement (nouveau Musée de préhistoire de Brno, en Tchéquie, par exemple) ou tout au long d'une itinérance (Lascaux 3, par exemple).

L'idée d'une exposition itinérante de copies de certaines parties de la grotte originale de Lascaux (20 000 ans) est en effet née vers les années 2010 ; elle était due à Bernard Cazeau, sénateur et président du conseil général de la Dordogne. Ne souhaitant pas être juge et partie, il m'avait remis le bébé que j'ai donc pris dans les bras dès la première réunion de mise en place du projet, au Pôle d'interprétation de la préhistoire (PIP) des Eyzies-de-Tayac, qu'il avait d'ailleurs fondé aussi. En ce premier jour, nous avions donc admis l'idée de cette création, accepté de la mettre en œuvre et de m'en donner la supervision, un collègue belge, déjà recruté, Olivier Retout, acceptant de la conduire. La réunion et le piège qu'elle contenait avaient été bien préparés. Chapeau, monsieur le sénateur. Mais l'opération n'en a pas moins été un succès. Je l'ai inaugurée à Bordeaux (2013), puis accompagnée à Chicago, récupérée à Paris (après un périple Houston-Montréal-Bruxelles), accompagnée à nouveau à Genève, puis laissée partir vers l'Extrême-Orient, Corée, Japon, Chine, et puis vers l'Afrique (l'Afrique du Sud) jusqu'à un retour vers nos latitudes européennes. Et cette opération roule toujours, désormais sous de nouveaux habits… Félicitations au passage à Olivier Retout qui cherche des partenaires, négocie, réussit, et transporte sous le bras avec courage son immense fardeau jusqu'à de nouveaux hébergements posant bien sûr chaque fois de nouveaux problèmes. Comme je pense que chacun a droit à toute la connaissance du monde, l'idée de faire voyager Lascaux a été une merveilleuse idée, courageuse et généreuse : apporter ce chef-d'œuvre d'une humanité passée à tous ceux qui ne pourraient jamais se déplacer pour venir en voir l'environnement et les fidèles fac-similés de la copie dite Lascaux 4. L'humanité est une et Lascaux appartient aux 8 milliards d'humains de notre petite planète. Ayant présidé à la genèse de ce beau Lascaux 3, disons que je n'en ai jamais perdu le parrainage, grâce à la générosité d'Olivier Retout qui, comme on l'a vu, a toujours la charge de cet encombrant colis.

Mais dans quel musée, dans quelle expo ai-je encore été invité à mettre ma goutte de science ou mon grain de parrainage ? En vrac volontaire, car toute initiative de ce genre a ses mérites, je dirais d'abord au Musée archéologique de la Société polymathique du Morbihan, bien sûr, musée dont j'ai été des années conservateur adjoint (jamais en chef car toujours absent !), président *honoris causa* de sa société propriétaire (jamais président à part entière pour les mêmes raisons), et je dirais ensuite à la Maison des mégalithes de Carnac, sise en marge des alignements de Kermario (j'y avais fait le premier film de présentation du phénomène mégalithique), maison dépendant du service des Monuments nationaux (dont j'ai été membre), maison devenue « des mégalithes », en marge cette fois des alignements du Ménec. Mais j'ai, bien sûr aussi, parrainé des expositions à Bologne (j'en ai parlé dans ce livre), fabriqué et parrainé des expositions à Bruxelles (Passage 44) et à l'abbaye Saint-Gérard-de-Brogne, inspiré le musée de Neandertal de Düsseldorf (la rampe), parrainé l'exposition *Ms Ples* du Transvaal Museum (j'y étais *honorary patron* avec Bob Brain, ancien directeur), puis, avec trois Suisses, le très grand Musée d'archéologie d'Hauterives à Neuchâtel, dit Laténium. J'ai participé à une exposition sur les origines de l'homme (pardi !) à l'Académie des sciences du Golden Gate Park de San Francisco (qui est en fait un musée et non une académie), à celle dite *Man's Origin: The Hard Evidence* de l'American Museum of Natural History (New York), au modeste Muséum de paléontologie et de préhistoire de Trinil (Java), à ceux de N'Djamena, héritier de celui de Fort-Lamy (Tchad) et de Jéongok (Corée), que j'ai fabriqué (et raconté dans ce volume). Et j'ai modestement participé à sauver le site de vertébrés quaternaires de Rancho La Brea et son musée (au centre de Los Angeles), et celui des dinosaures (Iguanodon) de Bernissart dans le Hainaut belge.

J'ajouterai pour finir quelques mentions spéciales, l'une pour le symbole même du musée d'archéologie, celui que je regarde avec gourmandise depuis une bonne soixantaine d'années, une autre pour un musée qui me tient particulièrement à cœur, une autre encore pour l'œuvre d'une personne que j'admire beaucoup et qui joue un grand rôle dans la muséologie de nos sciences.

Dans mes petites années en effet, entre 10 et 20 ans, farfouillant les falaises des côtes du Morbihan, j'y avais recueilli des kilos de petites poteries rouges et fines que j'avais fini par considérer comme des emballages perdus de pains de sel marin destinés à la commercialisation et que j'avais attribués, avec arrogance, contre l'avis de mes aînés, comme étant gaulois et non gallo-romains. Il se trouve que j'ai eu raison bien que mes déclarations, certes en partie scientifiques, aient été aussi en partie chauvines. Je défendais à tous crins l'indigène contre l'envahisseur. Or mon petit chahut du fond de ma Bretagne était parvenu jusqu'aux oreilles du grand musée dit alors des Antiquités nationales, et à celles de Raymond Lantier, son directeur de 1932 à 1956. Raymond Lantier m'écrivit (comme je l'ai déjà évoqué dans ce livre à propos du collège de Liart) ses félicitations pour ma jeune activité – je n'en étais pas peu fier – et me demanda d'offrir à son musée un échantillon des petits pots morbihannais de l'âge du fer (La Tène) qui avaient bercé mon enfance et mon adolescence – j'en étais encore plus fier. Je lui fis bien sûr l'envoi demandé, riche des plus beaux échantillons de mes petits pots (augets), des briquetages des fours qui les avaient cuits et qui avaient facilité l'évaporation de leur contenu d'eau de mer, et d'échantillons de vases à usage courant constituant le mobilier des sauniers. J'en fus très remercié. Et puis mon intérêt pour ce grand musée ne cessa plus. Ma toute nouvelle fonction (2020) de président du conseil scientifique et culturel du programme dit « Dans les pas des chasseurs-cueilleurs du sud de l'Île-de-France » va me permettre de nouveaux liens, ou plutôt des liens renouvelés, avec ce grand musée et je m'en réjouis beaucoup. J'ai toujours regretté la pauvreté des rapports musée de l'Homme (Éducation nationale)-musée d'Archéologie nationale (Culture), le premier traitant de la préhistoire du monde, le second de la préhistoire de la France, le premier possédant la Vénus de Lespugue, l'autre, celle de Brassempouy, le premier détenant les néandertaliens de La Chapelle-aux-Saints et de la Ferrassie, l'autre, celui de La Quina… Je me suis efforcé pendant mes années musée de l'Homme de faire faire au moins des dépôts provisoires de notre statuette à Saint-Germain, de leur Neandertal au palais de Chaillot, mais en vain ! Le mot « conservation » porte bien son nom, sans souvent le discernement qu'on aimerait lui voir associé.

J'ai beaucoup aimé, dès ma première visite, le Musée de préhistoire de Nemours et n'ai cessé de le fréquenter, visiter, revisiter. Je le trouve riche, agréable, pédagogique, et j'ai dû y faire des tournages, conférences, inaugurations, préfaces d'expositions… Ma toute dernière visite, récente, était destinée à « rencontrer » le mammouth de Changis-sur-Marne (dit Helmut), étudié par un jeune chercheur très proche, qui a fait partie de mon labo (ATER) avant de partir travailler sur les villages en os de mammouths d'Ukraine, Stéphane Péan. Je suis extrêmement heureux de retrouver cette belle institution dans l'éventail des sept grands ensembles de « ma » nouvelle « modeste » responsabilité du sud de l'Île-de-France ; cinq sites : Ormesson, Pincevent, Étiolles, Fontainebleau et les Tarterêts, et deux musées : Saint-Germain et Nemours.

Je dirai deux mots, ou plus (!), d'un autre musée que je connais depuis très longtemps (fin des années 1950) et auquel je me suis particulièrement attaché au point d'y être désormais « attaché » au sens administratif ! Il s'agit du Musée d'anthropologie préhistorique de Monaco. Son premier site somptueux et modeste à la fois, perché là-haut sur le Rocher, sa richesse sans pareille en restes squelettiques et lithiques des premiers *Homo sapiens* d'Europe, restes recueillis grâce aux fouilles des conservateurs successifs dudit musée (Léonce de Villeneuve, Louis Barral, Suzanne Simone), ce trésor dans son écrin de simplicité m'avait immédiatement impressionné ; le palais discret de vrais chercheurs. Et puis le musée a bougé ; il a été posé, comme sur un trône, tout en haut du Jardin exotique, site somptueux, mais confidentiel, parfait pour travailler, mais pas assez visité ; les passionnés, seuls, prennent la peine de le chercher. La chaîne des conservations brillantes ne s'en est pas moins poursuivie, Suzanne Simone, déjà citée, Patrick Simon, Elena Rossoni-Notter ; des expositions, des conférences hors les murs, la création d'un Conseil scientifique international qui m'a été confié et les colloques qui accompagnent ses visites, et la belle ouverture récente sur tous les médias, réseaux sociaux compris, commence à produire l'appel d'air dont l'établissement avait besoin et méritait depuis... un siècle, en attendant qu'un accès visible, élégant ne soit ouvert comme une invitation, sobre – elle ne peut que le rester – mais « irrésistible » et princière ! Souvenez-vous-en ! Il s'appelle le MAN et manquer sa visite, c'est rater toute la préhistoire et l'histoire d'un pays.

La dernière mention, qui n'est dernière que de nom, n'est pas une institution (quoique), mais une personne, une personnalité du nom d'Élisabeth Daynès. Élisabeth Daynès est un sculpteur, c'est une qualité à ne jamais oublier. Élisabeth, comme tout sculpteur, s'est ainsi très vite intéressée à l'anatomie, notamment à l'anatomie humaine et, en l'occurrence, ce qui est beaucoup plus rare, à l'anatomie des humains disparus, des humains fossiles, ceux dont il ne reste que le squelette, voire quelques bouts de squelette… Double défi, connaître l'anatomie des humains d'aujourd'hui et connaître les anatomies de tous les humains de toutes les époques possibles dont les paléontologues ont eu la chance de recueillir ces petits morceaux. Alors il faut des traités de médecine et de paléontologie humaine pour acquérir les bases d'une telle ambition. Et, l'os en main, même flanqué de son inventeur, il faut une belle dose d'imagination, croyez-moi, pour y deviner la silhouette de son propriétaire ! Eh bien, Élisabeth a acquis la maîtrise de tout cela ; elle est devenue, reconnue de tous les paléontologues du monde entier, comme la meilleure ! Pourquoi ? Parce que c'est un excellent sculpteur, parce que c'est une personne qui s'est passionnée pour son sujet, parce que c'est une personnalité sérieuse, pointilleuse, « maniaque » même, qui ne mettra jamais un morceau de muscle, de tissu, de chair sur un os, même s'il présente un beau relief indicateur de « viande », sans en avoir reçu le consentement du paléontologue. D'où l'installation d'une parfaite confiance entre savant et artiste et d'où la carrière sans égale d'Élisabeth dont j'aimerais tant sculpter à mon tour la personne. Que sais-je ? En vrac, qu'elle a réalisé plusieurs Lucy(s) pour plusieurs commandes, bien des australopithèques (dont un *afarensis* mâle pour Israël), un couple d'*Homo georgicus* de Dmanisi pour le musée de Tbilissi, le petit hobbit de Florès pour le musée de l'Homme, une belle collection d'ancêtres pour le Musée de l'évolution humaine de Burgos, des néandertaliens en veux-tu en voilà et de tout pour les États-Unis qui n'ont pas de limites dans leurs appétits. J'ai bien sûr rencontré mille fois Élisabeth pour le plaisir, pour lui confirmer un détail de son ouvrage en cours, le préciser éventuellement, le valider souvent, prenant d'ailleurs parfois sous mon chapeau ses audaces ; mais je lui ai demandé aussi moi-même beaucoup de choses, remplir littéralement le musée tout neuf, tout vide, de Jéongok en Corée, que je venais de réaliser, meubler de scènes de Cro-Magnon certaines salles de Lascaux 3, fabriquer tout en bronze la géniale Lucy au selfie de Montigny-lès-Cormeilles, etc. ; j'ai été « son » parrain à la mairie du Xe arrondissement de Paris, à la galerie Jean-François Cazeau, rue Sainte-Anastase, dans le IIIe arrondissement, parrain de son expo au Pôle d'interprétation de la préhistoire des Eyzies-de-Tayac, préfacier du catalogue de son expo au musée de Nemours… et que sais-je encore ? Je l'ai croisée bien sûr à Paris dans son étrange atelier où plein de gens étranges partout vous bousculent et vous dévisagent (c'est là que j'ai eu l'honneur d'être présenté à Einstein !), mais aussi à Genève (de très mauvais poil, car elle n'aimait pas la mise en scène de ses Cro-mignonnes), au Collège de France où je lui avais offert la tribune pour un séminaire, à Beijing, où je l'avais entraînée avec son ami Philippe dans un vrai « bistrot » chinois de ma connaissance au moment où elle en avait « marre » des restaurants internationaux conventionnels, et à Montigny-lès-Cormeilles, pour inaugurer l'adorable petit bronze ancestral… et même à Béziers, avec sa maman, à une de mes conférences, Béziers étant, ce que je ne savais pas, le berceau de sa famille ! Merci, Élisabeth, de ton amitié et de ton boulot.

CHAPITRE 18

Le Mickey d'or du futur

L'origine de la radio et de la télévision

(100 ans)

Comment résumer soixante ans de sons et cinquante-cinq ans d'images et quelques milliers de « prestations » (quel vilain mot !) en quelques lignes sans risquer de céder aux sirènes d'un CV ? Je ne le sais pas bien, mais je m'y essaie…

Pourquoi tant d'années d'abord et pourquoi tant d'interviews ? Parce que les médias – c'est leur boulot – sont à l'affût d'actualités susceptibles d'intéresser un minimum de « consommateurs », minimum qui varie bien sûr avec la cible du médium, et que, dès 1961, j'avais, moi, paléontologue, un bel os à leur mettre sous la dent. Je venais de découvrir au Tchad un crâne humain de belle antiquité, premier fossile de ce genre de toute l'Afrique centrale. François Le Lionnais, qui conduisait alors une émission, *La Science en marche*, qu'il avait créée un an avant et qui disait d'elle-même ce qu'elle recouvrait (sur France Culture, appelée alors France III), me convia chez lui à Boulogne pour ce tout premier enregistrement de ma « carrière ». François Le Lionnais était un homme affable, érudit – ce que j'ai aperçu de sa maison était tapissé d'ouvrages de toutes natures, c'étaient des murs bibliothèques –, mais c'était un monsieur terriblement maniaque ; ses émissions se devaient d'être écrites (nous avions eu plusieurs échanges et mises en ordre du texte avant de mériter le micro), après quoi l'entretien se déroulait fort bien, un peu trop sévère pour mon goût, un peu trop « coincé » peut-être aussi… Je serais amusé de les réentendre. Je dis « les », parce que François Le Lionnais, intéressé par mes recherches et mon discours, me resta longtemps fidèle. J'ai dû faire avec lui une bonne dizaine d'émissions.

Et j'ai la prétention de « déclarer » que je n'ai jamais cessé d'être sollicité, depuis lors, sans jamais le demander (j'insiste), à m'exprimer à des centaines de micros sur des centaines de stations… mais cela est facile à comprendre. Ma discipline, s'occupant de l'histoire de l'homme, et surtout de son origine, a toujours intéressé un grand nombre d'auditeurs, sinon tous, pour des raisons d'ailleurs tant philosophiques que scientifiques. L'« origine » a toujours chatouillé les esprits. Ces sujets, un peu anecdotiques au départ, n'ont en outre jamais cessé de monter en puissance, faisant aujourd'hui volontiers la une de bien des émissions. Et les scientifiques qui ont consacré du temps à cette information du public y sont évidemment pour quelque chose ! Comme l'actualité médiatique se doit d'être « plus rapide que son ombre », il faut, sous la main des médiateurs, au premier coup de fil ou presque, des spécialistes ou réputés tels pour confirmer, valider, commenter, renforcer leurs dires, reçus, de manière souvent sibylline, des agences de presse. Ces journalistes ont donc besoin de « correspondants », au courant, présents, capables de se déplacer sur le champ et volontaires pour le faire, pour traduire au micro, sans trop bafouiller, l'intérêt de la nouvelle découverte et rappeler sa situation dans le cadre des connaissances du moment. Comme j'ai toujours volontiers répondu aux appels des médias (ce qui n'était d'ailleurs guère apprécié de ma communauté dans les premières décennies de ma vie professionnelle) et comme je n'ai jamais hésité à courir à un micro (il est bien connu qu'au-delà du devoir que je pensais remplir, j'étais aussi et suis toujours un authentique cabot assumé), je suis devenu un de ces « spécialistes » que l'on appelait et appelle encore volontiers pour parler d'un nouvel hominidé, mais, à la rigueur aussi... d'une nouvelle espèce de dinosaure (en général je renvoie alors à plus reptile que moi) ou de la découverte d'une motte féodale insoupçonnée (et je renvoie à plus médiéval que je ne le suis). En science, comme chacun sait, on ne demeure crédible que si l'on ne dépasse pas (ou pas trop) les frontières de ses compétences (ou des compétences que l'on espère avoir). Je me suis efforcé, à cet égard, de rester vigilant.

Il est bien évident qu'étant français et parisien, quand on feuillette mes « listes », les stations qui reviennent sans cesse sont, les premières années, l'Ocora (Office de coopération radiophonique), la DAEC (Direction des affaires extérieures et de la coopération), et toutes les soixante années parcourues (!), France Inter, France Culture, RTL, Europe 1, RMC, RCF (Radio chrétienne francophone), Radio Judaïque, Radio Shalom, RCJ (Radio de la communauté juive), et puis France Info, RFI, Europe 2, Fréquence protestante, Radio Beur, Canal Académie, France Musique, Sud Radio, Radio Classique et, dans les régions, comme on dit, des quantités de radios locales, dont plein de Frances toutes bleues, en fonction de mes conférences et visites sur place. En ce qui concerne l'étranger, je ne me suis pas amusé à compter les très nombreuses émissions pour les stations belges, suisses (romandes surtout) et canadiennes, luxembourgeoises au Luxembourg et monégasques à Monaco, autrement dit les stations francophones, ni celles presque aussi nombreuses de la BBC, les radios canadiennes anglophones (Toronto), beaucoup de stations allemandes plus éparpillées, quelques-unes de Suisse alémanique, d'Italie, d'Espagne, du Portugal, etc., et si on se lance dans la liste des autres stations « exotiques », on dessine les itinéraires de mes voyages, de mes missions, de mes expéditions.

Dans ces listes quelque peu ennuyeuses, je voudrais attirer l'attention sur quelques cas particuliers, les « françaises à répétition » d'abord. En 1972, j'avais fait, avec Jean Chavaillon, géologue, huit émissions pour France Culture, intitulées *L'Afrique de l'Est*, et diffusées le matin entre 8 h 30 et 9 heures (Jérôme Béchard et Dimitri Davidencko). Mais il y a eu pire ! En 1975, la même chaîne me proposait d'imaginer une Lucie du XXe siècle (Jacques Fayet, Françoise Le Brun et Claude Dupont) qui rencontrerait, vingt minutes chaque matin, la Lucy d'il y a 32 000 siècles dans le miroir de sa salle de bains (*La Matinale*, de 7 h 40 à 8 heures) et bavarderait avec elle, d'elle bien sûr, de sa vie, de sa famille, de son clan, de son environnement, de ses comportements, de son alimentation, de ses peurs, de ses amours (à ne jamais oublier)... un joli mélange de science et d'imagination, et un peu de la Lucie d'ici pour apporter l'illusion d'un minimum d'échanges et de comparaisons ; le succès avait été tel que nous avons réalisé une cinquantaine (!) d'épisodes de ces face-à-face du petit matin ! Quelles bavardes, ces Lucies ! J'ai par ailleurs beaucoup travaillé avec Frantz Priollet, Robert Clarke, la jolie Kriss, le duo Françoise Morasso-Pierre Sakka, etc. et ces Grandes Voix de France Inter m'ont embarqué, en dehors d'interviews ponctuelles, dans des séries (pas dans le sens actuel des fictions interminables), onze fois *Au cœur de la nuit* avec le premier (1977), huit fois dans *L'Oreille en coin* avec le deuxième (1980), six fois *À cœur et à Kriss* avec la troisième (1981), cinq fois dans *La Puce à l'oreille* avec les deux derniers (1987) et je ne citerai pas les nombreux enregistrements délibérément conduits pour être diffusés saucissonnés. J'ai aussi répondu, avec bonheur, aux questions très travaillées de Sophie Nauleau, tout au long de cinq émissions de France Culture, réunies sous le joli titre d'*À voix nue* (2006), à neuf émissions de Jacques Bofford pour la Radio suisse romande (1990), à cinq émissions d'Espace 2 de Radio Lausanne (2003), etc. Et c'est contre toute attente (de ma part) que j'ai eu aussi l'agréable surprise d'être invité à Radio Monte-Carlo par Françoise Hardy pour six rendez-vous de conversations (1982), qui se sont terminées par un cadeau très personnel d'un précieux document de quelques généreuses pages sur les prévisions astrologiques de ma vie, signées de la douce main de Françoise. Je n'en dévoilerai rien, c'était promis ! J'ai eu une autre très agréable aventure avec, cette fois, la Radio Svizzera Italiana de Lugano. J'avais rencontré, à Paris, un de ses directeurs, Marco Horat (1975), et nous avions bien sympathisé. Cette relation s'était transformée en amitié (avec le couple d'ailleurs, Marco et Francesca), et traduite en multiples interviews, à Paris, à Lugano, à Locarno, mais aussi par téléphone ; et je suis devenu finalement correspondant à Paris de ladite station !

Et je raconterai la facette cocasse de ma première interview à Radio Tchad. Je suis donc convié, un beau jour de 1964, à la station de radio de Fort-Lamy où je suis d'ailleurs très chaleureusement accueilli ; une jeune femme me conduit très vite à un studio où un journaliste souriant paraît heureux de me rencontrer, heureux comme quelqu'un qui a bien « potassé » son interview et qui s'apprête à s'en régaler. Il m'installe rapidement, me fait faire les classiques essais de voix, puis me tend le micro et me pose, sans présentation, une première question qui m'étonne un peu : « Pourquoi, me dit-il, aimez-vous tant le jazz ? » Il se trouvait que j'aimais en effet bien le jazz, que j'en connaissais un peu l'histoire mais un peu seulement ; je répondis donc comme je le pouvais, et je vis « mon » journaliste surpris et même déçu, lorsque quelqu'un entrouvrit la porte du studio et fit un signe à mon interviewer qui coupa immédiatement son enregistrement, éclata de rire et me dit : « On s'excuse, la personne de l'accueil s'est trompée de studio ! » Et tandis que l'on me conduisit alors dans « le bon studio », je croisai, sur ma route, un monsieur charmant, un peu plus âgé que moi, qui s'arrêta, me serra vigoureusement la main et m'annonça, enjoué : « Sim Copans, enchanté de vous connaître enfin ! » Je n'ai pas eu besoin de plus d'explications ; je connaissais bien les émissions de Simon Copans, citoyen américain, spécialiste des musiques de son pays, folk, blues et jazz bien sûr. Très amusé, je lui répondis : « Yves Coppens, enchanté moi-même ! » et nous échangeâmes, ce jour-là, dans la bonne humeur, journalistes et studios à la fois ! C'est la seule fois que j'ai croisé ce grand journaliste et je le regrette. J'ai, par contre, rencontré, des années plus tard, son fils, Jean Copans, anthropologue, professeur à l'université Paris-V, qui m'a dit que son père lui avait raconté, avec le même plaisir, la même histoire. Et pour finir, lorsque j'eus rejoint à Fort-Lamy le « bon » journaliste, celui-ci me raconta la « stupeur » de Sim Copans lorsque lui fut posée la première question, quelque chose du genre : « Racontez-nous quels nouveaux merveilleux ossements de millions et millions d'années vous avez encore trouvés dans notre pays ? »

Mais revenons aux émissions françaises à répétition : le grand coup a quand même été un beau jour de juillet 2003, l'invitation à rencontrer le patron de France Info (depuis 2002), Michel Polacco, et son assistante Barbara Merle. Je me souviens fort bien de leur accueil chaleureux dans une de ces fausses pièces découpées dans un *open space* de kilomètres en rond au huitième étage de la Maison de la radio et de leur proposition qui était pour moi inattendue et très ambiguë : me conviaient-ils pour me proposer une interview de plus, ou m'offraient-ils véritablement une émission à moi tout seul, une chronique à honorer quelque temps ? Il s'agissait bien en fait de la deuxième option, mais c'était la première fois que pareille aventure m'arrivait et il faudrait mal me connaître pour ne pas deviner ma réponse. Et, dès le 7 juillet, fut enregistrée ma première chronique, diffusée le 14 (cinq passages chaque fois) et ce fut avec un réel plaisir que je remplis, onze années durant (!), ma modeste nouvelle fonction de « chroniqueur à France Info ». Hebdomadaires et de deux minutes et demie chacune, j'ai écrit ces chroniques et les ai dites seul durant deux années et puis il m'a été demandé d'avoir un interlocuteur et c'est de la complicité de Marie-Odile Monchicourt dont j'ai bénéficié avec bonheur, cette fois trois minutes et demie chaque semaine ou toutes les deux semaines, pendant les neuf années suivantes. J'avais carte blanche pour parler d'une actualité d'une de mes disciplines, archéologie, préhistoire, paléontologie, en la restituant chaque fois, le plus clairement possible, dans le contexte connu ; un régal ! Comme je l'ai écrit ailleurs, grâce à la bienveillance des éditeurs, Odile Jacob (éditions Odile Jacob) et Anne-Julie Bémont (éditions Radio France), j'ai publié l'ensemble des transcriptions de (toutes) ces chroniques dans quatre volumes : *Le Présent du Passé*, *Le Présent du Passé au carré*, *Le Présent du Passé au cube*, *Le Présent du Passé 4*. J'étais parvenu, au long de ces années, à réunir une jolie cohorte d'auditeurs fidèles qui se manifestait soit par courrier, soit en ligne lorsque a été créé un site pour cette émission que Michel Polacco avait appelée *Histoire d'homme* ; un nombre important d'entre eux en est devenu lecteur.

Dans la même « catégorie » des séries, je citerai encore une très agréable et très récente séquence de sept émissions d'une heure hebdomadaire, proposée en juillet et août 2018 par la station Europe 1, appelée *La Grande Histoire de l'humanité*, et merveilleusement conduite par David Abiker.

Les télévisions ne se sont intéressées à mes découvertes en Afrique tropicale qu'à compter de 1965, quatre ans après les radios, je ne sais pas pourquoi ! Mais comme les radios, les télévisions me sont restées fidèles comme je leur suis resté fidèle moi-même. La première demande, comme un certain nombre des suivantes, est venue, comme attendu, de la télévision française, l'ORTF, en mai 1965. En ce qui concerne les télévisions étrangères, c'est la télévision impériale éthiopienne qui a été la première intéressée par ma petite carrière, et sa sollicitation date de septembre 1967. En feuilletant, après celles des radios, ces listes d'émissions télévisées, mon premier constat a sans doute été celui de leur diversité. Elles peuvent aller en effet de la simple interview de quelques minutes sur un plateau ou sur le terrain à un véritable film, avec des jours de tournage et des heures d'enregistrement. Dans le premier cas, je n'ai retenu souvent que le nom du journaliste, dans l'autre cas il convient évidemment d'y ajouter ceux du réalisateur et du producteur. Illustrons brièvement ces deux situations parmi mes premières émissions : en 1967, une interview par François de Closets dans les actualités télévisées de l'ORTF ; ou, en 1970, des heures d'interviews par Marcel Trillat, sur mes terrains éthiopiens, tanzaniens et sud-africains, pour un film de 64 minutes appelé *Des origines de l'homme ou Sept jours dans l'Omo*, réalisé par Guy Seligmann et produit par Jean Lallier dans une série nommée « Portrait de l'univers », film diffusé par l'ORTF la même année.

Comme ces premières années de télévision avaient été aussi mes premières années de grands terrains africains, tout simplement parce que ces dernières étaient les raisons des premières, elles avaient été riches en visites de productions variées, françaises ou étrangères : citons en vrac les interviews par Nicolas Noxon de la Metro-Goldwyn-Mayer pour la NBC en 1969, celles par Adrian Malone pour le film *The Ascent of Man* de Jacob Bronowski pour la BBC en 1971, les tournages de Christian Zuber pour son film *Des premiers hommes aux derniers éléphants* et son émission *Caméra au poing* de l'ORTF en 1972, les interviews par Jean-Loup Demigneux pour l'émission *Nos ancêtres d'Éthiopie* de l'ORTF en 1974, celles par Jean-Pierre Baux pour son film *Le Premier Homme et son environnement* pour le service du film du CNRS et ses multiples diffusions en 1975, celles par Denis Chegaray pour l'émission *L'Épreuve des faits* de TF1 en 1976 et, la même année, les tournages de Thérèse Andersson pour les quatorze films *À l'aube de l'humanité* et les huit films *À l'aube de l'histoire* de René Chanas, pour Antenne 2, et tellement d'autres… comme, par exemple, dans un tout autre style et une tout autre ambiance, la mise sur pied pour TF1 par Jacques Audoir, Robert Clarke et Nicolas Skrotzki d'un vrai spectacle de 70 minutes, pour la soirée du 1er de l'an 1978, tenant plus du music-hall que de la science, et qu'ils avaient appelé *Bonne année Monsieur Habilis*. J'y figurais bien sûr. Or j'avais rencontré au Collège quelques jours plus tard le biologiste François Jacob, et, alors que je m'attendais à quelques remarques peu amènes de sa part sur l'audace de ma prestation, ce très sérieux collègue m'avait dit quelque chose du genre : « Vous avez de la chance de faire des choses comme ça ! J'aimerais bien, moi aussi, qu'on m'en propose ! » Même si le compliment était sans doute un peu excessif, il avait eu là une agréable réaction de bonne humeur, tout à son honneur !

Avant de quitter cette période intense, je n'oublierai pas d'évoquer la visite-surprise, un jour de 1970 ou de 1971, à mon campement du Sud éthiopien, sur les bords du fleuve Omo, c'est-à-dire au milieu de nulle part, du directeur de l'ORTF en personne, Arthur Conte, et de son jeune fils (ce qui avait signifié pour eux de prendre un avion de ligne de Paris à Nairobi, puis un avion privé, loué, de Nairobi à mon lieu de fouilles, soit un millier de kilomètres et, à l'arrivée, d'oser atterrir sur une piste artisanale de ma « fabrication » !) ; une visite d'une bonne semaine aussi inattendue qu'agréable.

Les années qui ont suivi cette période de tournages sur le terrain, les mêmes découvertes ont continué à faire le « buzz » (comme certains disent) avec le relais de congrès, de films ou d'expositions ; citons l'émission *La Clave* de la Radio-Télévision espagnole à Madrid (1979), une émission de la télévision tchèque à Paris (1979), une émission de la chaîne culturelle américaine PBS à Cleveland (1980), deux émissions de la télévision soviétique à Moscou (1980), une émission de la télévision bulgare à Paris (1981), une émission *Making of Mankind* de la BBC à Paris (1981), une émission de la RAI à Venise (1981), une émission *Lucy in Disguise* de l'Ohio University à Paris (1979-1981), huit émissions de TF1 et de la Télévision suisse romande de Pierre Barde et d'Étienne Lalou, tournées à Paris et diffusées à Paris et à Genève (1981-1982), des interviews de la RTB à Paris (1982), deux émissions de Channel TV Jersey à Saint-Hélier (1982), une émission *Sciences de notre temps* de la TSR à Genève (1982), une émission *Yves, Lucy et les autres* d'Antenne 2 par Jean Lallier au Kenya et à Paris en 1982. Et bien d'autres émissions importantes (ou moins) de stations françaises s'enchaînèrent évidemment en France durant ces mêmes années ; citons *Le Grand Échiquier* de Jacques Chancel (Antenne 2, 1979), *Les Dossiers de l'écran* d'Armand Jammot (Antenne 2, 1980), *Incroyable mais vrai* de Jacques Martin (Antenne 2, 1982), *Apostrophe* de Bernard Pivot (Antenne 2, 1983), *Temps libre* de Jean-Claude Narcy (TF1, 1984), etc.

De manière très élégante, Jean Lallier, en 1982, comme nous venons de le voir, voulant à la fois me rendre hommage et annoncer que beaucoup de découvertes concernant nos origines venaient d'être faites ces temps derniers en Afrique orientale, décida de tourner en France et au Kenya un document racontant l'état de cette grande question et de l'appeler *Yves, Lucy et les autres*... Lorsque, en 1982, la diffusion de ce film fut annoncée sur la deuxième chaîne nationale, les journalistes de télévision se précipitèrent, comme chaque fois, pour solliciter des interviews fraîches ou obtenir des images inédites afin d'étoffer leurs présentations. Eh bien une journaliste, d'un magazine que je ne citerai pas, a appelé mon secrétariat, pour obtenir, a-t-elle annoncé, une image des deux squelettes ! Mon assistante, Monique Tersis, a répondu avec beaucoup d'élégance qu'elle allait lui envoyer en effet la photographie d'un des deux squelettes, mais que le second vieillissait certes, mais était encore présentable !

Quand on s'éloigne de ces années « glorieuses », on perd un peu la fraîcheur de ces découvertes-là qui ont fait l'actualité ou son prolongement, mais, comme il y a sans cesse de nouvelles découvertes dans ces domaines, même si on n'en est plus chaque fois le premier auteur, on conserve sa compétence pour en parler ; l'élan de vingt ans de média crée en outre un statut qui vous installe (je n'ose pas dire définitivement) dans la cohorte de ceux que l'on peut appeler et dont on sait que s'ils répondent, ils pourront faire « correctement » le boulot. Au milieu du flot des émissions de télévision des années suivantes, j'ai retenu ce que l'on appelle, de manière un peu désuète, un florilège. Le voici. Je retiendrai d'abord le film *Les Mille et Une Nuits du lac Assal* d'Yves Zéau pour la télévision djiboutienne en 1986 ; les multiples stations présentes à la remise du Mickey d'or du futur, 60e anniversaire du *Journal de Mickey* (dont RTL), au Jardin d'acclimatation à Paris (1988) ; les neuf heures (réelles, de 20 heures à 4 h 40 !) de *La Nuit de la pleine lune* de la Radio-Télévision suisse romande à Genève, émission de Jean-Marcel Scorderet et de Pierre Barde, avec Scott Carpenter, Claude Nicollier, Jean-Loup Chrétien, Joël de Rosnay, Albert Jacquard, Michel Cassé, quelques autres et moi (1989)... Et sachez que la demande n'a jamais faibli.

Figure 18. *Trophée du Mickey d'or du futur, 1988. (Photographie de Quentin Coppens. © Walt Disney,* Le Journal de Mickey.*)*

Enfin, pour la petite histoire, je raconterai la cérémonie de remise des Mickey d'or à Paris en 1988 et ses multiples « captations » internationales. J'ai d'abord reçu, un beau jour de cette année-là, un courrier du *Journal de Mickey* (France), me demandant si j'accepterais d'être un des dix scientifiques candidats aux suffrages des jeunes lecteurs de leur journal, candidats à un trophée, le Mickey d'or, remis à l'occasion du 60e anniversaire de la naissance en 1928 du personnage « Mickey Mouse » des studios Walt Disney ! Ces scientifiques français pratiquant la diffusion de leur discipline étaient supposés être connus des jeunes électeurs, invités donc à voter pour leur « savant préféré ». Ayant accepté, je reçus, bien sûr, le numéro du journal, proposant, sur une double page, les portraits des dix candidats. Puis, le vote ayant eu lieu, ce fut au Jardin d'acclimatation, au bois de Boulogne, que je fus convié pour la cérémonie de remise. J'y arrivai donc, joyeux, un bel après-midi de novembre, et fus accueilli dans une grande salle, équipée d'une large estrade et meublée, pour la circonstance, de multiples chaises amovibles dont une rangée marquée, au dossier, du nom des candidats. L'ambiance était celle que l'on peut facilement imaginer d'une cour de récréation ; tel un acteur d'un important tournage, je rejoignis donc, avec peine d'ailleurs, la chaise-fauteuil à mon nom. J'étais, je me souviens, à côté d'Hubert Reeves. Après une courte attente, les officiels arrivèrent sur scène et on annonça aux enfants qu'un monsieur important était arrivé des États-Unis pour ouvrir solennellement les enveloppes cachetées contenant les noms des vainqueurs ; on leur dit aussi de se tenir sages le temps de cette remise et (erreur psychologique) qu'ils auraient ensuite un goûter… et les enfants, surexcités, ne pensèrent plus qu'au goûter ! Il a suffi, par exemple, que je quitte quelques minutes mon siège « officiel », pour ne plus le retrouver disponible de la soirée. Le monsieur tant attendu (un Américain) – costume sombre, cravate de couleur – s'approcha du micro, fit alors une annonce brève en franglais dont il avait l'air très fier, commença à décacheter lentement les enveloppes et puis nous lit, à nous public, plus curieux qu'impatient, un à un, avec dignité et joie, les noms des deux ou trois lauréats, je ne me souviens plus. Toujours est-il qu'à ma grande surprise, ce fut mon nom qui sortit de l'enveloppe et de la bouche de l'oracle pour l'attribution du Mickey d'or « du futur » ! Ce choix d'enfants me toucha beaucoup ainsi d'ailleurs que leur très étonnante, et très intelligente, idée de m'accorder à moi, scientifique du passé, le Mickey d'or « du futur ». Si je raconte cette histoire ici, c'est parce qu'elle était filmée par une incroyable armée de télévisions, plus intéressées sans doute par l'anniversaire du personnage fameux de Mickey que par la remise en France du Mickey d'or 1988.

J'ai déjà raconté ailleurs qu'à l'occasion de l'assemblée des professeurs du Collège de France qui avait suivi cette cérémonie (dernier dimanche de novembre 1988 probablement), l'administrateur, Yves Laporte, annonça l'entrée de Jacqueline de Romilly à l'Académie française, la remise à l'établissement, par Jean-Marie Lehn, de la copie de sa médaille Nobel, quelques doctorats *honoris causa* et quelques autres médailles, et, « *last but not least* », déclara-t-il, l'attribution à Yves Coppens du Mickey d'or ! Cette énumération des honneurs, qui ouvre chaque assemblée des professeurs, est écoutée, chaque fois, avec intérêt et pudeur, sans manifestation particulière. Cette fois-là, et cette fois-là seulement (en 66 réunions en ce qui me concerne), l'ensemble de mes collègues hurlèrent de joie (j'entends encore le rire de Pierre Joliot !) et applaudit avec force et complicité ! Comme le lecteur commence à le savoir, j'adore, en outre, les rebondissements que réserve parfois l'existence. Or j'ai été une nouvelle fois comblé. Je donnais en effet une conférence au personnel des aéroports de Paris le 4 février 2020 à Tremblay-en-France et je me suis trouvé à évoquer ce Mickey d'or que je considère souvent comme étant ma plus belle récompense ; or une jeune femme, Élise Hermant, directrice de la communication du groupe ADP, demanda la parole, se leva et me déclara, à mon grand étonnement et à la grande joie des auditeurs, que, lectrice du *Journal de Mickey* en 1988, elle avait en effet été une de mes électrices, il y avait donc trente-deux ans ! J'en ai été très ému !

UNE GOUTTE D'HISTOIRE. Tous les êtres vivants ont besoin de communiquer et ils s'efforcent de le faire à distance de la manière la plus efficace possible ; la gamme de ces moyens est aussi diverse que la biodiversité ; elle va de la « messagerie » chimique, émission de phéromones (entre individus de la même espèce) ou d'ectomones (entre individus d'espèces différentes) à la messagerie externalisée, percussion de troncs d'arbres (chimpanzés) ou radiotélévision (humains).

Pour raconter l'histoire de cette dernière transmission, on pourrait sûrement remonter aux tout premiers hommes qui, au-delà de la voix et des gestes, ont dû, très vite, inventer des signaux optiques ou sonores codés pour échanger des informations ; le tam-tam, la corne, la conque, la fumée, les pavillons, les phares, etc. sont tous des moyens de communication qui vont ne faire que se diversifier en allongeant sans cesse leur portée (relais visuels : le télégraphe Chappe en 1794) et en améliorant leurs systèmes de codage (transmission électrique : le morse de Samuel Morse en 1841). Et puis Heinrich Rudolf Hertz découvrit l'existence des ondes électromagnétiques, invisibles et se déplaçant à la vitesse de la lumière (1886) ! Nikola Tesla va alors s'en saisir et en inventer des émetteurs (1889) et Édouard Branly, des récepteurs (1890). Mais ce fut Guglielmo Marconi qui réussira les premières transmissions hertziennes (télégraphie sans fil ou TSF), alors en morse, transmanche entre la France et l'Angleterre en 1899, transatlantique entre Terre-Neuve et la Cornouaille en 1901 et Reginald Fessenden la transmission de la voix en 1906 (radio). Soulignons au passage le très beau bouquet de nationalités représenté par cette succession de grandes découvertes : France, États-Unis, Allemagne, Autriche-Hongrie, Italie, Canada. Les premières stations de radio grand public se créeront à partir des années 1920, avec les « postes de radio », véritables meubles qui s'installent dans tous les foyers ; les transistors mobiles suivront à partir de 1950 et les radios numériques à partir de 2000, ces dernières s'échappant bientôt des « postes » pour les « ordis ». La radio est aujourd'hui partout, là où on a envie de l'écouter.

Et la télé ? Ce fut sans doute Paul Nypkow qui, le premier, s'intéressant à la décomposition des images et par suite à leur recomposition, inventa en 1883 un disque métallique en spirale, perforé et rotatif, pour y parvenir ; il l'appela « télescope électrique ». Et les essais de transmission d'images par l'électricité à haute fréquence ne cesseront plus alors de se multiplier ; les premières sociétés de télévision, utilisant le fameux disque, apparurent en effet dès 1925 (aux États-Unis d'abord). Le physicien américain Charles Jenkins fabriqua la première télévision en kit dès 1931 ; c'était donc une télévision mécanique. Mais un autre système, avec codage par balayage électronique et décodage par tube à rayons cathodiques (expérimenté par Alan Archibald Campbell-Swinton dès 1907), fut proposé par Philo Taylor Farnsworth sous le nom d'*image dissector* en 1927. Ce fut ce système, développé par Manfred von Ardenne, qui fut présenté à l'occasion d'un congrès à Berlin en 1931. C'était cette fois une télévision électronique et c'est celle qui prévaudra. Alors en noir et blanc, il faudra attendre plusieurs décennies pour voir la télévision prendre des couleurs. Un brevet allemand de 1904 en parle ; Vladimir Zvorykin en 1925 en reparle ; mais c'est le géant industriel américain CBS qui en 1950 propose la première télé en couleurs ; malheureusement construite sur le système « mécanique », elle est incompatible avec le système « électronique » noir et blanc déjà adopté ! C'est alors un autre géant industriel américain RCA qui arrive sur le marché et développe cette fois une télévision en couleurs électronique compatible. C'était en 1953. Mais il faudra attendre 1966 pour la voir se « démocratiser ». Ce fut le 1er octobre 1967 qu'en France, la deuxième chaîne de l'ORTF passa, à l'écran, de manière théâtrale, du noir et blanc à la couleur, passage officiellement accompagné par le ministre Georges Gorce. Depuis, ce média n'a évidemment jamais cessé d'évoluer vers de meilleures images, de meilleures couleurs, un meilleur son, vers un choix infini de tailles, de designs, de situations (adoption de technologies nouvelles, plasma, LCD, led, création d'écrans plats, etc.). Et la télévision est devenue une compagne précieuse avant d'être elle-même rejointe par toutes sortes d'objets numériques ; les magies se succèdent, mais leur histoire chante le même génie humain. Comme pour la radio, je ferai remarquer l'internationalisme scientifique qui a présidé à l'invention et au développement de la télévision (Allemagne, États-Unis, Royaume-Uni, Russie, etc.) ; je noterai aussi la manière dont une idée mûrit, s'installe dans l'air du temps et la manière dont la recherche s'en empare, partout (je veux dire en plusieurs endroits du monde en même temps), au point que l'on hésite souvent à attribuer la paternité d'une découverte à un chercheur plutôt qu'à un autre (ce qui n'a d'ailleurs aucune importance). Je noterai encore que, comme chacun sait, les conflits entre les hommes sont souvent source d'accélération de recherches et de multiplication de découvertes. Il n'est pas impossible que ce soit ainsi la guerre de Corée, couverte par la télé (*television war*, 1950-1953), qui ait incité l'industriel américain RCA à progresser plus vite dans la mise au point de la télévision électronique couleurs et finalement à y parvenir !

V

L'éblouissement au carré

CHAPITRE 19

Les préfaces de la séduction

Le crâne de Mozart

(250 ans)

Être invité à écrire une préface est toujours un honneur et, de la part de l'auteur, un geste de confiance et de reconnaissance. On le sait parfaitement quand on a eu soi-même à effectuer la démarche inverse. Accepter de rédiger cette préface que l'on vous demande est, par ailleurs, un vrai engagement, une responsabilité, un parrainage. Cela signifie que vous avez lu le livre et que, au moins dans l'ensemble, vous en cautionnez le contenu. Il est en effet plutôt rare de rencontrer des préfaces assassines… je suppose que lorsqu'elles le sont, elles n'atteignent pas les « presses » de l'imprimeur… Une telle écriture par ailleurs a toujours été pour moi un exercice très agréable, comparable à celui de la rédaction d'un discours de remise de médaille, ou à celui de la composition d'un rapport de thèse ; il tient de la synthèse, sans être un résumé de l'œuvre ; il tient aussi de l'éloge, sans en devenir obséquieux. Je m'efforce personnellement d'y ajouter un grain d'humour et une pincée de liens personnels avec le propos ou avec l'auteur, tout en ne perdant pas le fil, évidemment sérieux, de la « matière » à préfacer. Notons d'ailleurs que cet assaisonnement doit se faire avec discernement : pas de liens personnels, pas trop d'humour et de la rigueur par exemple dans le rapport de thèse, un peu d'humour, un peu de liens personnels et beaucoup de souplesse dans la préface, beaucoup plus d'humour et de liens personnels, mais de la solennité dans la remise de médaille, etc. Et il ne faut jamais oublier qu'une préface a pour fonction de mettre en appétit le lecteur qui s'y aventure pour qu'il se décide à acquérir matériellement et/ou intellectuellement l'ouvrage.

J'ai depuis longtemps été sollicité, très sollicité, pour m'acquitter de cette tâche d'écriture. Peut-être parce que j'ai eu vite la réputation de l'accepter souvent, et celle de l'accomplir avec conscience. Ce qui ne veut pas dire, bien sûr, que j'ai accepté et accepte tout ce qui m'est demandé (un auteur à qui j'avais ainsi refusé récemment une introduction a tenu à me remercier quand même parmi les personnes à qui il voulait exprimer sa reconnaissance, tout en précisant, de manière honnête, mais surprenante, que je n'avais pas voulu rédiger sa préface !). Et je me suis efforcé, en effet, chaque fois, de construire un texte qui répondait aux exigences que j'ai dites et que je pense être celles que l'auteur attend. Je ne dois pas être en effet trop loin de la vérité (autrement je ne serais plus sollicité !) tant le nombre de ces introductions que j'ai eu à réaliser a été et est encore important ; et c'est ce qui m'a amené à les regrouper dans des ouvrages, trois pour le moment, *Pré-ambules* (1988), *Pré-textes* (2011) et *Pré-ludes* (2014), en attendant un quatrième en cours. Chacun de ces ouvrages propose donc les préfaces (introductions, avant-propos, postfaces) produites durant une certaine tranche d'années, rangées évidemment selon leur thème en une structure artificielle, mais ordonnée, susceptible d'être consommée en suivant, et non selon leur millésime. En 4 blocs et 250 pages, *Pré-ambules* reprend ainsi 65 textes dont 27 se nomment effectivement « Préfaces », en 5 blocs et 400 pages, *Pré-textes* en reprend 98 dont 83 « Préfaces » et, en 5 blocs à nouveau et 500 pages (je progresse !), *Pré-ludes* compte 106 textes dont 67 « Préfaces ». On sent évidemment que ces essais se sont efforcés de faire rentrer une belle diversité d'éléments dans des cases à peu près cohérentes, mais, bien sûr, en nombre réduit ; après tout c'est la loi du genre. C'est tout de même une manière élégante de réunir pour le lecteur une quantité de textes dispersés relevant de la même plume et de la même pensée ; et c'est en plus pour moi le sentiment très plaisant, une névrose de conservateur sans doute, d'avoir ainsi réussi à tout enfermer dans le même tiroir, dans le même coffre, comme s'il s'agissait d'une collection précieuse enfin réunie. Un livre est un objet, un bel objet, que l'on aime tenir, ouvrir, posséder – mon éditeur et moi en avons beaucoup parlé avec une passion partagée –, et c'est en même temps une externalisation d'un savoir, d'une mémoire, d'informations auxquels on tient, et c'est encore le résultat condensé d'un travail d'architecture, de style, d'esprit... je ne veux faire ici que l'apologie du dépôt, du beau dépôt de faits et d'idées que l'on souhaite garder (comme on dit « garder en mémoire », on pourrait dire « garder en livre » !). Et il s'agit ici du dépôt-livre (du papier), mais il est bien évident que ce dépôt peut parfaitement se mettre à l'abri dans ou sur mille autres supports, supports réels ou virtuels que l'on adorera de la même manière et pour les mêmes raisons.

Je voudrais revenir, un peu, sur la question de ma conception des préfaces et de la manière de les construire. J'ai en effet bénéficié un jour d'un « bémol » que je tiens à raconter. Juste après la sortie de *Pré-ambules* (1988, donc), j'avais en effet rencontré, dans un des couloirs de l'Académie des sciences, François Jacob, le célèbre biologiste que l'on sait, père d'ailleurs de mon éditeur, mais ce que je vais raconter n'est pas lié à cette filiation. Toujours est-il que, ce jour-là, ce respecté confrère m'avait interpellé en me demandant pourquoi j'avais écrit si tôt mes mémoires ! Et, sans attendre ma réponse, à sa manière vive et, en fait, un peu timide, il m'avait lancé : « Et puis, après tout, vous avez raison ! C'est toujours ça de fait ! » J'avoue que, sur le coup, je n'avais pas bien compris sa question (mais j'avais été très amusé par la réponse qu'il lui avait donnée lui-même) ; un recueil de textes courts, de ma plume, sur des sujets, dans l'ensemble, de ma compétence, signés par d'autres auteurs, ne m'était en effet jamais apparu comme un discours de (mes) mémoires. Et puis j'ai réalisé que j'avais sans doute injecté un petit peu trop de références à ma propre expérience, à ma propre existence, si bien que, à terme, la lecture de 50 préfaces d'un coup pouvait donner au lecteur, et, en tout cas, avait donné à celui-là, l'impression de raconter, au travers de l'histoire des autres, la mienne ! C'était une révélation, un intéressant constat et une belle leçon ! Comme en pâtisserie, je fais plus attention désormais aux proportions de mes recettes !

Quels sont donc les textes que l'on m'offre, non pas « en pâture », mais « en lecture » ? Des textes scientifiques pour scientifiques d'abord, bien sûr ; je pense à la thèse sur les australopithèques du site de Kromdraai (en Afrique du Sud) de K. K. (2002), l'étudiante de Poznań, dont j'ai parlé dans le chapitre des thèses (préface dans *Pré-textes*). D'autres textes scientifiques sur des sujets à plus large spectre, et, du coup, à public scientifique ou à « affinité scientifique », beaucoup plus étendu ; je pense à ce très beau livre sur le cerveau de Jacques Bories (préface dans *Pré-textes*), publié par Springer à Berlin (1996). Et puis des textes, toujours techniques, mais, par leur propos et l'illustration qui l'accompagne, beaucoup plus ouverts à des lecteurs fidèles et cultivés, que l'on connaît bien et que l'on retrouve par exemple comme auditeurs sur les « Croisières du savoir » ou dans les amphis du Collège de France ; je pense au « monstre » d'André Leroi-Gourhan sur la préhistoire de l'art occidental, un « Citadelles et Mazenod » dans sa dernière version revue par Gilles et Brigitte Delluc en 1995 (préface dans *Pré-textes*). Et l'on en vient aux textes demeurant scientifiques, mais cette fois résolument destinés au public non averti, mais curieux ; j'ai sous les yeux l'élégant ouvrage, intitulé *Haute-Loire. Des volcans, des mammouths et des hommes*, très soigneusement construit par Frédéric Lacombat, Dick Mol et quelques autres auteurs, à l'occasion de la tenue, en 2010, au Puy-en-Velay, du Congrès mondial des « mammouthologues » et qui illustre bien ce triptyque (préface dans *Pré-ludes*) ! Je poursuis le parcours de mes catégories, bien sûr très artificielles ; je qualifierais la suivante de vulgarisatrice (chaque fois que l'on emploie ce mot, on se croit obligé d'émettre une réserve sur son étymologie et sur ce qu'il pourrait évoquer ; je trouve cela dommage et inutile, mais je le fais moi aussi quand même !) J'ai choisi, pour illustrer cette catégorie, le livre d'André Valenta, amateur, littéralement fou de science, livre qu'il a écrit pour tous les autres amateurs : il se nomme *La Passion de connaître* et il a été publié en 1991 (préface dans *Pré-ludes*). Et on en arrive aux préfaces de fiction et même à celles de BD, et je ne peux m'empêcher de citer ici *Lucy, l'espoir* (2007), de Patrick Norbert et de cet extraordinaire dessinateur italien, charmant, consciencieux, génial et imprévisible à la fois, Tanino Liberatore (postface dans *Pré-ludes*). Enfin, en complet décalage, je n'oublierai ni les ouvertures, ni les fermetures, ni les présentations de catalogues ou d'essais d'artistes, je pense aux œuvres du sculpteur Jean-Claude Barreault (1985, préface dans *Pré-ambules*), du peintre Jean-Adrien Mercier (1999, préface dans *Pré-ludes*), de la poétesse Geneviève Laporte de Pierrebourg (*La Sublime Porte des songes*, 1997, postface dans *Pré-textes*), du photographe Ian Paterson

(*Usitilia*, 1993, textes dans *Pré-ludes*), du théâtreux Bernard Avron (*Le Plus que passé*, 1981, présentation dans *Pré-ambules*), etc. Une rencontre privilégiée chaque fois avec un auteur, un groupe d'auteurs, un éditeur, une institution.

Une des premières préfaces que l'on m'ait demandé d'écrire pour un texte qui se situait vraiment hors de mon champ habituel d'écriture a été celle d'une réédition du livre de Max-Pol Fouchet, *Les Peuples nus* (1981) ; l'éditeur, Buchet-Chastel, et la veuve de l'écrivain m'avaient sans doute sollicité en raison de mon passé africain ; j'en ai été ravi ! J'avais eu l'occasion de rencontrer Max-Pol et j'avais été très séduit par sa personne et par son propos. Devenir son préfacier me donnait l'occasion de rendre ainsi un hommage à sa mémoire. Mme Fouchet, apparemment satisfaite de mon texte, m'avait convié, quelques mois plus tard, au baptême d'une rose du nom de son mari ; je n'ai malheureusement pas pu honorer son aimable invitation, prolongement inattendu d'une simple préface (préface dans *Pré-ambules*). À peu près dans les mêmes périodes, j'avais écrit la préface d'*Architecture de l'univers* de Serge Brunier (1985) et celle de *Faber et Sapiens. Histoire de deux complices* de Pierre Schaeffer (1985), et j'en étais très fier ; c'étaient les débuts de ma « réputation » de lecteur curieux, jeté dans l'éther du ciel grâce à la belle science du premier, dans l'éther de la pensée, grâce à l'insolente fantaisie du second (les deux préfaces dans *Pré-ambules*). Beaucoup d'autres demandes m'ont beaucoup plu par les travaux qu'elles offraient à préfacer, bien sûr, mais aussi par le geste que ces demandes représentaient (Jean Dastugue, brillant anthropologue, mais vieux grognard réputé difficile à apprivoiser : J. Dastugue et V. Gervais, *Paléopathologie du squelette humain*, 1992 ; Marie-Yvane Daire, tout aussi brillante archéologue, devenue spécialiste d'un sujet que j'avais effleuré dans mes très jeunes années : M.-Y. Daire, *Le Sel gaulois. Bouilleurs de sel et ateliers de briquetage armoricains à l'âge du fer*, 1994) ; deux gestes très élégants, le premier me reconnaissant une compétence alors que je n'avais jamais véritablement publié en paléopathologie, la seconde une antériorité de quarante ans (!), mais à l'apport plus que modeste (les deux préfaces dans *Pré-textes*). Que dire encore, que les sollicitations de collègues étrangers m'ont été aussi très agréables, du Belge Jean-Marie Cordy, des Italiens Emmanuel Anati et Fiorenzo Facchini, à l'Espagnol Josep Gibert, au Britannique Richard Leakey ou à l'Américain Erik Trinkaus (préfaces dans *Pré-ambules*, *Pré-textes* et *Pré-ludes*), comme celles de collègues éditeurs d'actes de congrès internationaux, et je pense en particulier à cette demande inattendue des collègues chinois d'introduire les actes de leur Beijing International Symposium on Paleoanthropology de 1999 (*foreword* dans *Pré-ludes*). Je terminerai par deux portraits bien différents, mais, pour moi, tout aussi insolites : celui du Synchrotron soleil en 2010 et celui du crâne de Mozart en 1993 (préfaces dans *Pré-ludes*).

J'espère que maintenant vous êtes convaincu ; je mérite mon diplôme de préfacier.

DEUX GOUTTES DE SCIENCE, ce seront ici deux préfaces qui se sont faites gouttes.

LE SYNCHROTRON D'ABORD. À la première rencontre, c'est un paquet de béton sur des centaines de piliers, une scie circulaire à plat et beaucoup, beaucoup, de câbles. Pas très sexy ! Mais tout va s'arranger quand on va en saisir le caractère, le comportement, le génie, les miracles. Imaginez un grand anneau englobant un petit anneau ; et imaginez que, dans le petit anneau, on lance des particules qu'on accélère, et lorsque leur vitesse approche celle de la lumière, imaginez qu'on les laisse filer vers le grand anneau ! C'est simple ! Mais voilà, les particules vont avoir envie d'aller tout droit ; alors on leur met des aimants tout le long de leur parcours pour qu'elles tournent et n'échappent pas à votre vigilance. C'est encore simple !

Mais chaque fois qu'elles sont remises dans le bon chemin tout rond, ces particules vont émettre de la lumière, et cette lumière, par contre, va nous intéresser et on va la récupérer. Rien de plus simple ! Mais, pour que les choses soient propres, on va alors en trier les longueurs d'onde et puis, pour ne rien gâcher, ne garder que celles utiles à la promenade que l'on veut effectuer ! Simple cuisine encore ! Et pour lire, enfin, ce que ces lignes de lumière vont cueillir au travers de ce que l'on va leur offrir à consommer, on va ajouter tout simplement des interprètes – fluorescence, spectrographie, tomographie, diffraction, diffusion –, et ça on sait faire ! Et voilà, on est au bout de l'exercice ; on voit, on voit des images, on voit des images simples, on voit des images fixes, on voit des images mobiles, on voit des images 3D, que sais-je, on voit ce que l'on est venu chercher au fond de fossiles, de tissus, de plastiques, d'alliages, de cheveux, de virus... On voit (presque) tout ce qu'on veut voir ! Le Synchrotron, c'est un grand timide, un grand esprit plein de finesse et d'élégance dans des vêtements de misérables. « Sous le jupon de la pauvre Hélène, sous son jupon mité, moi j'ai trouvé des jambes d'une Reine et je les ai gardées !... », Georges Brassens. Le Synchrotron se mérite ! (préface *in* V. Moncorgé et M.-P. Gacoin, *Les Orfèvres de la lumière. Une visite au Synchrotron solei,* Le Pommier, 2010).

Le crâne de Mozart. Ce sera le portrait de sa boîte magique, une « boîte à musique » en l'occurrence, dans laquelle se sont construits, écrits, répétés, corrigés concertos, symphonies, messes, sérénades, une boîte que l'on devait entendre chanter !... Examiner cette boîte et la décrire, froidement, est, nous en sommes conscients, une démarche presque incongrue ! Ce d'autant plus que ce qui saute aux yeux du premier observateur, anthropologue ou pas, c'est tout de suite la bosse au front qu'avait Mozart et la dissymétrie du visage qui en résulte ; cette bosse, très visible aussi sur les rares portraits qu'on ait du compositeur, était due à une suture trop précoce des deux parties du frontal (la plupart des gens n'ont qu'un seul os frontal impair, mais certaines personnes en ont deux), la suture que l'on appelle métopique. Et cette synostose trop rapide a entraîné une réorganisation de tout l'ensemble cranio-facial. Ce n'est pas un brillant début ! Mozart avait le visage de travers (on peut même le dire plus grossièrement) ! Atteint en outre de rachitisme, rachitisme lisible notamment sur l'émail de ses dents, ce retard de croissance, d'origine probablement alimentaire, n'a pas non plus aidé à un développement harmonieux de toute sa personne et, en l'occurrence ici, de son crâne, puisqu'on ne dispose pas du reste du squelette. Il ajoutait à cela bien d'autres malheurs, au niveau de la dentition par exemple ; il avait des caries partout et de grands espaces entre les dents ou diastèmes qui l'obligeaient à manier le cure-dents en permanence et donc un système manducateur, apparemment pas ou mal soigné, qui lui valait sûrement des maux, des gènes, des rages dont on sait l'intensité quand ils se manifestent. Il paraît qu'il en était très malheureux au point d'en avoir fait fréquemment état dans sa correspondance. Voilà un peu le triste bilan de la lecture sèche d'un crâne, retrouvé au Mozarteum de Salzbourg et dont on pense que c'est celui de Mozart, mais « on pense » seulement tant ce crâne a eu une histoire compliquée et difficile à « tracer ». Ce sera ma manière, peu élégante, de m'excuser d'avoir accepté de préfacer cette description sordide de la partie noble par excellence du squelette du plus grand compositeur de notre époque classique européenne (XVIIIe siècle) : on n'est pas certain que ce crâne ait été celui de Mozart ! (Postface *in* P.-F. Puech, *Mozart, une enquête hors du commun*, Éditions de la Maison rhodanienne, Rencontres artistiques et littéraires, 1993.)

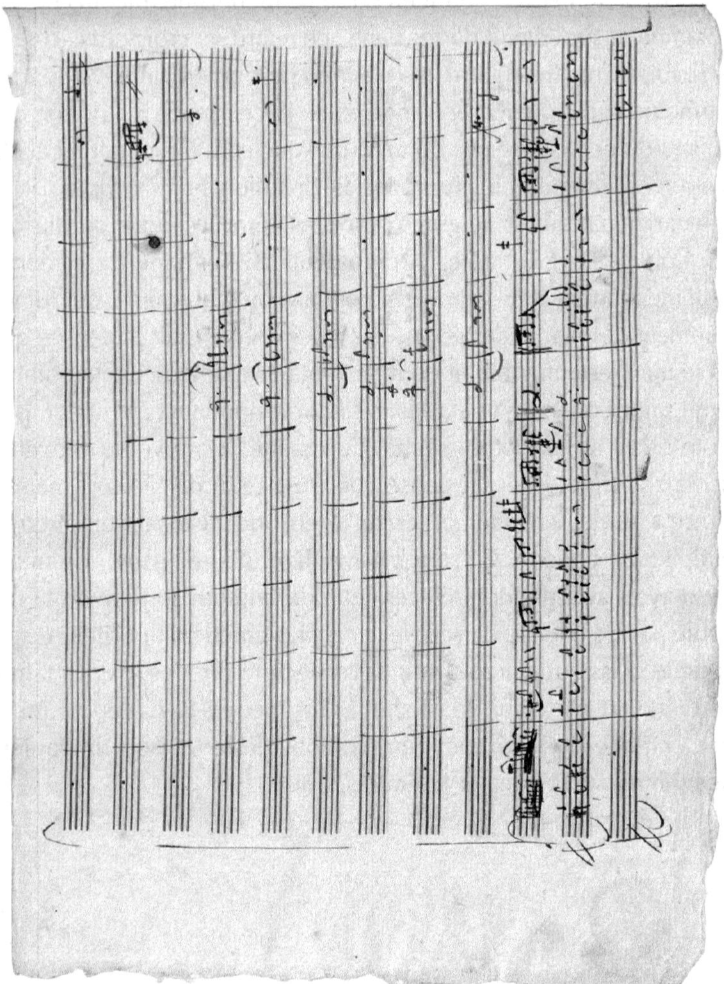

Figure 19. *Adagio du* XXIIIe concerto pour piano *de Mozart, partition manuscrite de l'auteur.* *(Source : Bibliothèque nationale de France, département Musique, MS-226, https://gallica.bnf.fr/ark:/12148/btv1b55002037r#.)*

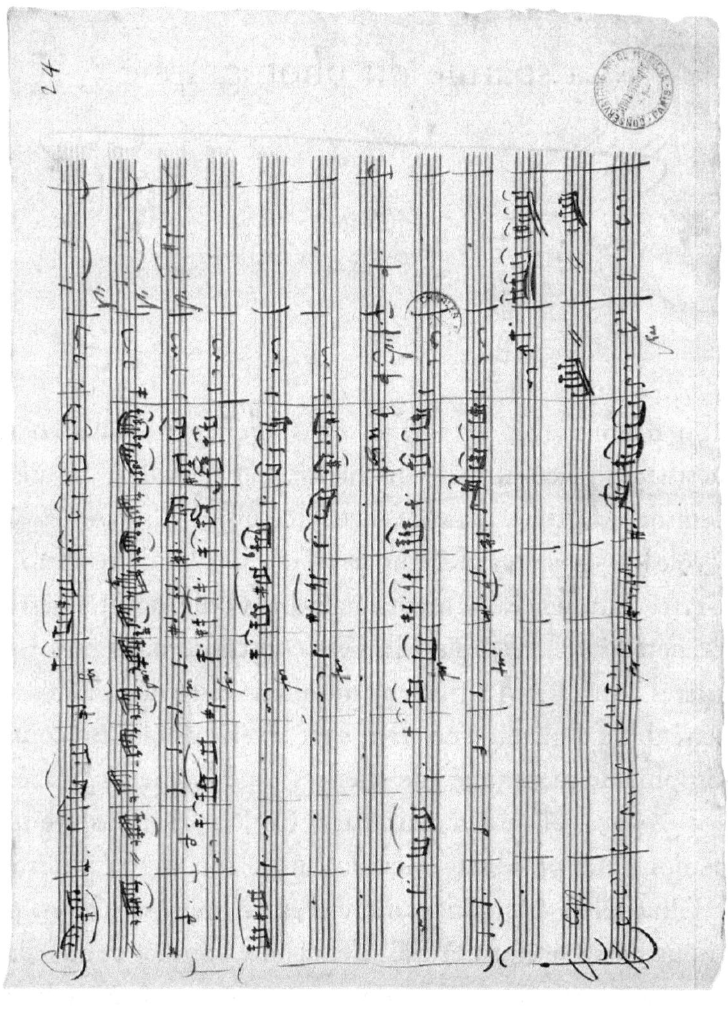

CHAPITRE 20

La spatule du photographe

La synesthésie

(300 ans)

Mon histoire avec les images est singulière ; je suis en effet « synesthète » ! J'en ai pris conscience, par hasard, à 16 ans. Et ma femme, Martine, vient de mettre ce nom, la synesthésie, sur ma drôle de « vision » des choses ; j'en ai 87 ! Cette histoire a peut-être commencé avant ma naissance (elle pourrait être en partie héréditaire), et puis elle s'est construite dans mes toutes premières années et n'a finalement jamais cessé de le faire.

Cette drôle d'histoire, en effet, s'est révélée durant un cours de philosophie de mon année de sciences expérimentales (« sciences ex », disait-on), entre les deux bacs. Ce jour-là, nous étudiions la mémoire. Le professeur, vers la fin de son cours, interrogea, pour l'illustrer, un certain nombre d'entre nous, ses élèves, pour que nous lui racontions, à elle (c'était une femme) et à la classe, « nos » mémoires. Je fus un des « interrogés ». C'était bien la première fois que je réfléchissais à « ma » mémoire ; je tentai donc de la décrire, ce qui n'était pas facile, et je fus le premier surpris de surprendre ! J'ai en effet une mémoire, mais aussi une réflexion, une vision de tout, en courbes dans l'espace ! Les jours, les nombres, les lettres, les dates, aussitôt pensés, m'apparaissent à un endroit précis d'une courbe en 3D, et l'image qui m'en vient automatiquement peut en outre le faire à différents grossissements et sous différents angles, comme si je faisais varier moi-même mon regard ! Si j'y réfléchis, je peux d'ailleurs m'amuser à jouer, cette fois volontairement, avec ces variations.

J'ai donc lu que la synesthésie était une association de plusieurs perceptions, une connexion accidentelle entre deux régions spécialisées du cerveau, une sorte de « cross activation » de deux « localisations » cérébrales ; ce n'est pas une pathologie, mais c'est quand même un accident, une anomalie, une erreur dans la construction de ma tête ! Il existe en fait beaucoup de types de synesthésies, celles notamment liées aux couleurs et à ses rapports avec la musique, la poésie, les parfums, etc. les miennes seraient plutôt « numériques » et « spatio-temporelles ». Si, au début de ce paragraphe, j'ai dit que mon histoire avec les images n'avait jamais cessé de se construire, c'est parce que je note que certaines de mes courbes viennent d'images de différentes périodes de ma vie, y compris de périodes récentes. Je vais prendre quelques exemples : l'image de mes chiffres de 0 à 12 ressemble à celle des heures d'une horloge ronde dont le cadran se déforme en s'ouvrant à partir de 6, au point que 12 passe au-dessus du point qu'il devrait occuper (l'image de l'horloge doit s'imprimer dans la tête d'un enfant, dès ses toutes premières années). L'image des mois de l'année quant à elle s'organise en trimestres, comme sur un (ancien) calendrier cartonné des postes (PTT) ; et si je ne « convoque » que deux de ces mois, je les vois, comme sur le fameux carton intouchable accroché dans la cuisine, ou côte à côte s'il s'agit par exemple de janvier et février, ou décalés, s'il s'agit de mars et avril (l'image du calendrier doit s'installer un peu plus tard dans l'enfance que celle de l'horloge). L'image des niveaux géologiques des 4,5 milliards d'années de la Terre apparaît, quant à elle, dans ma tête, un peu dématérialisée certes, mais avec les coupures des pages de mon livre de géologie générale de licence ; il faut changer de page au

Permien pour accéder au Trias (cette fois nous sommes bel et bien dans l'adolescence). Et si, sans trop multiplier les exemples, je réfléchis à la séquence des dix derniers millions d'années de l'histoire des hominidés, séquence qui a dû se graver dans mon cerveau et y évoluer, il y a forcément moins de temps, je vois une courbe en S des ancêtres communs des chimpanzés et des humains jusqu'à l'émergence du genre humain, et puis, comme le GPS de votre voiture, je dois changer de champ pour appréhender la succession des espèces du genre *Homo*, succession qui se déroule cette fois sur une carte du monde (moi, l'observateur, je la vois d'Afrique orientale !). Mais ces descriptions sont compliquées, car les échelles et les angles de mes images varient sans cesse comme varie ma place dans l'espace pour les observer ! Drôle d'histoire, n'est-ce pas, d'autant plus que chaque synesthète a ses schémas qui lui sont propres. Cette porosité entre deux zones cérébrales (pariétales), qui, incontestablement, est un accident de l'ontogénie, m'a peut-être permis le « luxe », dans la plus parfaite inconscience, de jeter mes agendas à la corbeille, de m'orienter sans peine dans l'espace et de donner toutes mes conférences de chique ! J'ignorais que mon cabotinage était dû à un pépin neurologique, de naissance ou de croissance. Toujours est-il que je suis un homme de mémoire visuelle par excellence, un homme d'images !

UNE GOUTTE D'HISTOIRE. La synesthésie est, sans doute, aussi vieille que le cerveau qui la produit, l'expression de sa perception aussi ancienne que la parole qui la raconte, si elle est orale, ou que le texte qui la traduit, si elle est écrite. Et, en effet, des textes anciens, chinois, perses, hindous, hébreux, grecs, romains, décrivent parfois des états qui lui ressemblent. Dans notre littérature européenne, c'est un certain Thomas Woolhouse, ophtalmologue, citoyen britannique, qui serait, en 1710, le premier auteur à faire état de cette anomalie neurologique ; il raconte avoir reçu un aveugle qui « voyait » les sons, et qu'il les voyait même en couleurs (il parle alors de « synopsie »).

Georg Tobias Ludwig Sachs, citoyen bavarois, médecin lui aussi, décrit, en 1812, son propre cas : il associe à des couleurs, comme l'aveugle de Thomas Woolhouse, la musique, donc des sons, mais aussi des lettres, des jours, des nombres, tout ce qui est « séries » ou « séquences ».

Et puis c'est un certain Charles Auguste Édouard Cornaz, citoyen suisse, qui propose, en 1848, dans sa thèse de médecine, de rechercher l'origine de ce qu'il appelle l'hyperchromatopsie, dans une pathologie des yeux. Mais il est, en fait, contredit, dès l'année suivante, par un de ses confrères qui nomme hypersynesthésie le cas d'un patient qui voit les lettres en couleurs, mais de couleurs différentes suivant qu'elles sont pensées ou dites ; cet auteur abandonne par suite la recherche des origines de cette étrange particularité dans les yeux et la cherche désormais dans le cerveau.

Une équipe lyonnaise, sous l'autorité de Louis Perroud, va, à partir de 1863, après avoir étudié un jeune patient qui racontait voir le A en jaune-orange, le E en bleu-gris, le I en rouge carmin, le O en jaune canari, le U en noir, et les consonnes sans couleurs alors qu'il « colorait » tous les chiffres, changer encore le nom de cette anomalie et l'appeler cette fois pseudochromesthésie. Ces travaux, surtout ceux de Charles Cabalier, élève de Perroud, auront alors une conséquence inattendue ; les enseignants vont en effet en user pour inventer une méthode pédagogique nouvelle ; ils vont attribuer des couleurs aux lettres pour faciliter leur mémorisation par leurs jeunes élèves !

Et puis un important progrès est réalisé sur l'étude du cerveau vers les années 1880 avec les travaux de Santiago Ramón y Cajal, histologiste espagnol, qui « révèle » sa structure neuronale et son fonctionnement en réseaux. Dans les dernières années du XIXe siècle et les premières du XXe, des psychologues de l'intelligence se joignent alors au cortège des scientifiques, Alfred Binet en France, Gustav Fechner et Hermann von Helmholtz en Allemagne, Francis Galton en Angleterre. Et puis, en 1912, c'est encore un citoyen suisse, Carl Gustav Jung, qui tente de reprendre l'étude de ce phénomène à la lumière des images apportées par l'imprégnation argentique des tissus cérébraux de Ramón y Cajal, mais c'est en fait beaucoup plus tard, à partir des années 1980, que la recherche sur les synesthésies explose, à la fois chez les neurologues, les neurophysiologistes, les physiologistes, les psychologues, les psychanalystes, mais aussi les philosophes. On en sait beaucoup plus désormais grâce, entre autres, aux progrès considérables de l'imagerie et à ceux, tout aussi vertigineux, de la génétique, mais la synesthésie retient encore aujourd'hui beaucoup de mystères.

Comme je l'ai montré plus haut, ma propre synesthésie est plutôt spatio-temporelle ; et si certaines de ses associations sensorielles sont bien des vestiges de mon imaginaire enfantin, comme l'écrit Jean-Michel Hupé, il n'en demeure pas moins que mes images n'ont jamais cessé de se construire, de s'empiler, sans détruire pour autant celles qui les précédaient, et cela en fonction des activités des différentes époques de ma vie ; j'ai l'impression que je les ai toutes conservées. Je me suis constitué ainsi, en 87 ans, un corpus de séquences fluides, glissant dans l'espace de manière très confortable ; j'ai les fils déjà posés, il suffit que j'y accroche les données nouvelles pour les retrouver ! Ma « mémorisation » est une simple mise en place de pinces à linge ! On dit que Stevie Wonder, Duke Ellington, Vassily Kandinsky, Franz Liszt, Olivier Messiaen, Vladimir Nabokov, Michel Petrucciani, Nikolaï Rimski-Korsakov, voire Arthur Rimbaud... étaient synesthètes ; cette compagnie ne me déplaît pas !

Jetons donc un œil aux toutes premières de mes images. Je revois ainsi mon enfance bercée de grands recueils de superbes photographies, en noir et blanc, d'Afrique et d'Africains ; des femmes à lèvres enlaçant de grands plateaux, d'Oubangui-Chari, je crois (actuellement Centrafrique), et des bœufs à curieuses cornes « joufflues pour flotter » des abords du lac Tchad (bœufs kouri). Je revois aussi de multiples timbres, en couleurs cette fois, de notre Empire d'alors, m'apportant paysages luxuriants, cultures étonnantes et objets insolites. Et puis, je me souviens que j'avais eu en cadeau de mes parents, entre 8 et 12 ans (?) je pense, un petit projecteur de films 8 millimètres et un abonnement pour recevoir, chaque mois, de nouveaux films en échange des précédents ; en réfléchissant, j'en projette encore deux dans ma mémoire, *Tahiti, paradis des mers du Sud* et *Tétouan, perle du Maroc* ; le premier montrait entre autres un mariage dont la cérémonie s'achevait par un bain de tous les jeunes gens dans une cascade de belle hauteur, et le second enchaînait un petit tour de ville et une fantasia endiablée aux chevaux lancés au grand galop et aux cavaliers faisant, pendant ce temps, tournoyer leurs fusils au-dessus de leurs têtes, en rivalisant d'audace et d'adresse. J'ai dû les faire défiler bien des fois, ces deux petits métrages... Quant aux salles obscures, comme on dit, je les ai bien sûr fréquentées très tôt, bien sûr accompagné (souvent d'ailleurs de ma grand-mère maternelle !) ; j'y ai vu les « Laurel et Hardy » et les « Charlie Chaplin » (dont je ne comprenais que le premier degré) de mon âge, j'y ai vu aussi des films d'aventures, de héros auxquels je m'assimilais (Robin des Bois, Robinson Crusoé), mais je crois que mon film préféré a été, dans toute cette petite enfance, un superbe roman-document sur l'Inde qui mêlait la vie sous les tropiques, les maisons basses généreusement ouvertes sur leurs vérandas (quel joli mot), la jungle avec ses tigres et ses serpents et les femmes aux longs saris et aux pastilles de couleur au beau milieu du front... une provocation pour petit garçon ! Je n'oublie évidemment pas, dans les mêmes années, mais j'en ai parlé ailleurs, ma consommation gourmande de livres gorgés d'images de temples grecs et de pyramides égyptiennes et puis d'autres remplis de celles de menhirs, de dolmens, de haches polies et de poteries mal « pétries » ; je me souviens encore des noms de leurs auteurs !

Comme les années passèrent, les images évidemment changèrent mais elles ne me quittèrent pas pour autant. Quatre ans de fac à Rennes ont d'abord été, par nécessité, peuplés d'images d'organes animaux et de tissus végétaux, avec, chaque fois que c'était possible, dans tous les temps disponibles, une charge en images de tessons et d'artefacts qui ne cessait d'augmenter. L'évasion dans le temps ne m'a donc jamais abandonné, alors que celle dans l'espace s'était alors réduite aux conférences « Connaissances du monde » et à quelques projections d'autres films dits « d'exploration ». Et puis mon arrivée à la Sorbonne a troqué les images d'organes et de tissus de licence pour celles de dents et d'ossements de thèse. Et ce sont précisément quelques-uns de ces ossements, ceux du mammouth Liakhov du Jardin des Plantes, qui m'ont ouvert le monde du cinéma professionnel. Son image avait attiré l'attention de producteurs ! Se sont alors enchaînées des images et des images et encore des images, en veux-tu, en voilà, et, des tournages aux rushes et aux montages, des rails de travelling aux pellicules vicieuses et aux bobines encombrantes. Et mon univers s'est alors installé de manière arrogante dans le 35 millimètres cette fois, qui m'a aidé, quatre nouvelles années, à remplir sans peine ce temps qui passe et qu'occupait déjà sans peine pléthore de fossiles. J'ai beaucoup aimé cet épisode inattendu de cinéma professionnel, très dense, très chaleureux, rempli de couleurs, d'action et de nouveaux amis aux nouveaux regards, producteurs, réalisateurs, monteurs, acteurs. Et puis la vie a rebondi et j'ai rebondi avec elle ; la perche qui me fut alors tendue fut l'invitation-surprise à étudier quelques superbes fossiles qui dormaient, dans une cantine métallique bariolée, dans un coin du labo de paléontologie du Muséum ; et cette perche, qui me ravit, ne tarda pas à m'emporter, sans étapes, tout droit au cœur de l'Afrique noire ; j'y ai rejoint, pour de vrai, les images de mon enfance. J'avais, d'un coup, archéologie et exotisme rêvés réunis, et des images de mes deux pathologies à discrétion ! Alors je les ai consommées sans modération ; par les yeux d'abord, ça va de soi, mais en tentant aussi de les fixer pour les montrer, les partager et les transmettre ; c'était le temps des diapos et, au retour, celui des soirées diapos qui, bien sûr, ne passionnent que leurs auteurs. J'ai donc été photographe, de mieux en mieux équipé au fil des années, mais jamais génial, et cinéaste 8 millimètres, pas plus brillant. Ce n'en sont pas moins vingt années de terrain, fertiles en découvertes et en idées, que, cette fois, le cinéma et la télévision sont venus saisir sur place ; après avoir été un tout petit peu d'un côté de la caméra, je me suis retrouvé beaucoup de l'autre, mais je l'ai raconté ailleurs.

C'est pendant ces vingt glorieuses qu'après treize années passées au Muséum-Jardin des Plantes, j'ai été élu et nommé à la sous-direction du Muséum-musée de l'Homme (1969). Cette institution, fameuse à travers le monde, était, elle aussi, pleine d'images ; s'occupant d'anthropologie, d'ethnologie et de préhistoire, elle conservait, manipulait, exposait et publiait sans cesse des objets des extraordinaires collections de ses départements, complétées par les matériaux d'une importante bibliothèque, d'une photothèque réputée, d'un laboratoire photographique (LaboPhoto) qui ne l'était pas moins et d'un « comité du film ethnographique » suractif et célèbre, créé et dirigé par une personnalité tout aussi suractive et célèbre, Jean Rouch. Et puis j'ai passé la main début 1983 à Henry de Lumley et j'ai traversé alors notre fleuve pour aller enseigner au Collège de France.

Mais Jean Rouch m'y a rattrapé. Il avait en effet créé en 1982 au musée de l'Homme une sorte de grand rassemblement annuel des acteurs du film ethnographique et de leurs œuvres sous le nom de « Bilan du film ethnographique ». Ce « Bilan annuel » s'était alors poursuivi et développé tout au long de ces années, et puis s'était commué en 2008 en « Festival international Jean Rouch ». Et c'est ce festival que j'ai eu l'honneur de parrainer en 2019. Toujours consacré au film ethnographique, toujours très international, après dix jours de projections, il annonçait, le dernier jour, le palmarès des films primés et remettait ce jour-là les diplômes aux lauréats. Cette dernière séance solennelle qu'en qualité de parrain j'ai donc présidée s'est évidemment tenue au cinéma du musée de l'Homme, devenu le cinéma Jean Rouch, le 23 novembre ; les organisateurs m'avaient fait la surprise d'y projeter le film *Du côté de la côte* d'Agnès Varda (1958), produit par Argos Films puis repris par Ciné-Tamaris et dans lequel j'étais assistant-réalisateur stagiaire (j'avais 24 ans) ! J'en ai été enchanté et fier.

En ce qui concerne les images, les années qui ont suivi celles vécues au musée de l'Homme se sont passées en pointillé ; sur un fond, mieux assis, de résidence parisienne, quelques expéditions et beaucoup de missions s'y sont en effet succédé, ajoutant des images de toutes les lumières du monde à celles, déjà bariolées, de mon album. À Paris, la sollicitation a été très diversifiée ; j'ai été conseiller scientifique de certains métrages (*Les Mille et Une Nuits du lac Assal* d'Yves Zéau, film qui sera primé, *Selon Charlie* de Nicole Garcia, *Une femme ou deux* de Daniel Vigne avec Gérard Depardieu qui jouait mon personnage (!) ; j'ai été directeur scientifique d'autres films (*L'Odyssée de l'espèce*, *Homo sapiens* et *Le Sacre de l'homme* de Jacques Malaterre, films qui seront archiprimés) ; j'ai été rédacteur de textes d'autres encore (*Le Peuple singe* de Jacques Perrin), critique invité de producteurs, réalisateurs ou diffuseurs (*La Guerre du feu* de Jean-Jacques Annaud, *Jurassic Park* de Steven Spielberg, *Bones* de Hart Hanson et Stephen Nathan, *RRRrrrr !!!* d'Alain Chabat).

Mais comme mon intérêt pour le cinéma était connu, je n'ai cessé d'être sollicité pour devenir membre de mille comités et parrain de mille autres ; j'en ai compté vingt, par exemple, de 1986 (membre du comité de parrainage du festival du film scientifique de Palaiseau et des jurys de ses prix) à 2021 (parrain d'Archéo-TV lancée le 6 novembre 2021). Et on peut ajouter à cela mon implication active dans la naissance et le lancement de la toute jeune chaîne La Sept (Société d'édition de programmes de télévision), à vocation européenne, sous l'autorité de mon collègue historien, Georges Duby, professeur au Collège de France, et à l'origine de la chaîne franco-allemande Arte ; c'était en 1986. Un conseil scientifique avait été créé, conseil aux réunions très fréquentes (à Issy-les-Moulineaux) de gens enthousiastes ; c'est là que j'ai rencontré Michel Serres, qui m'a d'ailleurs immédiatement entraîné dans une autre grande aventure, celle-là de conférences (à l'Hôtel Royal d'Évian).

Au début des années 1990, ce fut un collaborateur et ami, Pascal Picq, qui m'emmena dans une tout autre nouvelle histoire d'images, la fabrication d'un CD-Rom ! Je me suis régalé tout au long de l'élaboration de ce médium, très impressionné par la possibilité qu'il donnait de « naviguer » (le mot n'est pas trop fort) d'un point à un autre, quelle que soit la position de ces points ! C'était pour moi la révélation du miracle de l'électronique. Nous avons beaucoup travaillé, je dois dire vraiment beaucoup travaillé, Pascal et moi, guidés par un photographe et réalisateur, Louis-Michel Désert, et c'est sous les auspices de la société Cryo Interactive Entertainment que nous avons abouti à ce petit « monstre » que nous avons tout simplement nommé *Aux origines de l'homme*. Voici le sous-titre d'un article du *Monde* du 11 décembre 1994 qui décrit bien l'œuvre et que je cite parce que j'en suis fier : « Interactif, truffé d'images de synthèse et de morphings, d'une extrême simplicité de consultation, *Aux origines de l'homme* s'impose comme le premier ouvrage électronique de vulgarisation scientifique. » Et l'article de se poursuivre ainsi : « Il suffit de faire glisser le pointeur de la souris sur l'écran… et le clic autorise l'exploration des époques clés retenues ou des quatre grands chapitres qui les complètent. » Le succès de notre initiative a été extraordinaire ; nous avons été arrosés de prix (prix Möbius du meilleur système multivarié pour l'information de la culture scientifique, 1994 ; Trophée Espoir, catégorie Découvertes PC loisirs, 1994 ; prix de la Classe multimédia, 1994) et traduit dans une multitude de langues. Une nouvelle société de production, Microfolie's, a pris le relais de Cryo Interactive Entertainment dès 1995, et ce nouveau parrain a ajouté, dès janvier 1996, aux « publications » précédentes, une édition Gold pour laquelle nous avons aussi beaucoup travaillé. Ce nouveau CD-Rom (deux, en fait) prend en effet en compte toutes les nouvelles découvertes de la primatologie et de la paléoanthropologie et ajoute huit vidéos d'entretiens, un *making of* du premier CD-Rom et deux jeux pédagogiques ; quant au logiciel de fonctionnement, il a aussi été revu et rafraîchi, proposant désormais une plus grande rapidité de navigation du système et, ce qui ne gâte rien, une meilleure ergonomie.

Et puis un beau jour, figurez-vous que c'est l'image, la plus professionnelle des images, qui s'est retournée contre moi. Un photographe, un homme des images par excellence, d'un talent tel qu'il venait d'être élu à l'Académie des beaux-arts de l'Institut de France, Jean Gaumy, est, en effet, venu me chercher pour que je lui remette son épée d'académicien ! Il faut dire que, de manière quelque peu provocante, Jean Gaumy avait choisi pour épée une reproduction d'une superbe spatule magdalénienne en forme de saumon (15 000 ans), découpée dans une côte de renne et découverte dans la grotte Rey, près des Eyzies, en Dordogne. J'ai tout de suite accepté bien sûr, très fier qu'il m'ait choisi et très heureux de l'honorer sous la Coupole. Alors, dans mon discours, le 10 octobre 2018, je lui ai déclaré : « Ce très bel objet, joliment courbé, joliment décoré, joliment poli… qui a pu servir à mélanger les peintures au bord d'une palette, à cueillir la moelle au creux des os, à orner un cou comme une amulette… est dit "en lame de sabre" !… ce qui rapproche finalement votre choix de l'épée traditionnelle ! » Pourquoi d'ailleurs Jean Gaumy avait-il fait ce choix étrange ? Parce que, dit-on, cet objet concrétise l'éternelle aspiration des hommes à reproduire, comme le photographe, la réalité des choses ! Peu importe la raison de cette très belle idée, conduite jusqu'à son terme, je me permets de vous féliciter encore aujourd'hui, Jean Gaumy, je le fais pour votre œuvre bien sûr, pour votre admission à l'Académie, bien sûr, mais pour votre regard aussi vers le passé où vous m'avez trouvé ! La secrétaire de l'Académie des beaux-arts me demanda mon texte et en profita pour me déclarer : « Vous avez "enchanté" la Coupole ! » Je me prends depuis pour Merlin l'Enchanteur, Merzhin en breton, magicien bienfaisant de la mythologie brittonique.

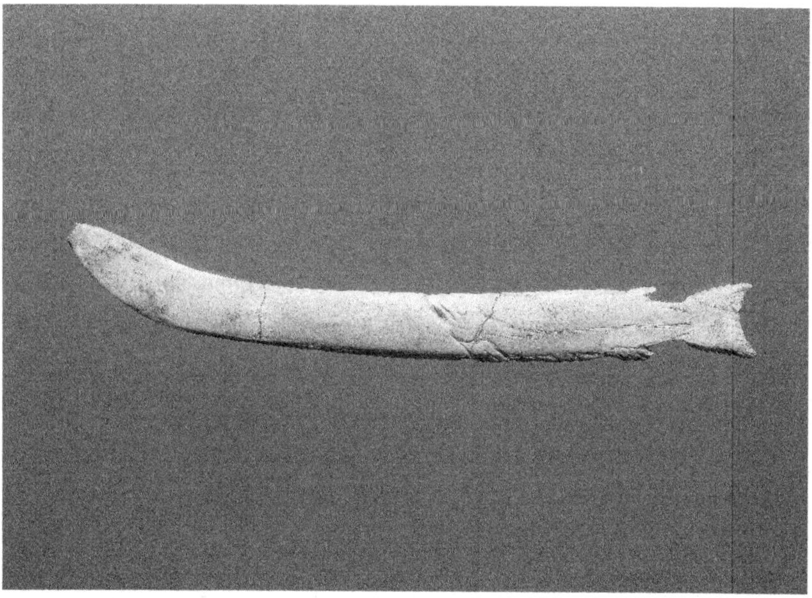

Figure 20. *Spatule en os de renne, grotte Rey, Dordogne, Magdalénien, 15 000 ans.* *(Saint-Germain-en-Laye, musée d'Archéologie nationale et Domaine national de Saint-Germain-en-Laye/ Photo © RMN-Grand Palais (musée d'Archéologie nationale)/Jean Schormans.)*

Ayant été d'un côté de la caméra ou de l'appareil photographique (*camera* en anglais !), ou de l'autre, réalisateur, opérateur ou acteur, mais aussi producteur ou consommateur, je suis aussi devenu parrain de bien des projets du septième art et de leurs réalisations. J'ai rencontré, ainsi, un beau jour de la fin des années 1970 ou du début des années 1980, le cinéaste italien Mario Ruspoli ; très proche de Jean Rouch, Ruspoli était un peu le théoricien (et praticien) de ce qu'il appelait le « cinéma vérité », cousin du « cinéma direct » de Rouch et, dans une certaine mesure, du « cinéma caméra au poing » de Christian Zuber. Passionné de préhistoire, et c'est sans doute le premier motif de notre rencontre (je ne m'en souviens plus), Mario Ruspoli rêvait de tourner dans Lascaux. Je me suis alors saisi de son souhait et demandai un rendez-vous au ministre de la Culture d'alors, Jean-Philippe Lecat. Je fus très chaleureusement reçu au Palais-Royal et nous nous mîmes d'accord, le ministre et moi, pour envisager une autorisation exceptionnelle de tournage international à Lascaux, pour emmagasiner les images de peintures et de gravures de la grotte et en faire une banque pour le ministère de la Culture. Jean-Philippe Lecat m'en donna la responsabilité. Le « contrat : archivage filmique » consistait en une autorisation de tournage de trente heures dans la grotte, contrat que Mario remplit parfaitement. Les images, une collection très complète, furent remises au ministère, plusieurs films en furent tirés et sortirent à partir de 1983 (Corpus Lascaux, *L'Art au monde des ténèbres* en quatre parties), et un livre enfin, *Lascaux. Un nouveau regard*, que je préfaçai à la demande de l'auteur, sortit en 1986, malheureusement après la mort de Mario.

Cet art rupestre dit « des cavernes », peint ou gravé, est un festival d'images par excellence, concrètes ou abstraites, et, pour moi, une écriture, qui n'est évidemment pas encore linéaire, mais qui n'en a pas moins un sens de lecture. Ma qualité de préhistorien et mon attachement aux images réunis, je me suis vu, ici aussi, offrir différentes fonctions de présidents ou de membres de comités variés et surtout la lourde, mais passionnante présidence du Conseil scientifique international de Lascaux que j'ai conduite sept années (2010-2017).

Je conclurai volontiers en citant Jean Comandon : « Les amants de la nature, les savants, sont des contemplatifs ; ils ont conservé l'habitude de penser par images plus que par mots » (1932).

CHAPITRE 21

Les croisières du savoir

Les radeaux de Timor

(70 000 ans)

Je suis né dans l'eau !

J'ai donc navigué très tôt. Mon premier bateau était une plate à rames qui s'appelait *Younick* (comme moi, m'avait dit mon père !) et qui faisait, d'après son rôle, 0 tonneau 6 ! J'ai donc ramé souvent, mais triché aussi en lui plantant par exemple un tuteur (le mât), « emprunté » au jardin de ma grand-mère, et une « sortie-de-bain » (la voile), bien fixée au tuteur… Je ne filais pas grands nœuds, mais, par bon vent de suroît, c'est tout juste si, de la côte, on avait le temps de me voir passer ! C'était à La Trinité-sur-Mer dans les années 1930 (les dernières) et 1940.

Et puis j'ai grandi et j'ai alors navigué sur un 15 mètres (gréé en cotre), foc, grand-voile, cabine, couchettes, planches de roulis…, du sérieux, pour plusieurs jours parfois ; Vannes-Noirmoutier ou Pornic, Vannes-Audierne ou Douarnenez. C'était dans les années 1950 et nous étions 3 ou 4 à bord.

Mais il y a eu aussi, dans ma vie, beaucoup d'autres bateaux de beaucoup d'autres amis (Éric Tabarly par exemple ou Gilles Costantini, mon beau-frère, architecte naval), bateaux tous à voiles, et tous mouillés dans le Morbihan, Vannes, La Trinité-sur-Mer, Quiberon, Lorient, Larmor-Baden, Port-Blanc, Port-Navalo,

Arzon, l'île aux Moines... c'était dans les années 1940, 1950, 1960...

Vous l'avez compris ; la mer est mon pays ! Mais à partir du moment où je suis entré dans la vie professionnelle (1956), les créneaux de temps de navigation se sont sérieusement restreints ; les bateaux-mouches ne sont jamais parvenus à me restituer, d'un pont de l'Alma à un pont d'Austerlitz et retour, l'impression du large... mais ils n'ont jamais eu cette prétention ! J'ai pourtant fait mon possible pour me familiariser avec la Seine ; je me suis même engagé dans la protection civile. Dans les brigades fluviales, bien sûr. C'était à Paris dans les années 1960 (les dernières) et 1970.

Une goutte de science. L'origine de la navigation n'est bien sûr pas simple à découvrir. Les préhistoriens s'appuient sur l'âge de peuplements d'îles, dans la mesure où l'on peut vérifier qu'elles étaient vraiment des îles au moment de l'arrivée de leurs occupants. C'est ainsi que des auteurs hollandais (dont un ami, Paul Sondaar), puis australiens, en s'appuyant, entre autres, sur le peuplement de Florès, en Indonésie, ont parlé de 700 000 à 800 000 ans, voire 1 million d'années, pour la navigation Java-Bali-Sumbawa-Florès, mais cette proposition audacieuse n'a, pour le moment, pas eu de suite. Avec le même raisonnement, d'autres auteurs ont suggéré 120 000 ans, en datant cette fois l'arrivée de l'homme en Crète. Plus fiable est, sans doute, l'estimation de l'âge des premiers Australiens ; on parle de 50 000 à 70 000 ans ; l'époque était en effet glaciaire, la mer donc plus basse, mais 80 à 100 kilomètres de mer profonde restaient tout de même à franchir, à partir des côtes indonésiennes les plus proches (Timor), pour atteindre l'Australie ou la Nouvelle-Guinée qui lui était alors reliée. Ces âges proviennent de datations de sites préhistoriques australiens, mais aussi de la lecture génétique des ADN d'Aborigènes contemporains. Un ami, Australien et préhistorien, m'a dit un jour qu'il pensait que les bateaux de ces navigateurs avaient été des radeaux en bambous, graminées arborescentes lignifiées, mais souples, matériau en effet particulièrement présent sur les îles de l'océan Indien. Tout cela montre que l'homme a toujours eu la « bougeotte » et que les espaces maritimes, s'ils ont certes ralenti ses explorations, n'ont jamais été longtemps pour lui des obstacles insurmontables. Si l'on descend le temps, on découvre cette fois les bateaux eux-mêmes, des pirogues monoxyles (creusées dans un tronc d'arbre) ; citons celles, à usage évidemment fluvial, de Noyen-sur-Seine et de Nandi, près de Paris, datées de 9 000 à 10 000 ans (Mésolithique) ou celles encore de Bercy, à Paris même, de 6 000 à 7 000 ans (Néolithique). Et on retrouvera ce type de barques, les plus simples à fabriquer, pendant des millénaires un peu partout dans le monde. Elles sont mues grâce à une perche que l'on appuie sur le fond ou à des rames quand l'eau est trop profonde. Les dessins gravés sur les mégalithes bretons schématisent des barques sans doute comparables (entre 7 000 et 4 000 ans), les peintures égyptiennes aussi (5 000 à 2 000 ans), mais ces dernières y ajoutent des embarcations légères en papyrus et des bateaux en plusieurs pièces de bois assemblées, véritablement construits, avec des planches fixées sur les flancs pour surélever les bordages, bateaux évidemment propulsés par plusieurs rameurs. Les bateaux phéniciens, quant à eux, montrent sans doute l'étape suivante (dès 4 000 ans) ; la voile désormais s'impose et ces navires se lancent sur la Méditerranée et, passant Gibraltar, s'aventurent sur l'océan Atlantique. N'oublions pas que l'on a trouvé (on aurait trouvé) une monnaie de Pythéas (300 avant Jésus-Christ) au fond du port de Reykjavik. En Chine, ce serait de 2 700 ans que dateraient les premiers écrits décrivant des bateaux, de 2 200 ans les premières cartes marines et de 1 800 ans les premières représentations d'embarcations, des pirogues monoxyles d'une part et des bateaux construits en bordées assemblées, étrave (pièce de bois qui forme la proue) et étambot (pièce de bois qui supporte le gouvernail et forme la poupe) d'autre part. Mais n'oublions pas que c'est à partir de cet Extrême-Orient que, bien avant écrits et cartes, l'homme a traversé, à pied ou en barque, le Béring pour peupler l'Amérique (30 000 ans) et que, lancé sur l'océan Pacifique, il a, à raison d'un millier de kilomètres par siècle, conquis toutes les îles de la Micronésie et de la Polynésie (3 000 ans). Je voudrais terminer par un bateau qui m'est cher, celui des Vénètes d'il y a plus de 2 000 ans et que décrit Jules

César : « La carène des bateaux ennemis [vénètes] est un peu plus plate que celle des nôtres [romains], ce qui leur rend moins dangereux les bas-fonds et le reflux ; les proues sont très élevées, les poupes peuvent résister aux plus grandes vagues et aux tempêtes ; les navires sont tout entiers de chêne, et peuvent supporter les chocs les plus violents. Les bancs, faits de poutres d'un pied d'épaisseur, sont attachés par des clous de fer de la grosseur d'un pouce ; les ancres sont retenues par des chaînes de fer au lieu de cordages ; des peaux molles et très amincies leur servent de voiles, soit qu'ils manquent de lin ou qu'ils ne sachent pas l'employer, soit encore qu'ils regardent, ce qui est plus vraisemblable, nos voiles comme insuffisantes pour affronter les tempêtes violentes et les vents impétueux de l'océan et pour diriger des bateaux aussi pesants... » Et puis, de pirogues en navires, nous en sommes aux paquebots de 10 000 passagers, aux sous-marins nucléaires et aux voiliers qui volent !

Figure 21. *Pirogues monoxyles, Amérindiens warao, embouchure de l'Orénoque, Venezuela, 2018.* (*Photographie d'Yves Coppens.*)

Mais l'appel des océans m'est revenu, sans le vouloir. Dès les années 1970, plusieurs compagnies, la compagnie Paquet par exemple, m'ont fait des appels pour les rejoindre et donner des conférences sur leurs paquebots. Je dois dire que j'ai un peu traîné les pieds, d'abord parce que j'avais bien d'autres choses à faire, mais aussi parce qu'il m'a fallu, psychologiquement, penser à passer de l'artisanat à l'industrie, des sifflements du vent aux grognements des cornes de brume ! Mais j'ai fait le pas ; retrouver un plancher qui bouge, mon rêve, l'a emporté sur le reste ! Et je pense que la première croisière que j'ai acceptée (j'en avais refusé beaucoup) fut, en août 1988, sur le *Mermoz*, un parcours d'Oslo à Marseille (par la mer d'Irlande et Gibraltar) ; ayant à y donner deux conférences, l'une entre Dublin et La Pallice, l'autre entre La Pallice et La Corogne, j'ai la honte d'être allé chercher le bateau à Dublin et d'en être débarqué à La Corogne (j'ai d'ailleurs essuyé une belle tempête dans le golfe de Gascogne) ! Personne ne m'a rien dit à bord, mais j'ai bien vu que ma manière désinvolte d'honorer mon invitation n'avait guère plu !

Et puis mon petit garçon est né (1995) ! Et je me suis dit que le temps était alors peut-être venu d'user de ces offres qui se multipliaient en échange des conférences de son père, pour lui faire voir le monde (un conférencier n'est en général rémunéré que par son embarquement ou celui de son couple, avec éventuellement un enfant, son gîte et son couvert, et souvent, mais pas toujours, les excursions de la croisière gratuites). Et le premier voyage que fit Quentin, ce fut de Venise à Kusadaci (Turquie) et retour, une très belle tournée sur la Méditerranée, ce qui lui permit de prendre son baptême de mer et, en l'occurrence aussi, son baptême du « coup de vent » ! Il avait 2 ans et c'était sur l'*Azur*, une croisière de l'*Encyclopedia Universalis* ; j'y étais donc conférencier avec le philosophe Jean-François Revel, l'helléniste Jacques Lacarrière et l'astrophysicien Pierre Léna. C'est, un peu, grâce à ce maudit coup de vent sur l'Adriatique qui avait rendu malades les trois quarts des croisiéristes que je gagnai ma réputation de marin « résistant au mal de mer » ! Je n'y pouvais rien, je n'ai jamais, ou, soyons modeste, je n'ai pas encore, été malade lors de ces gros temps qui bousculent ! Ce jour-là, donc, je rencontrai dans les coursives bien désertes l'organisateur de la croisière, Marc Saugier. Et Marc, qui est devenu un ami, me dit : « Comment allez-vous ? », et puis enchaîna, sans attendre ma réponse : « Figurez-vous que je suis très embêté, car Jacques Lacarrière est malade. Or il devait donner une conférence dans quelques minutes… Vous ne pourriez pas improviser quelque chose à sa place, ça me rendrait grand service ! – Si, bien sûr ! » lui dis-je, et je me retrouvai sur la scène du cinéma, au fond du paquebot, face à un auditoire très clairsemé mais ravi, à raconter des histoires de préhistoire « au débotté » ! Marc Saugier, qui organise toujours mille croisières, ne m'a plus lâché depuis !

Et puis, sur une des croisières de 2008 ou 2009, Marc Saugier me parla d'une idée qu'il avait, me dit-il, depuis longtemps, celle de mettre sur pied avec moi des croisières scientifiques régulières, lui pour l'organisation du voyage, moi pour le plateau de conférenciers ; je répondis un peu tièdement, je l'avoue, trouvant qu'au coup par coup, comme on fonctionnait depuis des années, ça ne se passait pas si mal ! Marc est alors allé voir Martine qui, ayant déjà pensé à quelque chose du même genre, lui a fait part tout de suite de son enthousiasme. Alors, Marc est venu me relancer, pardi, et je cédai, bien sûr ! « Cherchez la femme ! » dit-on. Et je donnai, dès le lendemain, à Marc, griffonnés sur un bout de papier qu'il me dit avoir gardé, une dizaine de thèmes et plusieurs dizaines de noms de conférenciers susceptibles de les représenter. Marc, très encouragé, m'avoua ensuite qu'il ne m'avait pas parlé d'un préalable important : trouver un sponsor, c'est-à-dire des sous ! Il me suggéra des noms d'institutions, d'entreprises, de journaux, susceptibles de remplir cette fonction. Je pensai alors à un magazine scientifique que je « fréquentais » depuis presque soixante ans (!), *Sciences et avenir*, et qui était en outre dirigé par une journaliste scientifique que je connaissais depuis très longtemps aussi, Dominique Leglu (je l'avais rencontrée lorsqu'elle était responsable de la page « Sciences » au journal *Libération*). Rendez-vous fut donc pris dès notre débarquement, et Dominique Leglu nous reçut avec chaleur et trouva tout de suite l'idée intéressante. Et, de fil en aiguille, les choses se mirent en place et Les Croisières du savoir furent créées ; ce seront des Croisières Sciences et avenir, Dominique Leglu en sera la directrice, Marc, l'organisateur et moi, le parrain ! La première Croisière du savoir a ainsi navigué dès 2010, nous préparons la 11e pour 2022 (en Islande) et déjà la 12e pour 2023 (en Algérie).

Voici brièvement quels en ont été les thèmes, les destinations et les bateaux :

- 2010 : « Une nouvelle histoire de l'humanité », en Méditerranée occidentale (Italie, Malte, Tunisie, Corse) sur le *Princess Danae.*
- 2011 : « Les pouvoirs de l'esprit, les mystères du cerveau », en Norvège, sur le *Princess Danae.*
- 2012 : « L'homme et les mystères de l'univers », en Méditerranée orientale (Turquie, Grèce), sur le *Princess Danae.*
- 2013 : « Les mystères de l'océan », en Méditerranée occidentale (Espagne, Gibraltar) et en Atlantique (Maroc), sur l'*Horizon.*
- 2014 : « Scénarios du futur pour l'homme de demain », en mer du Nord (Écosse, Shetland, Féroé, Lofoten, Norvège), sur le *Costa Classica.*
- 2015 : « Ce que savaient les civilisations disparues », en Adriatique (Italie, Croatie, Montenegro), sur le *Costa Mediterranea.*
- 2016 : « Le savant dans la cité, en mer Tyrrhénienne », sur le *MS Berlin.*
- 2017 : « Grèce, berceau des sciences », en Italie et en Grèce, sur le *MS Berlin.*

• 2018 : « Cosmos, avenir de l'humanité », dans les îles Britanniques (Écosse, Irlande et Angleterre), sur le *MS Hamburg*.
• 2019 : « Les routes du Levant », en Méditerranée orientale (Italie, Crète, Grèce, Israël, Chypre), sur le *MS Berlin*.

Dix belles croisières donc avec, chaque fois, une brillante équipe de conférenciers, aux spécialités liées aux thèmes, le thème étant, le plus souvent possible, lié à l'itinéraire. Comme, dans ma vie professionnelle, je m'occupe des premiers peuplements humains, j'ai toujours eu un exercice imposé, présenter le premier peuplement des lieux que nous allions visiter ou visitions ; seule l'Antarctique me posera problème, lorsque j'aurai l'occasion d'y aller, mais, c'est, pour le moment, un des grands lieux terrestres qui m'a échappé… !

Au jour d'aujourd'hui, mon *curriculum navium* compte trente-trois croisières sur vingt-trois paquebots.

Une goutte de science. Mes premières conférences, à quelque bord que ce soit, ont donc, comme je viens de le dire, proposé le fondement même de ma recherche : l'origine de l'homme, avant de traiter, chaque fois, de l'origine du peuplement humain des pays où « mon » paquebot se propose de faire escale.
Résumons-les. L'homme est né, il y a environ 3 millions d'années, de la nécessité, pour son ancêtre préhumain, de s'adapter à un changement climatique (une sécheresse). Et il est né, cet homme, sous les tropiques d'Afrique ; son berceau est un arc de cercle, allant du Tchad à l'Afrique du Sud, en passant par l'Éthiopie, le Kenya, la Tanzanie et le Malawi et enserrant la forêt équatoriale ; j'appelle cette origine « le berceau concentrique » ou « le berceau en rond de l'humanité » ! Et, à partir de ce berceau, l'homme s'est très vite déployé à travers toute l'Afrique, au point d'atteindre, dès 2,5 millions d'années, une des sorties de son continent d'origine : le Bab el-Mandeb, le Sinaï, Gibraltar. Il étend alors son territoire à l'immense Eurasie, l'Asie d'abord, semble-t-il, pour des raisons paléogéographiques (l'homme

aurait plus de 2 millions d'années en Chine, 1,6 million en Italie). Peut-être s'est-il d'ailleurs échappé à la fois par le Sinaï (*Homo habilis-Homo erectus*) et par Gibraltar (*Homo erectus-Homo neanderthalensis*).

La première espèce à « sortir » d'Afrique semble bien, en effet, avoir été *Homo habilis,* la toute première espèce du genre *Homo,* au moins du côté Sinaï. La porte étant alors ouverte (climatiquement et environnementalement), les espèces suivantes ont évidemment suivi les mêmes routes, en commençant par *Homo erectus,* le descendant d'*Homo habilis* (certains auteurs qui aiment bien les subdivisions ont créé un *Homo ergaster* entre les deux).

Puis, beaucoup plus tard, une autre « espèce », *Homo sapiens,* la nôtre, va naître à nouveau en Afrique, vers un demi-million d'années, et il va, lui aussi, en sortir, à son tour, par les routes déjà décrites ; il va ainsi couvrir lui aussi l'Eurasie, l'Asie d'abord (200 000 ans en Israël, 100 000 en Chine), l'Europe (45 000 ans en Bulgarie). Mais il y a rencontré évidemment cette fois les descendants de ceux qui sont arrivés là deux millions d'années avant lui, et il s'y hybride (un peu). Arrivé tard dans le Grand Nord (45 000 ans en Sibérie), c'est *Homo sapiens* qui va franchir le Béring vers 30 000 ans, atteindre l'Amérique du Sud vers 20 000 ans, le Groenland vers 5 000, les îles du Pacifique à partir de 3 000 ans.

CHAPITRE 22

Le buste de Saint-Hélier

Guillaume le Conquérant

(1 000 ans)

Henri-Victor Vallois, anthropologue, célébrait, en 1969, ses 80 ans, à l'Institut de paléontologie humaine dont il était directeur. Alors jeune sous-directeur du musée de l'Homme, où je venais d'être nommé, j'y avais été convié. Et j'y fis la connaissance d'un autre anthropologue, celui-là de l'université de Toulouse, Jacques Ruffié. Très chaleureux, très bavard, un peu « m'as-tu-vu », Jacques Ruffié, médecin, professeur, sympathisa volontiers, ce jour-là, avec tous les invités de l'anniversaire dont j'étais. Mes recherches en Afrique et leurs résultats retinrent alors son attention et il me proposa de me faire venir à Toulouse, à l'hôpital Purpan, où il avait son laboratoire dit « d'hémotypologie », pour faire mieux connaissance. Et je m'y rendis volontiers peu de temps après. Candidat à l'élection au comité national du CNRS, j'y fus élu cette même année, à la commission anthropologie-ethnologie-préhistoire et Jacques Ruffié aussi, et, une fois la commission constituée, notre cuisine interne en fit même notre président. Comme, au terme de ce premier mandat, je me suis présenté, avec succès, à un second, et comme, pour des raisons de retards variés, les deux mandats ont été prolongés, j'ai dû passer une petite dizaine d'années aux côtés de Jacques Ruffié, dans ce contexte de travail, de représentation et de bonne humeur, ce qui nous a bien évidemment rapprochés.

En 1972, Jacques Ruffié est entré au Collège de France. Sa chaire s'appelait « Anthropologie physique ». Ses invitations à Toulouse se sont alors doublées d'invitations plus faciles au Collège, chaque fois qu'il recevait un collègue français ou, à plus forte raison, étranger, mais aussi, sans prétextes, pour parler de certains dossiers CNRS, bavarder de science et bâtir des projets. C'est de cette façon que je rencontrai, grâce à lui, Raymond Aron, Jean Dausset, ses collègues au Collège, Isaac Chiva, ethnologue du laboratoire de Claude Lévi-Strauss, Jean Bernard, un de ses patrons, Luigi Cavalli-Sforza, Arthur Mourant, Luc de Heusch, collègues respectivement américano-italien, anglais et belge, et des personnalités politiques, Alain Savary, Jean-Pierre Chevènement, Jack Lang, etc. Jacques Ruffié était de ces gens qui, appréciant quelqu'un, ne cessaient alors de lui faire ainsi partager, gracieusement, ses relations, ses invitations, ses prérogatives. Il était fidèle et généreux. C'est d'ailleurs la raison pour laquelle, très tôt, il me proposa de me faire entrer au Collège et qu'il prépara ma candidature, au point que, lorsque je fis en 1982 ma campagne, certains de mes électeurs me déclarèrent quelque chose du genre : « Ah ! Vous voilà enfin, depuis le temps qu'on annonce votre arrivée ! »

Mais revenons aux invités de Jacques Ruffié. Le plus fréquent était sans doute l'Anglais Arthur Mourant. Arthur Mourant était un savant délicieux, timide, espiègle, un peu enfantin et pourtant grand spécialiste, connu et reconnu du monde entier, de l'hématologie géographique. Il avait été, en effet, à l'origine de l'idée et du développement de cette approche de sa discipline, ayant pu disposer, par la force des choses, d'une très grande diversité de sangs humains « grâce » à la triste nécessité d'avoir eu à transfuser de nombreuses victimes des bombardements de Londres, lors de la dernière guerre mondiale. Et comme les travaux de Jean Bernard, puis ceux de Jacques Ruffié, s'apparentaient de très près à cette approche géographique et ethnique du classement si éloquent des sangs, Arthur Mourant faisait partie des collègues très proches de notre ami toulousain et qui, à ce titre, se trouvait invité sans cesse au Collège de France pour donner cours et conférences. C'est sans doute la première raison pour laquelle mes rapports avec ce collègue anglais, parmi ceux entretenus avec les personnalités reçues par Jacques Ruffié, avaient été de loin les plus proches. Nous parlions bien sûr tous les deux de biologie et de paléontologie, mais comme il était originaire de Jersey et que je le suis de Bretagne, nous nous entretenions surtout beaucoup de la géologie et de la préhistoire de nos terres (les îles Anglo-Normandes, the Channel Islands, font partie du Massif armoricain), domaines qui le passionnaient, m'avait-il dit, depuis son enfance.

UNE GOUTTE D'HISTOIRE. Jersey est donc une des îles, dites « anglo-normandes », la plus grande (en gros 100 kilomètres carrés pour 100 000 habitants). Ces îles font, au Moyen Âge, partie de la Normandie, duché féodal du royaume de France, « confié » en 911 par le roi Charles le Simple au roi viking Rollon, duché devenu ainsi une sorte de principauté quasi autonome. Or comme, en 1066, leur duc, Guillaume le Bâtard (dit, plus tard, Guillaume le Conquérant), descendant de Rollon, battit le roi Harold à Hastings, notre Guillaume devint roi d'Angleterre (sous le nom de Guillaume Ier) et lesdites îles, comme tout le duché, devinrent, *de facto*, anglo-normandes. C'est d'ailleurs la raison pour laquelle les Jersiais, pleins d'humour, disent que ce sont eux, en fait, qui ont conquis l'Angleterre. Cette Angleterre et la Normandie resteront ainsi unies jusqu'en 1204, date à laquelle Philippe-Auguste, roi de France, inquiet de la suprématie grandissante de son voisin anglais et des menaces qu'elle entraînait, décida de rattacher d'autorité la Normandie à son royaume. Jean sans Terre, alors roi d'Angleterre, s'y soumit (non sans peine), mais il n'en conservera pas moins le titre de duc de Normandie grâce aux îles Anglo-Normandes qui, elles, ont résisté à cette annexion. Et cette situation sera ratifiée par le traité de Paris de 1259, tant et si bien qu'aujourd'hui encore, la reine Elizabeth II se trouve être « duc de Normandie » (elle a, en effet, refusé la féminisation du titre).

Dès 1975, très peu de temps après son installation au Collège, Jacques Ruffié nous avait conviés tous les deux, Arthur Mourant et moi, à l'hôpital Purpan, à Toulouse, pour participer au jury de thèse (doctorat en biologie humaine) d'un de ses élèves, Jean-Claude Quilici. Le sujet en était l'étude hémotypologique de populations indiennes d'Amérique du Sud. La coutume alors, en médecine à Toulouse, exigeait que l'on siégeât en robe. Arthur Mourant, averti, était donc venu de Londres avec sa robe rouge de médecin et son chapeau carré ; il était superbe ! Moi, non informé, je n'avais rien prévu et pour cause ! Je n'avais d'ailleurs pas de robe, mais, lorsque, au cours de ma carrière, son port s'était révélé obligatoire, ce qui m'était arrivé quelques fois, j'avais emprunté la robe, violette (sciences en France), de mon père, professeur des universités, comme on dit, l'université de Nancy en l'occurrence. J'appris alors, heureusement, que le vestiaire de la fac dans laquelle je me trouvais pouvait pallier mon oubli. Je me retrouvai ainsi dans une robe noire, très grande, beaucoup trop grande, mais qui avait, du coup, l'avantage de me permettre de grands effets de manches, ce dont je n'ai pas manqué de me servir, lorsque, après la présentation du candidat, j'ai eu à prendre la parole. Or, durant cette présentation précisément, je me suis trouvé, dans l'alignement des cinq ou six membres du jury, voisin d'Arthur Mourant, et je me suis vite rendu compte que, à peine l'exposé de Quilici commencé, il dormait ! Et je m'en suis rendu compte d'autant plus facilement que, lorsque son sommeil devenait plus profond, il tombait sur mon épaule. Je le repoussais bien sûr, chaque fois, avec discrétion, ce qui le faisait un tout petit peu revenir « à lui » avant de replonger dans la même torpeur… Et l'exercice se répéta une bonne demi-douzaine de fois, sans que le public ou le jury s'en aperçoive (trop), sans scandale ni interruption de séance donc, « grâce » à ma vigilance de tous les instants ! Et, à ma grande surprise – je n'en revenais pas ! –, les questions et remarques de notre collègue britannique à notre candidat furent des plus pointues, des plus pertinentes, en parfaite cohérence avec ce que nous, éveillés, avions entendu. Inutile de dire que, lors de la délibération du jury qui, comme chaque fois, suivait l'exercice, pour que ses membres se mettent d'accord sur l'attribution à l'impétrant du titre de docteur ou pas et, si oui, avec quelle mention, aucun de ces jurés ne fit la moindre allusion à la somnolence du confrère britannique ; et lui-même, très à l'aise, n'en dit mot non plus !

Quelques années passèrent. Nous nous rencontrâmes souvent au Collège, au domicile de Jacques Ruffié, alors dans le XIe arrondissement de Paris, ou au restaurant Le Coupe-Chou, voisin du Collège et un peu notre « cantine », et j'appris un beau jour que l'ami Mourant allait se marier (c'était en 1984, il avait 80 ans) et qu'il était le plus heureux des hommes. Jacques Ruffié et moi le félicitâmes bien évidemment. Et puis, quelques années plus tard, je reçus de lui un courrier, personnel cette fois, qui me remplit d'étonnement et de fierté. La Société jersiaise, en hommage à la longue et brillante carrière d'un de ses membres éminents, le professeur Arthur Mourant, *fellow* de la Royal Society (FRS), avait pris l'initiative de lui faire sculpter son buste (par le fameux sculpteur John Doubleday qui avait déjà réalisé les bustes du prince Philip, de Golda Meir, de Charlie Chaplin, de Nelson Mandela, des Beatles, etc.) et l'ami Arthur avait prié ladite société de me solliciter pour inaugurer ce bronze ! Il m'écrivait donc pour m'informer de l'arrivée prochaine de ce courrier de Jersey et pour me demander si je voulais bien lui faire l'honneur d'accepter cette invitation.

Je m'empressai d'accepter, à la fois touché par le choix du héros de l'histoire, par l'audace, de sa part, d'avoir choisi, comme parrain, un Français, pour célébrer, en anglais, un Anglais, en Angleterre, et amusé par cet exercice qu'il m'était ainsi donné de pratiquer pour la première fois ! Et ce jour arriva ; ce fut le 27 avril 1990, à Saint-Hélier, dans le petit jardin du Geological and Archaeological Museum de la Société jersiaise. Un grand voile violet recouvrait le monument, voile qu'il me revenait bien sûr de retirer avant le discours d'éloge de la personnalité honorée. Je dois dire que je me suis « régalé » ! J'ai, du geste auguste du semeur, découvert le bronze, d'ailleurs remarquable, et tout le monde a applaudi. Et puis j'ai rendu un hommage solennel et mérité à l'œuvre du chimiste, biologiste et généticien, Arthur Ernest Mourant, à ses études brillantes, à ses conditions héroïques de collecte de sang sous les obus allemands et à la naissance consécutive d'une discipline nouvelle, l'hématologie géographique, etc., mais je m'étais permis aussi de commencer par la petite histoire du grand professeur dormant sur mon épaule lors d'une « défense » (comme on dit en Angleterre) de thèse ! J'eus de la part du public un bruyant succès ; Arthur Mourant et sa femme, adorables, installés côte à côte sur de petites chaises, de l'autre côté de la statue, face à moi, avaient l'air aussi heureux d'entendre cette anecdote que moi de la raconter ! Par contre mon discours, qui fut publié dans la presse locale et dans la revue de la Société jersiaise, avait été amputé de la petite histoire ! *Shocking I* (« Oration by Professor Yves Coppens, Ceremony Honouring Dr Mourant », *Biology and Society*, vol. 7, n° 31, p. 114-117, septembre 1990) ! Arthur Mourant m'a bien sûr répondu par un discours court, charmant comme il est, et rempli d'humour. Et puis tout le monde s'est précipité vers le thé et les petits gâteaux dans une salle du musée qui avait réuni, pour la circonstance, une petite exposition de documents marquants de la vie d'Arthur Mourant, articles, photographies, diplômes, médailles.

Figure 22. *Buste d'Arthur Mourant à Saint-Hélier, Jersey. (Courtesy of Jersey Heritage Collections/Sculpture : Courtesy John Doubleday.)*

J'avais été, pour ce court séjour, généreusement hébergé chez les Mourant. J'avais ainsi, avant les festivités, fait la connaissance de dame Mourant, jeune mariée, peut-être un petit peu moins âgée que son mari, londonienne, charmante, exubérante, agitée, un peu fofolle même et aussi bavarde que lui était discret ; mais il n'en cessait pas moins de la regarder avec délice et admiration, avec amour quoi ! Et bien que logeant chez eux, j'avais gardé secret le texte de mon discours pour leur en faire la surprise. Et le sieur Mourant avait eu la délicatesse, comme je ne lui en parlais pas, de n'évoquer ni le texte de ce discours, ni son contenu, lors de cette soirée au coin d'une jolie cheminée aux lumières dansantes d'un feu de bois. J'ai eu ainsi le plaisir de voir les yeux de mon ami Arthur écouter, autant que ses oreilles, les propos le concernant dans la bouche de celui qu'il avait choisi et qu'il connaissait suffisamment pour lui avoir fait confiance… mais sait-on jamais ?

La cérémonie passée et bien passée, à nous le terrain ! J'ai déjà dit l'amour d'Arthur Mourant pour son île, sa géologie, son archéologie, sa préhistoire. Nous avons ainsi, en quelques jours, écumé tous les affleurements rocheux, toutes les coupes de terrain, tous les dépôts côtiers ou en grottes, tous les mégalithes possibles et imaginables ; la grande visite a été celle de La Cotte de Saint-Brélade, un habitat moustérien de néandertaliens, riche en restes de gibiers consommés ; mammouth, rhinocéros laineux, etc., très comparable au site breton de Mont-Dol en Ille-et-Vilaine ; son âge ? entre 100 000 au moins (120 000 pour le site breton) et 250 000 ans peut-être. J'ai fait plaisir à mon ami Mourant, en effet passionné – sur le terrain, ça ne trompe pas –, en recueillant, sous son nez, une dent de renne (*Rangifer tarandus*), montrant un bout de sa couronne dans des sédiments apparemment en place. Et cette fois en français, qu'il comprenait parfaitement et ne parlait pas mal (mais nous conversions d'ordinaire en anglais), je n'ai pas pu m'empêcher de lui dire la très mauvaise blague suivante : « Chez vous, par courtoisie, je ne pouvais trouver qu'une dent de reine ! » Et la molaire (inférieure) a dû rejoindre les collections du musée de Saint-Hélier dans les jours qui ont suivi notre visite.

Arthur Mourant, le savant charmant, s'est éteint à Jersey, le 29 août 1994. Il avait 90 ans !

CHAPITRE 23

Le fémur du TGV

Les hybrides du Japon

(20 ans)

Pour une fois, nous commencerons par la goutte…

UNE GOUTTE DE SCIENCE. À la fin de la dernière glaciation, au moment où les humains, dans une température plus douce, s'arrêtèrent pour mieux cueillir et inventèrent l'agriculture, ils voulurent le faire savoir… pour, à la fois, s'en vanter et la défendre ; ils érigèrent pour cela la première architecture monumentale du monde, le mégalithisme. Mais pour déplacer de grosses pierres avant de les planter, il leur a fallu inventer le moyen de les bouger ; les chemins de roulage sur billes de bois et le contrôle de ce roulage par lanières végétales ont pu permettre, avec l'aide de leviers, ces déplacements ; c'est peut-être l'origine du transport guidé qui deviendra, sept ou huit millénaires plus tard, et après, bien sûr, beaucoup d'autres étapes, le chemin de fer !

Il y a 5 000 à 6 000 ans apparaissent, en Europe centrale, des preuves archéologiques de l'existence de roues – pièces circulaires tournant autour d'un axe –, ce qui est évidemment une invention d'autant plus remarquable qu'il n'y en avait pas de modèle dans la nature. Et pour guider ce nouveau roulage vont apparaître ou bien des séquences parallèles de madriers de bois aménageant entre elles une gouttière de contrôle du déplacement, ou bien des rigoles creusées dans des dalles de pierres successives et jointives. Il s'agit ni plus ni moins de l'invention du « rail » (du latin *regula* qui signifie « barrière ») ;

guider c'est en effet aider à progresser certes, mais à ne progresser que dans un seul sens, ce qui est quand même ni plus ni moins une contrainte !
Petit à petit les ingénieurs vont passer de l'ornière au rail, rail en bois d'abord avec chariots à traction animale ; le bois cédera ensuite la place au fer, à la fonte ou à l'acier et la traction animale à la traction mécanique. Et puis ce sera un ingénieur de Cornouaille, Richard Trevithick, qui inventera, en 1804, la première locomotive à vapeur et c'est une usine sidérurgique du pays de Galles qui s'en servira la première. Richard Trevithick n'avait pas donné de nom à son premier modèle, mais avait par contre nommé le second « Catch me who can ! », superbe appellation qui pourrait s'appliquer parfaitement aujourd'hui à nos trains d'autant plus qu'il existe entre eux une vraie compétition internationale, à qui ira le plus vite. Une amie, Laurence Caillet, travaillant chez Alstom, et citée ailleurs dans ce livre, nous avait permis, à mon fils et à moi-même, d'aller visiter, sur les quais de Seine, la rame V150 de la SNCF qui avait battu le record du monde de vitesse en atteignant 574,8 kilomètres/heure sur la ligne à grande vitesse est-européenne le 3 avril 2007 (les roues tournaient à 47 tours/seconde !) et permis, en même temps, de rencontrer son pilote, le cheminot Éric Pieczak, charmant et fier, mais très modeste. La SNCF était évidemment l'héroïne, associée dans cette opération à Alstom et à RFF (Réseau ferré de France). Et c'est encore grâce à Laurence Caillet que je me suis rendu l'année suivante (le 5 février 2008) à La Rochelle pour participer à l'inauguration, par le président de la République, Nicolas Sarkozy, d'une nouvelle automotrice à grande vitesse, l'AGV, réalisée par Alstom pour la SNCF, superbe bolide à museau profilé, aussi élégant qu'arrogant.

Laissons là cette goutte introductive, tant archéologique que technique, et venons-en après la grande histoire à « ma petite histoire ».

L'information *Stratégies* du 12 février 2009 titrait « Le TGV Pro met les petits plats dans les grands... Pour renforcer son image... le TGV a lancé une campagne dans la presse et en affichages début février. Au travers des portraits du chef cuisinier Pierre Gagnaire, du paléontologiste Yves Coppens et du chef d'orchestre François-Xavier Roth, trois virtuoses qui ont prêté leur image à cette campagne, le groupe SNCF… » Et à partir de cet accord que j'ai volontiers donné, en effet (parce que la demande, la première pour moi de cette nature, m'amusait), mon téléphone n'a plus cessé de sonner… pour quantité de rendez-vous étranges ! Rendez vous avec le styliste, avec le coiffeur, avec le photographe, rendez-vous pour prendre mes mesures, pour faire des essayages, pour réaliser des prises de vue, et tout cela pour aboutir à cette image de ma personne tenant en équilibre au bout d'un doigt un fémur (évidemment tenu par le haut…), avec cette légende : « Yves Coppens déteste tomber sur un os quand il s'agit de se déplacer ! » Publicis Conseil orchestrait la campagne, TBWA Paris en était l'agence, Jean-Denis Pallain et Ludovic Ténart, les directeurs de la création, Sylvain Oger, le directeur artistique, Xavier Yonter, le concepteur, Thierry Bouët, le photographe (excellent), Marion Pignet, la styliste, Salima Aghanim, la coiffeuse (*hair stylist*), et les studios Les Oasis, les sanctuaires. Sachez, pour mieux saisir l'esprit de cette campagne originale, que mes deux autres compagnons de pub bénéficiaient des slogans suivants : « Pierre Gagnaire réinvente sans cesse sa cuisine, mais n'improvise jamais ses voyages ! » et « François-Xavier Roth s'amuse des contretemps sauf dans son planning ! » ; autrement dit de claires évocations, trois fois, de la nécessité, dans trois disciplines bien différentes, d'être à l'heure à quelque rendez-vous que ce soit, et par suite d'une exigence, de la part de nous trois, de la parfaite fiabilité des horaires du TGV Pro, ce qui d'ailleurs n'était pas faux. Il y a eu, paraît-il, une grande opération d'affichage dans les gares (un ami, Gilles Cousin, en route pour Paris, m'a dit s'être assis, en gare de Toulouse, juste en dessous d'un de mes portraits, puisqu'il lui a suffi, m'a-t-il précisé, de montrer l'affiche d'un geste à quelqu'un de ses amis qui lui demandait où il allait !) ; quant aux pochettes de billets, la jeune femme directrice de l'agence de voyages de la rue Monge, Michèle, m'a raconté en avoir acheté un stock à mon effigie (tout le stock de son fournisseur, étonné) pour en avoir à distribuer même après la fin de la « campagne ». Je n'ai jamais « rencontré » les affiches ; j'ai eu par contre à me servir souvent et longtemps de ces pochettes personnalisées ! Et la campagne terminée, « mes stylistes », eux, sont restés mobilisés et m'ont demandé, pendant plusieurs années, de leur fournir les données de l'évolution éventuelle de mes mensurations… pour être prêts au cas où !

Une nouvelle rencontre avec la publicité m'est arrivée, partagée d'ailleurs par plusieurs collègues et amis (Pierre-Gilles de Gennes, Yann Arthus-Bertrand), lorsque le responsable en France du lancement de la Prius, première voiture hybride électricité-essence, a recherché des témoins « visibles et fiables » pour faire connaître ce véhicule précurseur (vers l'année 2004). Superbe réussite en effet, d'ailleurs visionnaire, au silence « électrique » tel que dangereux pour les piétons et au changement d'énergie automatique, l'autre rechargeant l'une. J'ai eu l'occasion d'en parler ailleurs.

Cette première sollicitation de Toyota en a d'ailleurs entraîné une autre, l'essai deux jours en Camargue d'une Lexus cette fois, tout-terrain, d'où ma présence de broussard aguerri ! J'avais emmené avec moi mon fils (10 ans ?), qui avait beaucoup « impressionné » les invités, en demandant, de sa propre initiative, aux responsables embarrassés (lors de leur conférence de presse), quelle était la capacité du coffre… ! Quentin m'avait, en fait, souvent entendu dire que la Prius, parfaite en ville, était par contre une routière handicapée par son coffre, très occupé par l'équipement électrique qu'il fallait bien embarquer quelque part.

Figure 23. *Séance photo, TGV Pro, 2009.* *(Photographie © Thierry Bouët.)*

Et puis, ce fut une tout autre source (deux amis, Jacques Perrin et Éliane Marnas) qui fit Opel me prendre à son tour pour ambassadeur. Je l'ai été pour deux véhicules, un premier, l'Ampera (2012), de très belle qualité, hybride, mais nécessitant cette fois une recharge par branchement, et un second, la petite Adam (2013), superbe de confort et de finition, que j'ai regretté de restituer. Mon « devoir » a consisté à me faire photographier dans les deux véhicules en échange de leur prêt gracieux de quelques mois.

Là s'arrête à peu près toute ma carrière de « modèle » ! Mais je ferai remarquer que ces invitations ont chaque fois concerné des véhicules (automotrices, automobiles), autrement dit des machines faites pour bouger, pour voyager.

J'ai, pour ma part, en effet, par désir et plaisir, couru le monde, beaucoup à pied, mais grâce aussi aux « pieds » de quelques amis, ceux de chameaux (au Tchad), de chevaux (en France, au Venezuela), d'éléphants (en Inde), grâce à la traction de rennes (en Sibérie), de chiens (au Svalbard) ; mais j'ai aussi bien sûr roulé à vélo, et grâce à quelques moteurs, de scooter, auto, bateaux, avions, hélicoptères et même ULM (Corse) ; je n'oublie pas la voile, les voiles… ; ce fut chaque fois une découverte, une « belle découverte », du voyage et du moyen de voyager. Ce propos est d'une très grande banalité. Mais ce qui ne l'est pas et ne le sera jamais, c'est de se souvenir que voyager, c'est apprendre, et apprendre, c'est comprendre.

DEUXIÈME PARTIE

L'HISTOIRE NATURELLE

VI

Les animaux

CHAPITRE 24

Les zébus d'Ambohimanga

De l'auroch au taureau

(10 000 ans)

À l'été 1944 ou 1945, j'étais à La Trinité-sur-Mer ; mes grands-parents maternels y avaient une maison, qui était par suite aussi la nôtre. Ils avaient eu en effet trois filles, l'une était célibataire, l'autre mariée sans enfants, et la troisième, ma mère, mariée avec deux enfants, un garçon que j'étais et une fille. Ma sœur et moi étions ainsi les seuls petits-enfants de ce morceau de famille-là. Si nous étions l'été à La Trinité, c'était évidemment pour que nous, les enfants, « profitions » de ses plages. Cette petite presqu'île donnait sur la baie de Quiberon, au sud, et sur une ria, à l'est, une « rivière » remontée par la mer appelée ici rivière de Crac'h et qui abritait l'excellent port, à cette époque, de pêche (fréquentée par une population de chalutiers et de thoniers), aujourd'hui de plaisance, que l'on sait. La situation de notre maison, en haut du bourg, faisait que nous avions plus vite accès au chapelet de petites plages de la rivière qu'à la grande plage de l'océan, si bien que notre journée était souvent divisée en deux, le matin plus court, une des petites plages, l'après-midi plus long, la « grande » plage, avec retour à la maison, pour déjeuner, entre les deux. Mais, dans ces années troublées de la fin de la dernière guerre, nos parents limitaient souvent nos mouvements à des séjours de toute la journée avec pique-niques aux petites plages. Nous y étions en compagnie de petits-cousins de nos âges (nous en avions beaucoup, du côté de ma grand-mère maternelle – matrilocalité oblige ! –, dans le coin), tant et si bien que châteaux de sable, pêche à la crevette et bains nous occupaient joyeusement sans problème toute la journée. Mais voilà, dans ma petite tête à moi grandissait, doucement, cet étrange attrait pour le passé et les fouilles pour le rencontrer. Je jouais avec tout le monde comme tout le monde, bien sûr, mais je regardais aussi souvent le sol et les falaises, rêvant sans doute d'y découvrir quelque chose. Qui sait ?

Et c'est précisément ce qui arriva ! Cette année-là, nous allions plutôt sur la plus grande des petites plages du Levant, Kerbihan. Nous y accédions par un charmant petit chemin dit « des douaniers » qui serpentait tout le long de la rivière, au-dessus des plages, le long d'un côté de murets de propriétés, de l'autre, de « ronces » chargées l'été de petites mûres qui faisaient notre bonheur. Entre murs et mûres quoi ! Or, au niveau de cette plage, le petit chemin s'infléchissait doucement pour, un peu plus loin, remonter de plus belle, tout simplement parce que la roche qui supportait le chemin disparaissait ici quelques dizaines de mètres, sous l'estran, avant de réaffleurer, très vite, plus loin. Attiré, comme je le disais, par tous les contenants susceptibles d'avoir conservé des traces du passé, j'avais regardé de près, de très près, cet évanouissement de la falaise rocheuse. Il y avait, en effet, partout, au-dessus du socle cristallin, là où il existait une belle couche de terre, représentant donc une belle couche de temps, mais elle était inaccessible, sauf à l'œil, tout le long de la rivière, sauf ici, et juste ici, grâce à la disparition de son support. J'avais donc accès à cette tranche, bien coupée par l'érosion des grandes marées, offrant donc une vue limitée certes, mais imprenable sur son contenu. Et j'aperçus, en effet, dès les premiers jours de fréquentation de cette plage de Kerbihan, cette année-là, émerger, comme arrivant du temps… un os ! J'étais excité, enthousiaste, heureux, comblé, je ne sais comment qualifier ce bonheur, au grand étonnement de mes petits-cousins, cousines, qui ne se privaient pas de se moquer de mon os.

Comme le sédiment, venu m'apporter ce trésor, était très induré, le dégagement de celui-ci fut long. Et bien que je sois terriblement impatient de palper ma découverte, de la brandir, de la porter en triomphe, de la choyer, de la mettre à l'abri – j'en rêvais chaque nuit –, j'avais spontanément conscience qu'il convenait, pour ne rien endommager, de demeurer au contraire terriblement patient ! Et j'ai eu, en effet, intérêt à l'être, car, parvenu à une des épiphyses de mon os, je me suis aperçu que, par chance, cet os était resté en connexion anatomique avec l'autre os auquel il s'articulait… Et d'os en os, si je puis dire, je passai mon été, solitaire, mais heureux, et tournant le dos à la mer, ce qui ne manqua pas d'étonner, au mieux, mais parfois de bien agacer mon entourage. Et quand on fait ainsi, sans préparation, son apprentissage de la fouille, et sans connaissances anatomiques, son apprentissage du squelette, on remarque d'abord qu'il y a beaucoup d'os dans un individu, que les côtes, quand on y est parvenu, n'en finissent pas de défiler, qu'il faut une grande délicatesse pour ciseler chacune des vertèbres, pour individualiser les innombrables petites pièces du carpe et du tarse et pour sculpter les trous et les bosses d'un crâne. J'ai appris, ainsi, sur le tas (tas d'os, évidemment !), ce que pouvait signifier chaque morceau de mon puzzle, avec souvent l'aide amusée d'adultes de passage. Et puis parvenu enfin au crâne, forcément une fin au moins de ce côté-là, je dégageai de drôles d'excroissances, un peu coniques, un peu tordues, en matière osseuse certes, mais un peu différente, pleine de petits trous, et il me fallut longtemps pour comprendre, pour me convaincre peut-être, des « terrifiants pépins de la réalité », aurait dit Jacques Prévert ! J'avais affaire à des chevilles osseuses de cornes, mais dépourvues de leurs étuis, et je ne les avais pas vraiment reconnues ; je venais donc de passer des jours à dégager un squelette de... vache ! Je l'avais soigneusement rapporté par morceaux chez moi, et rentrai donc ce grand jour-là avec cette merveilleuse boîte qu'est tout crâne. Mon père s'y intéressa, ma maman aussi, mais seulement pour me faire plaisir, je crois (c'était visible), ma grand-mère rit beaucoup et les autres membres de ma famille me donnèrent la triste impression de rester complètement indifférents à mon triomphe. Je n'ose pas, pour finir, parler de la question de la destinée de ma vache, qui, au fond, étant donné la dureté et la nature de sa gangue, la profondeur de son enfouissement, la patine de ses éléments, était peut-être une vache gallo-romaine, une vache gauloise, une vache néolithique, que sais-je, en tout cas une vache respectable ; eh bien, elle n'a pas été respectée et a dû disparaître un jour avec les ordures ménagères dans la charrette (à cheval) qui remplissait alors, poétiquement, cet office à La Trinité-sur-Mer ! C'était donc l'histoire triste de ma première vache, la vache de Kerbihan !

Toujours à La Trinité-sur-Mer, mais sans doute un peu plus tard, à l'été 1947 ou 1948, j'ai fait la connaissance d'un garçon de mon âge, d'un village voisin, Kerguillé ; il s'appelait Maurice Le Lamer. Et nous avons sympathisé tout de suite. Je lui racontais mes histoires de préhistoire qui l'étonnaient et nous faisions de longues, longues promenades à pied, toujours à pied, à travers les champs, les bois, les landes, les ajoncs qui piquent ou les genêts qui coupent, en cueillant quelques bruyères ou quelques œillets, bien jolies petites fleurs toutes deux mauves, mais de deux mauves ! Et nous courions les mégalithes... ! C'est certainement avec Maurice, et grâce à sa gentille compagnie, que j'ai visité la plupart des tumulus, dolmens, alignements, quadrilatères, cromlechs qui me fascinaient et dont je lui imposais la rencontre. J'en prenais des mesures, j'en dessinais des plans, j'en recopiais des gravures et les mitraillais de photos. Qui aurait pu dire que, soixante-dix ans plus tard (*my godness !*), je présiderais le Comité scientifique international des mégalithes de Carnac et de sa région pour les faire inscrire par l'Unesco sur la liste des sites du patrimoine mondial de l'humanité ! Mais revenons à nos longues balades, insouciantes, mais « savantes » ! Nous parvenions à faire 8 kilomètres à l'heure sur route sans parler, 4 kilomètres à travers champs en bavardant, l'effort des premiers étant toujours destiné à nous offrir le luxe des seconds ! Le midi, quelques tomates crues et un peu de limonade à la bouteille nous remplissaient de bonheur ; quand on allait jusque chez la tante Rose (tante de Maurice), au Mané Kerioned, une crêpe et une petite bolée de cidre (parce que c'était loin de La Trinité !) ; quand on se contentait du tonton Louis au Latz (tonton de Maurice), quelques rondelles de saucisson et une toute petite goutte de calva (que j'appelais morbi, chauvinisme oblige) ou un petit verre de chouchen (parce que c'était plus près de La Trinité !). Mais ce ne sont pas du tout ces douceurs qu'à l'époque nous recherchions. La marche, la campagne, les menhirs, l'amitié nous comblaient.

Maurice venait donc d'un petit village distant de quelques kilomètres de La Trinité-sur-Mer. Il y habitait une ferme, avec sa mère, veuve, et sa sœur, un peu plus âgée que lui. Sa maman devait faire un peu de cultures, mais je ne sais plus de quoi, d'ailleurs peut-être que je ne l'ai jamais su et elle avait gardé, d'un petit troupeau, une seule vache, la meilleure laitière. Et c'était Maurice, garçon toujours très serviable, à plus forte raison avec sa vieille mère, qui amenait la vache de l'écurie au pâturage, dans un petit pré voisin, et du pâturage à l'écurie, après quelques bonnes heures de régal de vache. Or il s'est trouvé que Maurice me demandât, de temps en temps, de l'accompagner dans cet exercice, ce que je faisais bien volontiers. C'était la première fois que je fréquentais une vraie vache. Elle était grosse, les flancs joufflus, la robe majoritairement noire avec juste quelques petits nuages plus clairs, l'humeur égale et sérieuse sans être austère, animée par quelques manifestations sonores, d'ailleurs des deux bouts, sans doute pour faire savoir timidement, mais sans retenue, sa joie de vivre, et elle était généreusement équipée de ce qui comptait pour l'homme, son protecteur, des pis de rêve ! Puisque nous en sommes là, si bas, sachez que j'ai appris, grâce à Maurice, comment traire une vache, de la manière la plus simple qui soit, à la main. Une vache a une seule grosse belle mamelle (qui regroupe en fait deux paires de glandes mammaires), mais une mamelle à quatre pis ; avec de la patience, un seau, et une élégante assurance que l'on finit par acquérir, il convient donc de flatter les quatre pis à tour de rôle ! Voilà ! C'était l'histoire de ma deuxième vache, la vache de Kerguillé, celle dont j'ai été, quelquefois, un des compagnons.

Maurice, quant à lui, a fait l'école normale d'instituteurs, puis une licence de sciences de la vie et de la terre, et a mené ainsi une belle carrière de professeur dans le secondaire ; il s'est marié, a eu des enfants, a gardé la ferme familiale qu'il a complètement transformée tandis qu'il conduisait, localement, une action de défense de l'environnement, du littoral, de la tradition de la pêche à pied, de l'ostréiculture et du breton, sa langue maternelle.

À Noël 1964 ou 1965, j'étais dans le désert du nord du Tchad, en expédition de recherche paléontologique. J'avais une petite équipe composée de ma femme, Françoise, d'un « mouleur » (préparateur) de l'Institut de paléontologie du Muséum national d'histoire naturelle, Roger Sonilhac, d'un adjudant-chef para en retraite de l'armée, ancien chef de poste au Tchad, Louis Auclair, et de 7 + 1 Tchadiens (je dis + 1, car nous avions « récupéré » ce huitième personnage, qui était en fuite, disait-il (?), errant dans le désert sans bagages ni vivres, et nous l'avions intégré à l'équipe. Il s'y est d'ailleurs comporté en homme honnête, charmant, dévoué, travailleur, toujours très souriant et visiblement très reconnaissant...). Toujours est-il que nous voilà arrivés au 24 décembre. Nous campions aux alentours du 16e parallèle, dans un pays de dunes de sable (*barkhanes*), d'étendues de cailloux (*reg*), et de vallées sèches (*enneris*), sans grandes ressources pour fêter Noël. Je suis donc parti à la recherche d'idées et suis revenu avec un arbuste, déniché au fond d'un oued, et bien connu de tous les Sahariens, le *Calotropis procera*, porteur de fruits ressemblant à de petits avocats ovales (d'où le nom élégant de roustonnier du pape que lui donnent les légionnaires) ; je l'ai donc solidement replanté dans le sable devant les tentes et les camions de mon expédition, en guise du traditionnel « sapin » de Noël ! Quelques oranges retrouvées au fond de nos cantines y ont été mêlées aux abondants « roustons » pour simuler une certaine diversité de fruits cadeaux, et de petits paquets de coton hydrophile de notre trousse à pharmacie, un peu étirés pour occuper le plus de place possible, y ont été accrochés pour simuler... la neige ! Le spectacle était étrange pour nous, certes, mais il l'était aussi pour nos amis africains que l'habillement de cette plante fascinait ! La soirée a été agréable et enjouée et la nuit de Noël excellente ; on n'avait quand même pas osé aligner nos quatre paires de samaras (sandales) au pied de l'arbuste, au cas où... Il a donc existé un jour, dans les déserts du Tchad, un *Calotropis* de Noël !

Le lendemain matin, un des amis africains, Mahamat Ayi, vint me chercher et m'invita à me joindre à leur petite équipe pour un thé (à la menthe) ; il fait souvent très froid au petit matin dans ces régions sahéliennes et sahariennes. Et j'y allai bien volontiers, comme toujours, avec plaisir ; une fois installés, en tailleur, sur des couvertures jetées sur le sable, et après avoir savouré, tous les neuf, avant de parler, les trois tasses de thé qui s'imposaient, forcément brûlantes, et en faisant forcément grand bruit (ça refroidit les gorgées), un de ces jeunes gens prit la parole au nom de tous et me dit à peu près ceci : « On a cru comprendre qu'hier soir, c'était la fête pour toi.

– C'est vrai, dis-je, c'était Noël ! »

Il faut préciser que mes huit garçons étaient tous musulmans. « Alors, comme on t'aime bien, reprend le porte-parole, on a décidé de te faire un cadeau !

– Merci ! Vous êtes vraiment très gentils et je profite de ce moment pour vous redire que je suis très content de vous, de votre travail, de votre comportement, de votre bonne humeur ! Merci encore donc ! Et si maintenant je peux me permettre de vous le demander : “Quel est donc ce cadeau ?”

– Une vache ! » me répondirent-ils, pas tous ensemble mais presque !

Comprenez ma sidération !

« Mais, leur dis-je, vous savez bien qu'il n'y a pas de vaches ici, il n'y aurait rien à manger pour elles, il fait beaucoup trop chaud, il n'y a que des chameaux (dromadaires, bien sûr, mais on dit ici aussi chameau, car les arabophones disent *djamel*).

– Oui, c'est vrai, reprend le porte-parole, mais ta vache, elle n'est pas ici.

– Ah ! Bon, mais où est-elle alors ?

– Elle est à Zinder (au Niger à plus de 1 000 kilomètres de là), au pâturage, avec des centaines d'autres !

– Ah bon ! Merci !

– Au retour, on ira te la montrer.

– D'accord, mais qu'en ferais-je chaque fois que je rentrerai en France ?

– Oh, ce n'est pas un problème, tu la laisseras dans le troupeau et quand tu reviendras, si tu veux, tu iras la rechercher !

– Oui, en effet, c'est simple. »

Et puis j'ai fait la gaffe de ma vie qui les a tous fait s'effondrer de rire. Je leur ai en effet déclaré, très inquiet : « Mais si je la laisse dans le troupeau, quand je reviendrai la chercher, comment la reconnaîtrais-je ?

– Écoute, me dit Mahamat Ayi, quand tu me regardes, moi, Mahamat, tu me reconnais, tu ne me confonds pas avec un autre, non ?

– C'est vrai ! dis-je.

– Eh bien, pour ta vache, ce sera pareil ! Quand tu l'auras vue une fois, tu la reconnaîtras les autres fois ! »

Tout simple en effet, suis-je bête ! Les Chinois, très en avance sur les autres pays pour la reconnaissance faciale, en tout cas pour son application à grande échelle, ne viennent ils pas, en effet, de commencer à l'appliquer aux animaux, aux cochons domestiques par exemple, pour identifier plus vite et plus facilement ceux atteints de la peste porcine ! Voilà, c'était l'histoire de ma troisième vache, ma vache de Zinder, celle dont je suis propriétaire !

Je n'ai malheureusement jamais pris le temps de traverser la frontière Tchad-Niger pour aller me présenter à ma vache-cadeau afin que je puisse ensuite la reconnaître, mais j'ai eu à remplir des papiers pour la faire vacciner, ce qui m'a prouvé son existence, et puis d'autres papiers encore pour la faire couvrir, et puis j'ai reçu des actes de naissance de plusieurs petits veaux… Quand j'ai quitté le Tchad pour aller travailler en

Éthiopie, je pense que je devais être à la tête d'un vrai petit troupeau qui aurait pu assurer ma retraite sous ces tropiques que j'adore… Mais il y eut un grand coup de sécheresse dans les années qui ont suivi et je n'ai plus eu de nouvelles de mes vaches ! Adieu veaux, vaches, taureaux, retraite ! Mon troupeau s'est sans doute éteint, mort, hélas, ou consommé à temps ! Je ne le saurai jamais !

Je sais que j'ai déjà raconté cette histoire ailleurs, mais avouez que je ne pouvais guère me priver d'intégrer dans mon petit chapitre cette vache-là, une sur quatre, le quart de mon cheptel !

Ce sont Philippe et Isabelle Demarly, agriculteurs à Marle (ça ne s'invente pas !), qui nous ont conviés, Martine et moi, à La Capelle, dans l'Aisne, en septembre 2004 (les 4 et 5), pour quarante-huit heures de très grandes festivités locales. Pour la petite histoire, Isabelle était née Rayser, d'une famille de Signy-l'Abbaye, dans les Ardennes, amie de ma belle-famille, ceci expliquant cela. Comme La Capelle est le berceau du fameux fromage maroilles, c'était par la même occasion la fête de ce produit, insupportable à « respirer », mais heureusement merveilleux à déguster ! Comme d'habitude, j'y fis ce que l'on attend de moi, au moins deux conférences. Elles se sont adressées, la première, aux Capellois et aux Capelloises, noblesse oblige, et, la seconde, aux membres d'une association que l'on n'attend guère ici, mais dont s'occupaient activement les Demarly, « Les amis de la Pologne » ! Quittons Varsovie et revenons à l'Aisne ; notre accueil y fut grandiose, à la fois chaleureux et généreux : je reçus, solennellement, à la mairie, la médaille de citoyen d'honneur de la ville, et fus intronisé, au cœur de la fête, dans un joyeux brouhaha, chevalier d'honneur de la Confrérie du maroilles ! Et comme le fromage de maroilles est « marié » au vin de Bordeaux, lalande-de-pomerol, je reçus, par la même occasion, la promesse d'une intronisation dans le Bordelais aussi, promesse tenue et consommée (c'est le mot !) en 2009 (il a fallu que la cuvée 2004 vieillisse) ; je suis en effet alors devenu bailli d'honneur dans la confrérie de lalande-de-pomerol.

Mais voilà que le deuxième jour de la fête, je fus convié à un concours agricole. Bien que peu tenté, la moindre des choses, quand on vient d'être couvert d'honneurs, était de continuer à « participer », ce que je fis. Je m'y rendis donc, dans la plus grande confiance et la meilleure humeur qui soient. Et je ne savais pas que m'y attendait une épreuve nouvelle et redoutable ! Non contentes de m'avoir déjà fait citoyen et chevalier, les autorités capelloises m'avaient en effet élu (à l'unanimité, m'a-t-on dit), mais secrètement, ou au moins discrètement, parrain d'une des vaches lauréates ! Que faire ? Je ne pouvais reculer ! Et vous allez voir que c'était, en effet, le mot juste ! J'arrivai donc dans une sorte de hall, en partie occupé par une grande étable, où patientaient, en meuglant, les héroïnes du jour, et en partie par des sièges pour le public et le jury. Et le show débuta ! À l'appel, par le jury, du nom des vaches, du nom de leurs heureux propriétaires et, bien sûr, de celui de leurs parrains, se présentaient, dans l'espace entre « étable » et chaises, propriétaire, parrain et vache primée amenée par un « complice », sous les applaudissements du public. Le parrain avait alors pour devoir de passer autour du cou de sa filleule la médaille en « or », pendue au bout d'un long (quand même) ruban coloré, cette fois sous les hurlements de bonheur du même public. Et héroïne et héros se retiraient pour laisser la place au « couple » suivant. Et vint mon tour, le cinquième ou sixième, heureusement, ce qui m'avait donné assez d'exemples de ce qu'il fallait faire et surtout ne pas faire pour couronner sa filleule. La vache était belle, ronde, souriante au début, mais vite renfrognée lorsqu'elle me vit avancer vers elle, l'air de rien ! Je dégainai trop tôt mon ruban et tentai de manière sûrement trop agressive de le lui passer par-dessus les cornes, assez menaçantes ma foi, mais échouai lamentablement. Et quand c'est mal parti, comme vous le savez, c'est difficile de bien repartir ; la confiance entre parrain et filleule était quelque peu entamée, si tant est qu'elle ait existé. Et le jeu, qui finissait par ressembler à une corrida, sous les hourras d'un public très excité, dont, en plus, je ne discernais pas bien les choix (la vache ou le parrain), dura longtemps, très longtemps. Je tentais de redoubler d'habileté, de ruse, d'hypocrisie, de rapidité, sans succès pour une bonne demi-douzaine d'assauts. Et puis, quand même, le toréador d'opérette, suffisamment entêté, finit par avoir raison de l'animal… J'étais vainqueur sans gloire, amusé mais un peu triste, heureusement vite consolé par mes hôtes, qui n'avaient rien à faire de la vitesse du succès, du moment que la banderille avait été plantée, et l'estocade évitée ! Voilà, c'était l'histoire de ma quatrième vache, la première dont j'étais véritablement le parrain, parrain mal aimé, mais parrain quand même !

Une amie et collègue anthropologue, Sophie Goedefroit, directrice pour une large partie de l'océan Indien de l'Institut de recherche pour le développement, et en poste à Tananarive (IRD, nom nouveau, sans saveur, de l'Orstom, Office de la recherche scientifique et technique outre-mer où l'« outre-mer » faisait au moins un peu rêver !), m'invita à venir faire cours, exposés, conférences, expositions à Madagascar où je serais l'hôte de son institut, mais aussi de l'ambassade de France et de l'université. J'en étais, bien sûr, très tenté, mais, pris par mille engagements ailleurs, je ne parvenais pas à trouver un créneau de « dimension » suffisante. J'avais certes déjà séjourné à Madagascar, une première fois, à Tana et à Majunga en 1975, et une autre fois à Nosy Be, en 1998, mais ce pays, immense et varié, demeurait de toute façon toujours séduisant et tellement inépuisable qu'on a toujours envie d'y retourner. Et puis je l'ai trouvé ce créneau, un peu forcé, mais pour la bonne cause, et j'ai donc eu le bonheur de passer plus de deux semaines de mars 2010 dans la fameuse Grande Île. Somptueusement logé à la résidence de l'ambassade de France, j'y ai « parlé » partout, à l'IRD, bien sûr, mais aussi dans plusieurs facs de l'université, à l'académie et dans des salles de cinéma, pour le grand public, comme on dit, au cœur de Tananarive.

Mais, un beau jour (c'était le 20 mars), Sophie et des amis à elle m'ont emmené à Antoetra, dans la campagne, non loin de la fameuse place forte royale d'Ambohimanga (XVIIe siècle), à moins de 50 kilomètres au nord-est de Tananarive donc, et nous y avons rendu visite à un cultivateur et à beaucoup de ses voisins, au milieu de mille zébus, à la bosse arrogante, la robe sombre et le pelage brillant. Et Sophie me déclara – imaginez mon étonnement – qu'après réunion et décision des responsables du ZOB et de l'Association des amis de Rajery, et sous le patronage de l'IRD et de l'ambassade de France, j'étais devenu le parrain d'un troupeau entier de ces fameux zébus !! Moi, au milieu de la brousse malgache, parrain de zébus ! Ça demandait évidemment quelque explication ! Le ZOB, ou Zebu Overseas Board, est un organisme d'aide aux agriculteurs malgaches, organisme qui vend des zébus à qui veut bien les acheter, ou plutôt y investir quelque argent (en échange d'un PEZ, Plan Épargne Zébu), car ces bêtes sont en fait destinées à être offertes, en location-vente, à des familles de paysans pauvres qui les achètent, en plusieurs années, pour en devenir propriétaires à leur tour. Ils en ont, pendant ce temps d'achat à crédit, toute la jouissance et peuvent en tirer veaux, lait, fumier, tractions diverses, au lieu de les manger tout de suite, ce que, paraît-il, ils font quand ils en sont trop vite propriétaires ! Quant à l'Association des amis de Rajery (Randrianarisoa, dit Rajery, est un auteur, compositeur, chanteur malgache), c'est une association régie par la loi française de 1901, qui se propose de promouvoir la culture, l'agriculture et la santé en milieu rural malgache, association qui, pour la circonstance, avait ici ce jour-là uni ses forces à celles du ZOB. Voilà ! Et nous avons, Sophie et moi, mais aussi l'ambassadeur de France, Jean-Marc Châtaigner, et la ministre de la Culture du gouvernement malgache, Mireille Rakotomalala, baptisé ces beaux bovins, Lucy, Cendrillon, Toumaï, Georges, Abel, Ples, Orrorin, des noms de tous ces hominidés de millions d'années qui peuplent mon univers ; je ne sais pas ce qu'en auraient pensé mes amis paléontologues, Michel Brunet, Francis Thackeray, Brigitte Senut (d'autant plus que son zébu a été appelé par erreur Orririn) ou Donald Johanson, s'ils avaient eu, tout à coup, la vision des porteurs nouveaux des noms de leurs (de nos) fossiles ! Dans la grande cour de ferme du nouveau propriétaire à crédit, au sourire accroché pour longtemps, j'ai ainsi vaqué d'un zébu à l'autre, me présentant, les saluant par leurs nouveaux prénoms, leur racontant des histoires, les caressant plus ou moins maladroitement, et ils ont reçu mes mondanités de manière, je dois dire, très diverse, en fonction de leurs caractères : plaisir reconnu, indifférence assumée, mauvaise humeur suggérée ou avouée, à la limite de l'agressivité parfois. Je ne dirai pas à mes copains paléontologues quels zébus étaient du plus mauvais poil ! « Un troupeau d'ancêtres de l'humanité pour une cause humanitaire », conclut Sophie. Après ces bavardages de rigueur, j'ai quitté, quelque temps, les animaux pour les humains, reçu généreusement par le paysan élu et ses amis, à quelques nourritures et boissons bienvenues, mais aussi à un exercice de signature des actes de baptêmes, des contrats, des engagements, des témoignages, exercice très appliqué en fait d'appositions de mon index bien encré ! Et tout le monde s'est quitté joyeux !

Voilà donc mon apothéose ; après quatre vaches, une douzaine de zébus, que dis-je, une douzaine de parrainages de zébus, la gloire ! De quoi faire pâlir tous les parrains de la Terre !

UNE GOUTTE DE SCIENCE. La vache (*Bos taurus*) est le nom populaire que l'on donne volontiers à tout bovin domestique, mais c'est en fait celui de la femelle du taureau (le bœuf en étant la forme castrée) ; son ancêtre est l'auroch, *Bos primigenius*, aujourd'hui éteint. L'animal dont je parlais à La Trinité-sur-Mer, à Kerguillé, au Tchad et au Niger comme à La Capelle était, chaque fois, un *Bos taurus*, la forme domestique européenne et africaine (domestiquée au Proche- et au Moyen-Orient il y aurait un peu plus de 10 000 ans). Le zébu, *Bos taurus indicus*, est une sous-espèce (grade ?) du même bovidé *Bos taurus*, descendant lui-même de l'auroch, mais différencié en Inde d'abord, puis émigré à Madagascar, mais aussi dans certaines régions de l'Afrique continentale. *Bos taurus* est un animal d'une taille de l'ordre de 1,50 mètre au garrot et d'un poids de l'ordre de 1 tonne (moins pour la vache, plus pour le taureau). Il est porteur d'une paire de cornes sur le front. Le zébu est, en outre, doté d'une bosse de graisse dorsale qui lui donne son image si caractéristique (et son nom). On appelle ces animaux ruminants car leur alimentation, herbivore, passe par une série de phases prédigestives avant la digestion proprement dite (y compris de la cellulose de l'herbe, ce que l'homme ne peut réaliser) ; après l'œsophage et avant l'intestin, le cheminement du bol alimentaire passe par une succession de poches, la panse ou rumen et le bonnet ou réseau (avec régurgitation de l'alimentation qui doit être remâchée et mêlée chaque fois à beaucoup de salive), le feuillet ou livret et la caillette qui constitue l'estomac et réalise la digestion. Un ruminant broute puis rumine environ huit heures par jour.

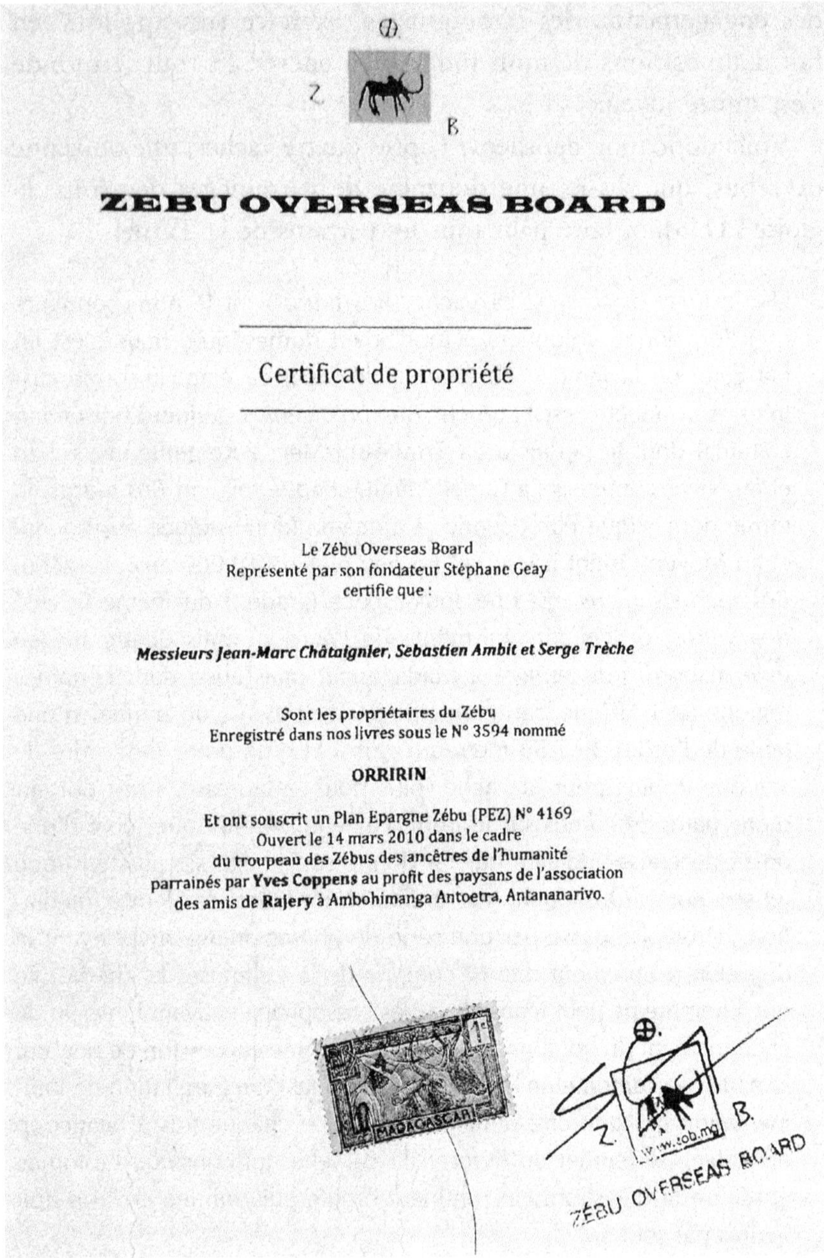

ZEBU OVERSEAS BOARD

Certificat de propriété

Le Zébu Overseas Board
Représenté par son fondateur Stéphane Geay
certifie que :

Messieurs Jean-Marc Châtaignier, Sebastien Ambit et Serge Trèche

Sont les propriétaires du Zébu
Enregistré dans nos livres sous le N° 3594 nommé

ORRIRIN

Et ont souscrit un Plan Epargne Zébu (PEZ) N° 4169
Ouvert le 14 mars 2010 dans le cadre
du troupeau des Zébus des ancêtres de l'humanité
parrainés par Yves Coppens au profit des paysans de l'association
des amis de Rajery à Ambohimanga Antoetra, Antananarivo.

Figure 24. *Certificat de vente du zébu Orririn, sa location et son parrainage, Antoetra, Ambohimanga, 2010.*

CHAPITRE 25

Les saumons de Philippe

L'origine du théâtre

(3 millions d'années)

J'ai fait ma première campagne de candidature au Collège de France (présentation de l'intitulé de la chaire que je proposais : paléoanthropologie et préhistoire) à l'automne 1982 (vote le dernier dimanche de novembre) et la deuxième campagne (présentation de ma personne) à l'hiver 1983 (vote le premier dimanche de mars) ; ma nomination est parue au *Journal officiel* en avril ou en mai, à titre rétroactif (de mars). Je me suis donc installé physiquement au Collège, 11 place Marcellin-Berthelot, au printemps 1983, dans le bureau de Jacques Ruffié au premier étage de l'aile ouest du bâtiment Chalgrin. Jacques Ruffié, titulaire de la chaire d'anthropologie physique, avait gardé ses fonctions hospitalo-universitaires à Toulouse, à l'hôpital Purpan ; il était donc souvent absent de Paris et m'avait généreusement offert de partager son bureau, situé entre ceux, à l'époque, de Raymond Aron (puis de François Jacob) et de Michel Foucault. C'est donc vers ces mois de printemps 1983 que, invité par Jacques Ruffié à déjeuner « à côté », m'avait-il dit, j'ai fait la connaissance du restaurant Le Coupe-Chou et de ses restaurateurs, rue Lanneau, à l'est du Collège cette fois, de l'autre côté de l'impasse Chartière.

Je dois dire que j'ai été immédiatement séduit par le lieu (réunion de trois boutiques), par la direction (association de trois patrons)

– on dirait Cadet Rousselle ! – et par la table. Un trio d'amis, en effet, Christian Azzopardi et Francis Nani, étudiants au conservatoire d'Alger puis de Paris, théâtreux tous les deux, puis Francis Lemonnier, théâtreux lui-même, fondèrent le restaurant Le Coupe-Chou en 1962 (ils n'avaient pas la trentaine) ; ce joli lieu au cœur d'un vieux Paris qu'Haussmann n'avait pas massacré devint tout de suite un point de rendez-vous d'après spectacle de quantité d'artistes, amis, collègues, confrères, de nos « entrepreneurs » qui, finalement, très tristes d'avoir abandonné les planches et ne pouvant guère y retourner, contournèrent habilement le problème en achetant, en 1989 (ils avaient alors entre 50 et 60 ans) un théâtre, et pas n'importe lequel, un des plus vieux de Paris (XVIIIe siècle), le théâtre du Palais-Royal. Ayant leur âge (Christian Azzopardi et moi étions nés la même année), il a été facile de tisser avec ces trois compères une amitié qui dure encore avec Francis Nani, le seul survivant (Francis Lemonnier est mort en 1998 et Christian Azzopardi en 2013), et avec la femme de Christian, Sylvie, et ses trois enfants, Sébastien, Fabien et Juliette. À la mort de Francis Lemonnier, Christian avait (surtout) « été affecté » au restaurant, Francis Nani (surtout), au théâtre. Quant aux trois enfants de Christian et Sylvie, ils ont fait tous les trois des carrières brillantes dans des métiers artistiques, Sébastien, dans le théâtre (comédien, auteur, metteur en scène, et désormais à la direction du Palais-Royal avec Francis Nani), Fabien, dans la photographie (de mode, mais désormais, à la place de son père, à la direction du Coupe-Chou), et Juliette, dans le décor de théâtre et la scénographie, tous n'en étant pas moins restés liés juridiquement, comme les trois amis fondateurs, au restaurant et au théâtre à la fois.

Mais revenons au Coupe-Chou ; le restaurant réunit, comme nous le disions, trois anciennes boutiques, respectivement du XIVe, du XVIe et du XVIIe siècle, la centrale ayant été celle d'un barbier qui portait l'enseigne du fameux rasoir. Ces boutiques donnaient sur la rue du Mont-Saint-Hilaire (actuellement rue Lanneau), sur l'impasse Chartière dont nous avons parlé et, entre les deux, sur une petite place au milieu de laquelle avait été creusé un puits par un « certain » abbé Certain (en 1572) ; l'immeuble actuel qui a absorbé les boutiques et une partie de la place conserve, dans une de ses caves, la margelle de ce puits dit désormais Puits Certain. S'ajoutent à ces trois salles, toutes les trois très agréables de décor, de confort, d'ambiance, une quatrième pièce, au rez-de-chaussée, un peu salon, avec fauteuils, canapés, divans, pour l'apéritif ou le digestif avant ou après le repas, et plusieurs salles tout aussi inattendues au premier étage. Souvent seul pour déjeuner, c'est dans la première salle, celle de l'entrée, celle du bar et de la cheminée où brûlait, l'hiver, un vrai feu de bois (que j'ai été souvent chargé d'alimenter), que je m'installais, même sans être maniaque, à la même petite table, près de la cheminée. Quand j'avais un (ou une) invité(e), pour être plus tranquilles à bavarder, c'était souvent dans la salle du barbier que je demandais à être servi. Enfin, à dîner, c'était plutôt dans la très jolie salle du fond, la plus ancienne, prolongée par un « jardin d'hiver », que je conviais mes invités. Que dire encore ? Qu'un fond musical (de musique classique, ce qui est rare ailleurs) participait à l'atmosphère plutôt feutrée et romantique de l'endroit. Enfin, dans un restaurant, il est normal de parler gastronomie ; je citerais, en entrée, le poêlon du barbier – ça s'imposait – (œufs cocotte à la crème) ou la généreuse frisée aux lardons coiffée de son œuf poché, le bœuf bourguignon aux pommes de terre, champignons, lardons et petits oignons ou la lotte à la provençale, et la superbe tarte tatin à la crème fraîche (les propriétaires avaient une maison en Sologne).

J'aimais beaucoup Christian Azzopardi. Je ne me suis jamais rendu à son restaurant sans qu'il vienne me saluer et qu'il m'envoie ses enfants le faire lorsqu'ils étaient présents. Nous bavardions chaque fois, et j'étais souvent son invité. Il commençait toujours par « ça va ? en forme ? » et puis nous démarrions sur mon emploi du temps, mes voyages, mes télés, sur le programme du Palais-Royal pour lequel il hésitait entre une pièce ou une autre, et sur la politique aussi qu'il suivait avec passion ! Christian était un homme gentil, honnête, courageux, bosseur. Un jour il vint à ma table, encore plus souriant que d'habitude, et il me raconta que, le théâtre du Palais-Royal étant contraint de faire relâche le lundi, Francis Nani et lui venaient d'inventer « Les Lundis du Palais-Royal », un jour où ils offraient leur scène à des artistes qui souhaitaient jouer quelque chose qui leur tenait à cœur et qu'ils n'avaient jamais eu l'occasion de présenter, à des comédiens qui voulaient lire des textes qui les avaient séduits, et à d'autres théâtreux encore, plutôt connus, qui avaient accepté de raconter un peu leur vie, etc., et, me dit Christian, « on a pensé que vous pourriez en "faire" un ! ». Christian Azzopardi me connaissait assez bien ; il savait ce que je faisais, il savait que ma discipline était populaire et que je la diffusais beaucoup, que j'enseignais et connaissais donc l'art de la parole en public, mais il ne m'avait jamais entendu autrement qu'à la télévision, presque toujours en studio ; j'ai eu l'impression que ça l'amusait de prendre ce risque et ça ne me déplaisait pas non plus d'en relever le défi ! J'acceptai donc !

Et le grand soir arriva ; c'était un lundi de décembre 2002 ; ambiance déjà un peu différente de celle des universités ou autres amphis, dès le hall bruissant de gens qui venaient se divertir et, ce soir, satisfaire sans doute une certaine curiosité. Les publics des théâtres ne sont, en effet, en majorité, pas ceux des conférences. Je fendis donc la foule, le plus vite et le plus incognito possible. J'ai toujours horreur de rencontrer des interlocuteurs avant les cours ou les événements publics où je prends la parole, quel que soit cet événement. Un souci de concentration peut-être, plus psychologique que vraiment nécessaire, je pense. J'attrapai les escaliers à gauche, les gravis rapidement après avoir convaincu, sans peine, les petits jeunes gens du contrôle des billets que c'était moi qui faisais le spectacle ! Ça les amusait beaucoup, pas moi ! J'avais un certain trac ! Parvenu à l'étage des loges, je fus accueilli et conduit dans la mienne. L'émotion était toujours là, peut-être amplifiée par le fait que le public, toujours en bas, faisait de plus en plus de bruit, un bruit sourd, lointain, continu, parsemé seulement de petits éclats pointus !

Je vérifiai mes notes, en ordre, et rongeai un peu mon frein lorsque le bruit « monta » et se dispersa. Il était dans les fauteuils le bruit, bien installé pour jouir, déguster, critiquer, dans le confort et sans risques, le malheureux acteur d'occasion. Je m'agitais un peu, ouvrais la porte de ma loge pour guetter les signes avant-coureurs de la terrible entrée en scène. Un certain nombre de techniciens murmurait dans l'indifférence, faisant, je suppose, le boulot de chaque soir, mais l'environnement était lourd. J'allais quand même me jeter dans un one-man-show sur la scène du Palais-Royal ! J'avais cette fièvre agréable d'avant le saut en parachute, cœur heureux, mais battant, exalté (la passion) et calme (la raison) à la fois ! Et comme je l'ai raconté ailleurs, tout se précipita ; sonnerie dans ma loge, les trois coups derrière le rideau rouge, le (léger) grincement des deux rideaux qui roulent et moi, et moi, et moi, tout seul, tout nu, devant un public que je ne voyais absolument pas, mais qui était là, tapi dans le noir, et dont j'entendais la respiration retenue, sans encore oser tousser. Je n'avais jamais ressenti si fortement l'ivresse des planches. J'avais sur la scène une petite table, comme demandé, une jolie lampe, une chaise droite, comme demandé, un micro, une petite bouteille d'eau et un verre. La solitude d'un conférencier de fond ! J'étais bien ! À moi maintenant de ne pas décevoir mes amis Azzopardi et Nani, que je savais sans doute un peu inquiets dans leurs fauteuils ; à moi de raconter pour plaire, pour distraire, pour instruire, pour surprendre, très scientifique pour ne pas décevoir, très simple pour être compris. J'avais choisi l'histoire de l'histoire de l'homme, autrement dit l'histoire des sciences paléoanthropologiques et préhistoriques que je pratique, avec toutes ses hésitations, ses erreurs, ses difficultés à convaincre au fil de moins de deux cents ans d'exercice, un très beau sujet. Comme j'ai toujours fait mes conférences de chique, je n'avais pas changé et ne lisais évidemment pas un texte – je racontais – mais j'avais par contre des textes des différentes époques de découvertes qu'eux je lisais, comme une illustration en contrepoint. Je me suis senti très bien, j'en ai peut-être même fait de trop ! Deux heures bien sonnées d'un discours chronologique des découvertes de Neandertal à celles d'australopithèques en passant par les aventures des mises au jour des pithécanthropes, sinanthropes, atlanthropes, tchadanthropes divers.

Je sortis soulagé et heureux. Par la scène (et pas la salle), le palier et l'escalier (et pas la loge)… J'avais hâte de rencontrer mes compères, mes « parrains » de ce grand soir. Ils étaient là, épanouis, sans doute soulagés, heureux de leur coup, heureux pour leur public, heureux pour moi, heureux pour eux, et, je dois dire, même enthousiastes, puisque, ne perdant jamais ni l'intérêt des publics ni le sens des affaires, ils me proposèrent immédiatement une tournée en province !

Début 1999, je fus convié par Philippe Avron, dont je connaissais l'existence et la réputation, mais que je n'avais jamais rencontré, à une représentation de sa pièce *Je suis un saumon* au Théâtre rive gauche, rue de la Gaîté. Il m'avait promis une surprise. Je me rendis donc, avec Martine, à son rendez-vous, fus chaleureusement accueilli par l'acteur-auteur lui-même, mais qui ne m'en dit pas plus. Philippe Avron a une « gueule » comme on dit sans élégance, une gueule qui retient le regard, espiègle et mobile, plus volontiers souriante que « renfrognée ». On parle souvent de la présence de quelqu'un où qu'il soit, à plus forte raison sur scène ; eh bien, même lorsqu'il est immobile et silencieux, la présence de cette personnalité-là est immense. Lorsque le rideau s'ouvre sur un plateau vide et avide d'action, et que Philippe Avron apparaît, il le remplit, tout seul, tout de suite. On se régale de sa moindre parole, de son moindre geste, de sa moindre mimique, et toute la salle vit au rythme qu'il veut bien lui donner.

Je suis un saumon est l'histoire d'un saumon, de sa naissance dans l'Allier jusqu'à son retour au même endroit pour frayer et mourir, fascinante « histoire naturelle » déjà en elle-même, avant que Philippe Avron ne l'enfourche et n'en fasse aussi une « histoire culturelle ». Et il s'en empara en effet pour raconter la vie d'un homme, de l'eau douce de l'enfance à l'eau salée de l'âge adulte, des rivages tempérés et confortables de l'Atlantique (Philippe Avron est né au Croisic) à ceux gelés de l'Arctique qui le sont moins, avec, en chemin, mille embûches et mille rencontres, avant de revenir, à contre-courant, « auprès de son arbre ». Nous avons dit « rencontres » et voilà où était la surprise, et quelle surprise ! Le saumon de l'Allier croise en effet sur son chemin bien des personnages, prétextes à commentaires sur l'actualité politique, artistique, l'Académie française, le Collège de France, le parisianisme… ce que le public attend et ce dont il entend parler. Il croise ainsi le saumon des étoiles, Hubert Reeves, le saumon des profondeurs, Jacques-Yves Cousteau, le grand initié de la tribu des salmonidés Manoutoba de la côte Ouest des Amériques, Claude Lévi-Strauss, le saumon des origines, Yves Coppens, etc. ! Sous cet habit, Philippe Avron se permet tous les commentaires qu'il souhaite, toutes les impertinences dont il a envie. La pièce a été unanimement appréciée et son auteur a reçu cette année 1999, à juste raison, le Molière du one-man-show. J'ai revu Philippe Avron à la sortie de son spectacle, l'ai bien sûr félicité pour toute l'intelligence et toute la finesse de sa pièce et l'habileté et la drôlerie de son jeu, mais lui ai reproché de n'avoir pas fait son saumon rencontrer mon héroïne, Lucy, parce qu'il ne la trouvait pas « terrible », me confia-t-il !

Quittons les fauteuils de la rive gauche pour remonter sur les planches de la rive droite. Après le Palais-Royal, c'est cette fois le théâtre de la Pépinière qui m'avait sollicité pour participer à un spectacle dit « d'éloquence », nommé « 5 × 15 ». Le concept, créé, m'a-t-on dit, par trois jeunes femmes à Londres en 2010, m'a amusé et je me suis laissé faire par ce petit défi ! Cinq personnalités étaient en effet conviées pour raconter, pendant quinze minutes chrono et sans notes, une histoire, une passion, une aventure, autrement dit, un peu ce qu'ils voulaient. C'était le 16 décembre 2013, le théâtre était plein ; mes quatre compagnons de fortune étaient Laetitia Masson, actrice et réalisatrice (qui proposait « De l'amour au cinéma »), Évelyne Heyer, anthropologue (« Les hommes, l'ADN et moi »), Olivier Broche, comédien (« Naissance d'un spectacle »), Pierre Lescure, journaliste (« Joue-la comme Platini »). Quant à moi, j'avais pensé que le public aurait plus envie de s'amuser que d'apprendre et, comme j'aime bien raconter, je me suis remémoré cinq histoires de concierges parisiennes, histoires que j'avais vécues et qui étaient tout de même relatives à la science (cela pour ne jamais perdre de vue longtemps mes domaines de compétence et retomber sur mes pieds) ; j'avais appelé mon improvisation « Mes bignolles et la science ». Dans les immeubles parisiens, il y a toujours eu des concierges (souvent des femmes), que l'on appelle aujourd'hui gardiennes (ou gardiens), et ces personnes, chargées de l'entretien et de la sécurité de l'immeuble, mais aussi un peu de la bonne tenue de ses habitants, propriétaires comme locataires, étaient souvent des femmes autoritaires, au caractère bien trempé, et qui n'avaient pas leur langue dans leur poche ! Un exemple : j'habitais alors dans le IIIe arrondissement, au premier étage d'un petit immeuble, d'ailleurs très ancien. Je descendis un matin de chez moi pour me rendre au musée de l'Homme et je rencontrai « ma » concierge aux boîtes aux lettres. Je dois préciser que j'ai toujours eu, partout (j'ai déménagé sept fois en soixante-cinq ans de vie parisienne), des rapports excellents avec ces personnes, souvent personnalités. Nous nous saluâmes donc avec chaleur et « ma » bignolle me dit : « Tiens, vous passiez à la télévision hier soir !

– En effet, dis-je, un peu fier de moi, et j'ajoutai : Et ça vous a plu ?

– Oh, me répondit-elle, je ne vous ai pas regardé, vous racontez toujours la même chose ! »

Je l'ai quittée et j'ai plongé dans le métro voisin la tête basse, ayant une belle leçon de modestie à méditer pour la journée ! Voyez comme elles sont utiles les concierges pour vous ressaisir, éviter de vous prendre trop au sérieux, rester humble et faire attention à renouveler votre discours... ! J'étais le cinquième des cinq ; j'ai ainsi laissé « notre » public sur une note d'humour apparemment appréciée et j'ai rejoint mes amis, collègues d'un soir (sauf Évelyne que je connaissais par ailleurs), à un pot dînatoire offert par les patrons (ravis) du théâtre.

Et que fait-on maintenant ? On repasse sur la rive gauche bien sûr !

Marie-Hélène Brian, attachée de presse de quantité de théâtres parisiens et par ailleurs amie de longue date, me convia en effet, le 12 décembre 2019, au Lucernaire pour écouter une lecture d'une pièce nommée *Les singes aussi s'ennuient le dimanche.* L'auteur, Pascal Lasnier, qui qualifie son œuvre de « comédie scientifique et pédagogique », précise, en outre, je cite : « Écrite à partir des travaux sur l'évolution d'Yves Coppens ! » ; ça a le mérite d'être clair ! Dans un zoo se rencontrent, devant la cage des chimpanzés, Miroslav, un visiteur amoureux des singes, et Rose-Marie, une primatologue les étudiant ; il s'agit, en d'autres termes, d'une confrontation entre les réactions instinctives de l'un et les déductions froides de l'autre. Je m'y suis régalé ; l'amateur, plus âgé, libre, plein d'humour un peu grinçant et bien peu galant, ne connaissant rien à l'éthologie des chimpanzés, mais manipulant à merveille et avec cynisme une saine logique ; la professionnelle, plus jeune, quelque peu coincée dans sa personne, mais aussi dans sa connaissance, peinant à se dégager du carcan tout frais de sa formation universitaire et des protocoles d'exigence de son travail de recherche. Pleine de finesse et joliment écrite, l'histoire est aussi remplie de poésie et de tendresse, et l'opposition parfois sèche du début du spectacle se commue en une sympathie affectueuse, tacitement avouée à la fermeture du zoo. Et je n'oublie pas, dans cette intelligente fresque, l'importance qu'a donnée l'auteur aux singes, rôle théâtral essentiel de troisième personnage sans lequel les deux autres n'existeraient pas et rôle philosophique de miroir qui, s'il est bien compris, ne peut que les protéger.

Figure 25. *Affiche de la pièce* Les singes aussi s'ennuient le dimanche, *théâtre du Lucernaire, 2019.*

Je me suis permis, à la demande de Pascal Lasnier, de lui adresser quelques réflexions sur seulement, bien sûr, ses emprunts scientifiques, mais j'en ai profité quand même pour lui rappeler, ce qu'évidemment il sait, que la science n'est pas si rude et dépourvue de poésie qu'il le dit… Il s'en est défendu évidemment et m'a écrit, ce qu'évidemment je savais aussi, que c'était pour mieux opposer deux caractères qu'il avait campé ainsi ses personnages. Mais « je suis persuadé, me répondit-il, que les chercheurs sont des chercheurs d'or… comme les poètes ! ». Avant de quitter, à regret, ce théâtre, je voudrais saluer la merveilleuse performance des deux acteurs-lecteurs, Micky Sébastian (Rose-Marie) et Jean-Louis Cassarino (Miroslav). J'apprends que la pièce a été créée au théâtre de l'Escabeau de Briare (septembre 2020), qu'elle a été présentée ensuite, à l'occasion de la fête de la science, à Lyon, au théâtre des Marronniers (octobre 2020), puis en Andorre (mars 2021, à la salle des fêtes du complexe socioculturel d'Encamp).

Et l'on va encore traverser la Seine pour assister à une représentation, au musée de l'Homme cette fois, d'une pièce de Bernard Avron (le frère du saumon) : *Plus ou moins bêtes ou le Plus que passé*. C'était en 1981 – est-il utile de préciser que la présentation de ce chapitre sur les théâtres ne s'est pas faite, volontairement, dans l'ordre chronologique, mais dans un ordre alterné qui m'est apparu plus agréable : moi sur scène (2002, Palais-Royal), moi en scène (1999, *Les Saumons*), moi sur scène (2013, La Pépinière), moi en scène (2019, *Les Singes*), et moi hôte (1981, musée de l'Homme). Nous voici donc, dis-je, en 1981, le 5 octobre. Je suis, à ce moment-là, professeur dans cette maison (chaire d'anthropologie), mais je suis aussi, depuis 1979, coordinateur des services communs, c'est-à-dire chargé et responsable des services de muséologie, photothèque, restauration, cinéma, bibliothèque, différents ateliers, etc., communs aux trois chaires (préhistoire, ethnologie, anthropologie), c'est-à-dire directeur. Or je reçois, à cette époque, en ma qualité personnelle de paléontologue cette fois, une invitation à une représentation, au palais de la Découverte, de cette pièce de Bernard Avron ; je m'y rends et suis à la fois séduit par l'idée, le texte, les acteurs, leur jeu, et par l'auteur, qui me raconte sa passion pour la préhistoire et son souhait, à travers son art, de la partager : « Je transpose, m'avait-il dit, le savoir du chercheur vers d'autres publics en me servant du théâtre. » Alors, aidé par la Société des amis du musée de l'Homme, toujours fidèle et précieuse, j'ose organiser, ès fonctions, cette présentation sur le petit plateau de notre salle de cinéma. Je dis « j'ose », car le mariage théâtre-science ne faisait pas l'unanimité (et c'est peu de le dire ainsi) parmi les professeurs de l'assemblée des vingt-cinq (dont j'étais) qui dirigeait le Muséum national d'histoire naturelle dont dépend le musée de l'Homme. Dans mon discours manuscrit (et repris dans *Préludes*, 1988) de présentation au public, je disais : « Le musée de l'Homme et la Société des amis... ont le très grand plaisir de vous présenter ce soir un spectacle tout à fait original. C'est en effet la première fois que le support du théâtre est employé pour parler de l'homme fossile, je devrais dire pour présenter en chair et en os ce que nous autres, pauvres scientifiques, n'avons qu'en squelettes et même qu'en fragments de squelettes, dans nos coffres : nos ancêtres des cinq derniers millions d'années. Imaginez un comédien passionné de préhistoire. Que fait-il ? Eh bien, il essaye d'allier ses deux passions. Il porte à la scène les acteurs des centaines de milliers de millénaires qui nous ont précédés ; il le fait à la fois avec la rigueur scientifique de sa passion pour le passé, ce qui n'est pas fréquent, et la liberté dramatique de son autre passion. Et c'est ainsi que fut réalisée pour la première fois une sorte de pièce sérieuse ou de conférence drôle, en tout cas une drôle de conférence sur nos origines. Ce comédien s'appelle Bernard Avron. » Et puis je le remerciai, remerciai aussi sa troupe et remerciai encore Monique Luyton, sculpteur-plasticienne, qui avait eu le travail ingrat de la réalisation des masques des acteurs. Je me souviens par exemple de la scène d'ouverture : des personnages s'agitent sur scène faisant force bruit et tout cela dans le noir absolu. Et l'un des acteurs-hominidés hurle à un autre : « Allume, je ne vois rien ! » Et l'autre de répondre : « Mais tu sais bien que je ne le peux pas, je n'ai pas encore inventé la façon de faire le feu ! » Et la lumière vint peu à peu sur la scène, éclairant un australopithèque (3 millions d'années) et un *Homo erectus* (500 000 ans), ce dernier en possession du feu, ayant oublié que le premier ne l'avait pas encore et était loin d'ailleurs d'en avoir découvert la fabrication.

Bernard Avron avait créé ce concept « Théâtre et sciences » en 1979. Plusieurs dizaines de pièces, jouant habilement des effets du théâtre pour faire entendre et comprendre des résultats scientifiques, ont suivi ce très séduisant exemple du « plus que passé », dont le titre était déjà un superbe clin d'œil !

Enfin, mais je ne saurais en dire plus, parce que je n'en sais pas plus : le théâtre de la Huchette (ce n'est pas exprès, mais nous revoici sur la rive gauche) envisagerait de m'offrir une carte blanche… un lundi, encore, ou peut-être quatre lundis !

Je voudrais parler encore théâtre avec deux derniers exemples.

Théodore Monod, naturaliste, voyageur et pasteur, grand ami malgré notre différence d'âge, m'avait un jour conseillé de lire *Les Animaux dénaturés*, un roman, une profonde réflexion en fait, sur la définition de l'homme, d'un certain Vercors, un de ses amis d'enfance (nés tous les deux en 1902, ils étaient ensemble à l'École alsacienne). Jean Bruller, qui, résistant, avait pris ce nom de Vercors durant la Seconde Guerre mondiale, y avait imaginé l'assassinat, par son propre père, d'un enfant né de l'union, par fécondation artificielle, d'un humain et d'un être intermédiaire entre singe et homme (le chaînon manquant), qu'il avait appelé Tropi. Et la question posée était évidemment de savoir si cet assassinat était condamnable par la loi, ou pas, en fonction du statut que l'on voulait bien attribuer à cet hybride, un casse-tête juridique. Le roman, publié en 1952, avait été adapté au théâtre, où il était devenu *Zoo ou l'Assassin philanthrope*, pour la première fois sur scène en 1963. Mais c'est en 1975 que j'avais été convié au théâtre de la Ville à assister et à commenter la reprise du spectacle avec, cette fois, une mise en scène de Jean Mercure. J'avais alors eu l'honneur de rencontrer à la fois l'auteur et le réalisateur. J'avais fait de cette pièce, vue de mon œil d'anthropologue, l'excellente critique qu'elle méritait : dans l'évolution des *Homininae* sur 10 millions d'années, où peut-on en effet situer l'origine de l'homme (et non du genre *Homo*) et, dans ce cas, pourquoi ? J'ai personnellement une réponse anatomique (transformation des voies respiratoires supérieures et émergence consécutive et pirate du langage articulé, transformation de la denture désormais omnivore et transformation de l'encéphale et émergence consécutive et pirate d'un niveau supérieur de conscience réfléchie, pour une raison de nécessité d'adaptation d'un préhumain à un changement climatique pour survivre), et une réponse comportementale, celle qui logiquement en résulte (développement ou émergence des facettes technologique, cognitive, intellectuelle, spirituelle, éthique, esthétique de l'humain). Mais je comprends que la question se soit posée longtemps, face aux restes de ces ancêtres que l'on avait beaucoup de mal à admettre, à comprendre, à classer, car ils n'étaient pas aussi « beaux » qu'on les avait imaginés et souhaités, et je comprends que la question se pose encore pour beaucoup de gens et même pour certains anthropologues.

Et c'est encore Théodore Monod, coureur de déserts, mais aussi de bibliothèques, qui m'avait fait connaître sa découverte du roman *What We Did to Father* (1960), appelé plus tard *The Evolution Man*, d'un certain Roy Lewis, journaliste et romancier britannique. Et c'est à Théodore Monod que l'on doit l'initiative de la traduction en français (réalisée d'ailleurs par Vercors et sa femme, Rita Barisse) de ce texte sous le nom de *Pourquoi j'ai mangé mon père* (1975). Ce roman, plein d'humour (j'ai eu, seul, plusieurs vrais fous rires en le lisant), oppose, dans un grand « foutoir » chronologique (mais qu'importe !), les anciens, conservateurs (l'oncle Vania qui ne cesse de crier « *back to the trees* »), et les modernes, progressistes, dont le père évidemment. Le propos en est bien sûr ce que j'ai appelé ailleurs, sans méchanceté aucune, le « syndrome de ma belle-mère » (car cette gentille dame commence toutes ses phrases par « Avant... », et « Avant », c'était forcément mieux), qui n'est rien d'autre que cette crainte éternelle de l'avenir dont on se méfie. La pièce a d'abord été montée à Montreuil, au Théâtre des jeunes spectateurs (TJS), par le théâtre Goblune (Hervé Colin) (1993), sous le titre *Pithécanthrope*, puis par la compagnie Les Tréteaux de l'Ille, à Chevaigné (compagnie théâtrale de la région rennaise), d'après une adaptation de Serge Travers (2000), et encore au théâtre Essaïon à Paris, one-man-show de Martin Ricou (2013). Je n'ai pas pu honorer toutes ces adaptations. Séduit par ce texte et bien sûr par son auteur, j'ai téléphoné à Roy Lewis à Londres pour le convier au Collège de France afin qu'il nous raconte son aventure ; j'ai eu au bout du fil un monsieur charmant, me disant qu'il se demandait pourquoi il avait eu un tel succès en France, alors qu'en Angleterre ça n'avait pas été vraiment le cas, me remerciant vivement de mon invitation, mais malheureusement contraint de la décliner, me dit-il, pour cause de fatigue, de vieillesse, de maladie, de handicap. C'était après que le théâtre de Montreuil eut porté son roman à la scène, c'est-à-dire vers les années 1994-1995. Roy Lewis est mort en 1996 ; il avait 83 ans.

Une goutte d'histoire. Le théâtre est certainement aussi ancien que l'homme. J'imagine bien, il y a 3 millions d'années, là-bas, dans la savane d'Afrique tropicale, un de ces *Homo habilis*, imitant, devant ses camarades, l'un d'entre eux pour s'en moquer et faire rire les autres ; je l'imagine encore mimant un des animaux de son monde, en en reproduisant le cri peut-être, pour enseigner aux plus jeunes sa beauté, mais pour les mettre aussi en garde contre ses éventuelles perfidies ; beau n'est pas toujours bon ! Je l'imagine racontant l'origine de son espèce, car ce sujet a dû tracasser l'homme dès qu'il a su qu'il savait, et enchaîner par des mimiques sur la mort, les dieux, les diables, ce qu'il est bon de savoir et de faire pour se rendre la vie moins angoissante et sceller, derrière un mythe d'origine, toute la société pour préserver son unité et sa force ; mais je l'imagine aussi, n'oubliant pas son ego, mettre en valeur ses talents, et faire valoir, sans vergogne, sa propre personnalité ; il y a sûrement eu des *Homo habilis* « cabots ». L'acteur, imitateur, artiste, amuseur, éducateur, moraliste, est là, tout entier et tout de suite, l'homme est homme dès qu'il est homme.

Le théâtre est donc un merveilleux média d'enseignement, de diffusion, d'amusement, un grand art, un miroir, miroir fidèle ou déformant, miroir teinté ou grossissant, miroir magique ou menteur, selfie parfois aussi. En s'y divertissant, on ne peut cependant s'empêcher de se projeter dans ses personnages, ou d'y projeter un moment ou un autre de sa vie une personne ou une autre de son entourage ; les réflexions qu'il entraîne dépassent sa scène et c'est pour cette réflexion sur soi-même, sur la société, sur la politique, sur la morale, qu'il est aussi fait. C'est évidemment pourquoi certains gouvernements l'ont à l'œil, et vont même jusqu'à l'interdire.

Sur notre Occident, où tout a l'air de commencer avec les Grecs, alors que les peuplements ont 1,5 million d'années, on parle en effet d'art dramatique avec Dionysos, dieu du vin et dieu des extases, mais aussi dieu du théâtre et dieu des mystères ; on voit donc assez bien, il y a 2 600 ans, ce mélange du spectacle, de la leçon et du rêve. Mais quand on découvre les personnages mi-animaux, mi-humains, en statuettes ou en peinture, des préhistoriques (dès 40 000 ans), on ne peut s'empêcher de penser que l'art du masque, pour faire passer un message, pour faire pleurer ou rire, est un stratagème intemporel. Tous les puristes me diront que je mélange tragédies, comédies, danses, cirque, mimes... c'est vrai, mais je persiste à penser qu'à l'origine rituels et jeux sont des spectacles à l'objectif comparable, « rassembler et rassurer en distrayant ».

Les arts de la scène ont la sixième place dans une classification récente, qui n'est qu'un essai destiné à y intégrer le cinéma qui est devenu, comme l'on sait, le septième.

Mais, quel que soit son rang, que c'est beau, le théâtre !

CHAPITRE 26

Les langoustes d'Ajaccio

Les premiers habitants de la Corse

(11 000 ans)

J'ai toujours été attiré par la Corse ; peut-être pour sa réputation de beauté, mais plus volontiers, je pense, pour la réputation d'insoumission de ses habitants. J'y ai été invité à bien des reprises, à l'époque de mes longues expéditions africaines et asiatiques, mais j'ai dû chaque fois décliner ces appels, étant dans l'impossibilité de les honorer. Et puis le jour est venu où j'ai pu accepter. C'était en 2006. Laurent-Jacques Costa et Cécile Breton venaient de lancer une revue de culture corse (autant orientée d'ailleurs vers le patrimoine culturel que vers le naturel). Ils l'avaient appelée *Stantari* et me demandaient de prendre la présidence de son comité scientifique. Je dois dire que, souvent sollicité, je me suis d'abord méfié, et ce d'autant plus que le titre du périodique ne me disait rien du tout (*stantari* signifie « menhir » en corse, un mot qui pourtant m'est cher, mais je ne le savais pas). J'ai donc commencé par ne pas répondre, attendant d'en savoir un peu plus… et puis les premiers numéros en main, j'ai évidemment constaté la qualité éditoriale de la revue et celle de ses articles ; et j'ai alors très vite accepté ce rôle honorifique et responsable que le couple de fondateurs m'avait généreusement offert. Presque par retour de courrier, j'ai reçu, avec leurs remerciements, leur invitation à venir les rencontrer et donner une conférence à Porto-Vecchio. Et j'y suis allé.

Merveilleux premier accueil sur l'île que je rêvais de visiter. Laurent-Jacques (Cécile était absente) charmant, rempli d'idées et de projets, des projets d'écriture, d'édition, de tournages, de conférences et même de cycle de conférences… Toujours est-il que je fus mis tout de suite au « travail » et que je donnai en effet la première de ces conférences, à la salle des fêtes de Porto-Vecchio ; j'y sympathisai, sans peine, avec plein de gens aux noms en *i* qui m'invitèrent à goûter le brocciu, la figatelle et, bien sûr, le myrte, vite devenu un ami, et qui m'ouvrirent la mairie, voisine, pour y recevoir, sans plus attendre, des mains du très distingué député-maire, Camille de Rocca Serra, la médaille de la ville ! Je me rappelle y avoir improvisé un court discours (de rigueur), évoquant ce que la Corse représentait pour moi, à la fois la Lune que je rêvais d'atteindre sans y parvenir et l'oreille de la tête de l'ours que mon imagination d'enfant avait « vue » en découvrant la carte de la Méditerranée (le museau, la mer d'Alboran [Gibraltar], l'œil, les Baléares, les pattes antérieures, le golfe de Syrte et l'Adriatique, etc.) ! Propos que monsieur le député-maire avait joliment repris en m'expliquant que mes rêves correspondaient tout à fait à l'image de ses administrés, qui n'aspiraient qu'à décrocher la lune en ne faisant pas plus que tendre l'oreille, ou quelque chose de ce genre. Contact était donc pris et bien pris au point qu'il dure encore ; je viens, ces toutes dernières années, de participer à l'émission *Vocation* de la télévision ViaStella à Ajaccio (Luc Mondoloni), donner une conférence au parc Galea, répondre à une interview à la Radio corse Frequenza Mora (Fabrice Fenouillière) et enregistrer un texte pour le futur musée de Bastia.

Mais revenons à *Stantari*. Profitant de la brèche ouverte avec succès par la revue, bien reçue par les lecteurs et bien acceptée par les politiques, Laurent-Jacques Costa se lança vite dans un programme de films sur la préhistoire corse (il était lui-même étudiant en archéologie à l'université Paris-X-Nanterre). Des amis de Laurent-Jacques, Anne et Jean-Michel Martinetti, en seraient, respectivement, la productrice et le réalisateur, Laurent-Jacques lui-même le journaliste ou le « récitant » (dans le meilleur sens du terme), et moi, l'interviewé ou le « fil rouge », comme on dit, de l'ensemble des personnes sollicitées. Quant à Cécile Breton, que j'avais fini par rencontrer, elle se consacrerait essentiellement à la revue. Et la machine se mit en marche. Pendant une bonne demi-douzaine d'années, nous avons ainsi tourné dans des sites passionnants sur le plan de la science (des alignements, par exemple, oubliés au cœur du maquis) et superbes sur le plan des paysages (des habitats, par exemple, perchés sur des promontoires à pic sur la mer). J'ai ainsi séjourné, pour mon plus grand bonheur, parfois avec ma femme et mon fils, chez les parents de Cécile, chez la maman de Laurent-Jacques, chez des restaurateurs de Solenzara (A Mandria), etc., et tourné des kilomètres de films, la plupart diffusés, mais sans doute pas tous, un petit trésor documentaire et encyclopédique sur les peuplements et les cultures de l'île. Mais en n'en oubliant pas pour autant ni la revue ni le programme de conférences ; c'est ainsi que je fis quelques amis et collègues écrire pour *Stantari* ou donner des conférences (Michel Brunet et Bernard Buigues à Porto-Vecchio par exemple).

UNE GOUTTE DE SCIENCE. La Corse semble avoir été « visitée » pour la première fois il y a 11 000 années, à la fin de la dernière glaciation donc. Des pêcheurs mésolithiques y sont venus des côtes italiennes voisines (Ligurie, Toscane), mais ne s'y sont pas véritablement fixés. La fameuse « Dame de Bonifacio », au squelette couvert de poudre minérale rouge, et datée d'environ 8 500 ans, appartient à cette période. C'est, sans doute un peu plus tard, autour de 8 000 ans, que des populations, de même origine géographique, s'établirent vraiment sur l'île, défrichèrent et implantèrent villages et agriculture. Venus avec leurs animaux et leurs céréales, ils n'en commencèrent pas moins à exploiter les nombreuses ressources locales. Cette période, dite « néolithique », sera florissante, commerçant avec les voisins insulaires (obsidienne de Sardaigne) ou continentaux et élevant tôt (7 000 ans) ses premiers mégalithes, qui évolueront joliment, comme l'on sait, vers les célèbres statues-menhirs (5 000 ans). Vers ces mêmes âges de cinq millénaires apparaissent, dans le mobilier, les objets en cuivre, cuivre arsénié (décidément tôt aussi, le plus tôt de toute la Méditerranée occidentale), puis, un peu plus tard, en bronze. L'âge du bronze corse sculpte toujours les menhirs, mais construit aussi, désormais, un nouveau type de monument, dédié au stockage des vivres, à l'observation et par suite à la défense et peut-être en même temps au culte, les tours ou *torri*, tronconiques, en pierres sèches. Avec l'âge du fer, on entrera vite dans la brillante Antiquité méditerranéenne qui se manifestera par une succession de véritables implantations de nouvelles populations et de créations de villes (Phocéens, Étrusques, Romains) avant que la Corse ne se christianise.

Et puis Laurent-Jacques souhaita bouger et nous « montâmes » à Ajaccio. Et le rythme des conférences reprit et je ne tardai pas à recevoir la médaille de citoyen d'honneur de la ville ! Je me souviens d'un maire charmant, médecin, Simon Renucci, et d'une salle grandiose où régnaient d'immenses portraits de Napoléon encore Bonaparte, Napoléon empereur et de Joséphine en majesté. Et Laurent-Jacques, toujours excellent guide, me fit faire le tour de la ville, du port, de ses remparts et de ses alentours, de ses ateliers et de ses boutiques, de ses restaurants et de ses bistrots. Et c'est là que j'eus un coup de cœur, on pourrait dire un coup de foudre en tout bien tout honneur ! Il s'était agi de la découverte du restaurant Le Bilboq, dans une petite rue, pas loin de la mairie, et de son incroyable patron, Jean-Jean ! Comment vous décrire théâtre et acteur, je ne sais pas par lequel commencer ! Je choisis la scène parce qu'il faut bien débuter. Elle est au premier étage, auquel on accède par un escalier extérieur, mais en le gravissant on aperçoit déjà la coulisse, en l'occurrence le patron, surbronzé, torse nu, au milieu de ses gamelles, de ses fourneaux et de ses feux, dans sa cambuse ronflante et béante ! Lucifer ! Mais revenons au restaurant : deux salles, communicantes, pas très grandes, la principale donnant directement sur le palier de l'escalier extérieur ; les murs, tous, couverts de photographies, d'images imprimées, de coupures de presse, multiples, toutes encadrées, à la fois des héros de la Corse, Napoléon et Tino Rossi, et des clients importants, héros en leur genre de la taverne, Nicolas Sarkozy en tête ; de jolies tables, toutes dressées, appétissantes, recouvertes de nappes fraîches à petits carreaux, et une sono qui, à tue-tête (on comprend soudain mieux l'expression), délivre tous les tubes de Tino Rossi et de Tino Rossi exclusivement, ou presque, mais l'alternative est la voix, très belle voix d'ailleurs, d'un proche ami de Jean-Jean, une voix très comparable à celle de… Tino Rossi ! Quant à la carte, elle était simple : un plat ! Des langoustes aux spaghettis ! Mais ces pâtes longues, avec une sauce à base de tomates et de piment, formant un lit généreux sur lequel gisaient, majestueuses, les langoustes grillées qui faisaient la réputation de la maison. Délicieux, que dis-je, divin (de la part de Lucifer, ça ne pouvait guère être autrement !). Le maître des lieux, maintenant, ancien marin pêcheur, ancien boxeur, actuel cuisinier, je veux dire chef. Un merveilleux personnage et une grande personnalité. Chaleureux, généreux, affectueux, bavard, mais corse de corse et fier de l'être et le faisant savoir, et ne tolérant sûrement pas qu'on lui demande, par exemple, d'arrêter ou de changer la musique (de toute façon, bien que pas véritablement fan de Tino Rossi, d'instinct, je ne m'y suis pas risqué !). Et mes visites, nos visites avec Martine et Quentin, nos visites avec tous les amis que nous voulions à la fois régaler et initier, se sont multipliées et, entre Jean-Jean et moi, une amitié s'est ainsi, peu à peu, solidement construite.

Il représentait sans doute l'image que j'attendais du Corse, rude et tendre, libre et insoumis, d'une seule pièce, dit-on parfois. L'amitié avec lui était crue ; elle était là, à la vie, à la mort, installée, sans être déclarée, dans une confiance totale. Et Jean-Jean Vero m'a raconté sa vie, m'a présenté son fils Anthony, son ami « à la voix », et d'autres amis et d'autres amies encore… Et nous avons fait ensemble des tournées, des pique-niques, des sorties dans le maquis et les maquis, souvent le jour, parfois la nuit, dont je ne peux parler. Et un jour, exceptionnellement, Jean-Jean est venu à Paris, mais j'étais à l'hôpital Georges-Pompidou et sortais d'une intervention chirurgicale, un peu bousculé, un peu fatigué. Or j'ai vu mon téléphone s'allumer (car je lui ai coupé le son depuis longtemps) et j'ai eu l'imprudence d'y répondre. C'était Jean-Jean, désespéré, qui voulait venir à l'hôpital, avec force cadeaux, tous les « vivres » que je souhaitais… J'ai eu beaucoup de mal à l'en dissuader. Et c'est là que dans un élan du cœur, inattendu et cocasse, il m'a déclaré : « Tiens, je t'aime tellement que mes langoustes, je vais les appeler “mes Coppens” ! » Que dire si ce n'est « Merci ! » ? La déclaration était si insolite qu'elle m'a pris de court. Et puis j'y ai repensé et repensé encore et conclus que c'était une sorte de cri touchant d'amitié, mais que ce n'était bien évidemment pas une décision applicable. D'ailleurs, je ne voyais pas comment elle aurait pu prendre forme. Et les années ont passé. Chaque fois que j'allais à Ajaccio, c'était hors saison des langoustes et des touristes, et je me heurtais à porte du Bilboq close. Je n'avais donc guère de nouvelles de Jean-Jean ; nous sommes en effet tous les deux plutôt de tradition orale ! Une fois cependant, le réalisateur Daniel Vigne, dont j'avais été conseiller dans le film *Une femme ou deux* et à qui j'avais présenté

Jean-Jean, revenant de Corse, m'avait rapporté, par téléphone, ce message à l'emporte-pièce de Jean-Jean, que j'avais alors noté : « On pense à toi ! Tu m'as foutu le cafard, ça me fait de la peine, mes langoustes, je les ai TOUTES appelées "mes Coppens". » Et puis, vers la fin de l'année 2019, une amie de longue date, dont je n'avais plus de nouvelles depuis longtemps, interpellée, dans un restaurant ajaccien, par la lecture, sur le menu, de mon nom associé à celui de crustacés, a eu l'idée d'en saisir une photo et de me l'envoyer sur mon portable ! Ô surprise et grande émotion, je dois dire ! Une parole est une parole et la parole de Jean-Jean ce jour-là, à Paris, avait été immédiatement suivie de son application le jour d'après, à Ajaccio. Il m'avait fait, en effet, parrain de ce qui, après sa famille, je suppose, lui était le plus cher, ses langoustes ! Quelle puissance d'amitié et de fidélité, puissance rare, que j'admire et que j'honore. Pour la petite histoire, je ne connais pas le chiffre d'affaires du Bilboq, si bien que je ne peux calculer le nombre de langoustes dont j'ai été ainsi parrain depuis une bonne dizaine d'années !

J'ai appelé Jean-Jean depuis, très récemment donc ; nous nous sommes retrouvés au téléphone, chaleureux, affectueux et inchangés. Je l'ai remercié, bien sûr, et l'ai prié de saluer désormais mes filleules chaque fois qu'il les ferait griller, en pensant à notre amitié. Encore Lucifer !

Quant aux amis de la première heure, ils se sont un peu dispersés. La revue *Stantari*, faute de subsides, a disparu, mais Cécile Breton (résidant toujours en Corse), pleine de ressources et d'énergie, en a créé une autre, florissante, plus strictement naturaliste, qu'elle a nommée *Espèces* et dont je suis encore membre du comité scientifique. Laurent-Jacques Costa, alors qu'il était en pleine production de travaux de recherche et d'ouvrages sur la Corse préhistorique, a préféré pencher du côté du cinéma (je regrette d'avoir perdu le préhistorien) et partage désormais sa vie, pour des raisons familiales, entre son île et la Thaïlande ; quant aux Martinetti, je les ai retrouvés avec bonheur, en Corse, éclatants de forme, à ma conférence au parc Galea, en 2019. La Corse est vraiment un grand pays et ses habitants lui ressemblent ; ils ont le cœur profond, m'avait joliment dit un jour une amie corse, ajoutant que ceux que les Corses aiment partagent cette belle qualité.

Figure 26. *Ardoise, restaurant Le Bilboq, Ajaccio, 2019. (Photographie de Martine Rateau-Holbach.)*

CHAPITRE 27

La puce de Shungura

Les premiers primates

(80 millions d'années)

En 1965 ou 1966, l'empereur d'Éthiopie, Haïlé Sélassié Ier, faisait un voyage d'État chez son voisin kényan, Jomo Kenyatta. Visitant, à cette occasion, le Coryndon Museum de Nairobi (désormais National Museum), sous la conduite du paléontologue kényan (d'origine britannique) Louis Leakey, il fut fasciné par les restes des très anciens ancêtres de l'humanité découverts en Tanzanie et au Kenya, circonscrivant un peu ce que l'on estimait être alors notre berceau, mais s'étonna qu'il n'y en ait pas eu de mis au jour en Éthiopie, si voisine. « Qu'à cela ne tienne, lui avait dit (à peu près !) Louis Leakey, saisissant la balle au bond, je peux, Majesté, organiser une expédition paléontologique dans votre empire et tenter de combler en effet ce manque qui ne s'explique ni sur le plan géographique, ni sur le plan climatique, ni sur le plan environnemental. » Et l'empereur, très politiquement, lui répondit quelque chose du genre : « C'est entendu, mais que cette expédition soit internationale ! » Et Louis Leakey d'appeler sans attendre son collègue français, Camille Arambourg, professeur honoraire au Muséum national d'histoire naturelle de Paris, et son collègue américain, Francis Clark Howell, professeur à l'Université de Chicago. Et tous deux acceptèrent.

Or il se trouve que Camille Arambourg avait déjà conduit, dans les années 1932-1933, une mission aux confins du Kenya et de l'Éthiopie, parce qu'une expédition française d'exploration du début du xxe siècle, se proposant de traverser l'Afrique du nord-est (Djibouti) au sud-ouest (Congo), avait rapporté de ces régions des fossiles de vertébrés, toujours conservés d'ailleurs à la Sorbonne. Arambourg en était revenu comblé, avec 4 tonnes d'ossements qu'il avait d'ailleurs aussitôt étudiés, situés à la limite Tertiaire-Quaternaire (le niveau géologique des restes d'hominidés d'Afrique orientale) et publiés vers la fin des années 1940. On avait donc, avant de mettre sur pied cette nouvelle expédition en Éthiopie, de sérieuses informations sur au moins un grand gisement susceptible de répondre aux vœux de l'empereur.

Arambourg avait déjà dépassé les 80 ans. Très enthousiaste et très en forme, il ne s'en était pas moins dit qu'il valait mieux, pour mettre sur pied pareille expédition et la diriger sur le terrain, un paléontologue plus jeune qui le déchargerait de sa face logistique obligatoire, tout en lui permettant de collaborer à sa face scientifique. Et comme Camille Arambourg venait de me voir mener au Tchad, dans des territoires et des climats plutôt rudes, plusieurs expéditions, d'ailleurs fructueuses, il me choisit. J'en ai été ravi (j'avais 32 ans). Fort de mon expérience de sept années en Afrique de l'Ouest, celle de la steppe et du désert, et grâce à l'aide précieuse et chaleureuse de Richard Leakey, fils de Louis, rompu à la vie en brousse de cette autre Afrique, celle de l'Est et de la savane, je mis sur pied, au printemps 1967, ce qui allait devenir la mission française de l'Expédition internationale de recherches de l'Omo (Omo Research Expedition), expédition composée de trois contingents, un kényan, très anglais, sous l'autorité officielle de Louis Leakey et celle de Richard sur le terrain, un contingent américain sous l'autorité de Francis Clark Howell et un contingent français sous l'autorité de Camille Arambourg et de la mienne, sur le terrain.

Sur le plan du personnel, j'avais structuré ma mission en trois « équipes » : une scientifique bien sûr, essentiellement française ; une logistique, faite de jeunes gens kényans mukambas que Richard Leakey m'avait recommandés ; et une militaire, éthiopienne, armée, imposée par le gouvernement impérial pour notre « sécurité ». Mais revenons à la constitution de l'équipe scientifique à laquelle j'avais beaucoup réfléchi. Nous disposions d'une « action spécifique » du CNRS, c'est-à-dire d'un financement qui, sans être merveilleux comparé à celui de nos collègues américains, n'en était pas moins « honnête ». Et nous allions par ailleurs passer sur le terrain, coupés longtemps de beaucoup de choses et de beaucoup de gens, de longs mois de recherche, chaque année, plusieurs années. Je m'étais alors dit qu'une telle occasion d'exploration de territoires quasi inconnus pouvait profiter à beaucoup de disciplines et, par ailleurs, qu'une diversité de spécialités sur le terrain en même temps pouvait aider à mieux vivre notre isolement, à le rendre plus riche et plus confortable. Convaincu de l'intérêt de mon projet, j'en fis part à Camille Arambourg ; je ne peux pas dire qu'il ait eu une réaction enthousiaste devant cette ouverture, lui qui n'avait monté toute sa vie que des missions de paléontologie et de paléontologie seulement, mais il me fit confiance et me donna carte blanche. J'envisageai alors trois visages à mon équipe scientifique, l'un des sciences de la Terre au sens large (géologie, sédimentologie, tectonique, géomorphologie, paléontologie animale, végétale et humaine, datations), le second des sciences de la vie (biologie animale et végétale, systématique, écologie), le troisième des sciences humaines (ethnologie, anthropologie, biologie humaine). Et je lançai mes invitations. Je réunis bien sûr une solide partie géologico-paléontologique, c'était tout de même le cœur de l'aventure, un bel échantillon de biologistes, surtout médecins, épidémiologistes, parasitologues et virologues, et UN ethnologue, suisse qui plus est ! Et la mayonnaise prit ! Les paléontologues, parfois fatigués de la prospection ou de la fouille par 40 °C (au moins) en permanence, s'offraient une pause en plongeant sous le microscope des biologistes. Ces derniers, parfois fatigués par les longues heures passées sur leurs optiques, s'invitaient sur le terrain pour collecter les fossiles si précieux dans l'espoir d'apercevoir quelque ossement ou quelque dent d'hominidés, les pépites. Et paléontologues et biologistes réunis se permettaient parfois d'aller rendre visite à l'ethnologue, installé dans son village d'adoption (nous étions en territoire nyangatom, dit aussi « boumi »), et par suite à tous ses nouveaux amis, amusés et ravis de nous faire partager un bout de crocodile en cocotte ou quelque légume bizarre en sauce !

Ce n'est pas l'endroit pour raconter qu'en dix années, ces trois équipes, séparément ou parfois ensemble, ont fait d'excellents travaux. La paléontologie a découvert, pour Sa Majesté l'empereur, le fossile qu'il fallait à l'Éthiopie pour qu'elle entre dans le berceau de l'humanité (*Paraustralopithecus aethiopicus*, Arambourg et Coppens, 1967, 2,6 millions d'années, le record de l'époque). Les travaux des paléontologues, joints à ceux des géologues, ont en outre permis de raconter, pour la première fois, ici, à l'Omo, que l'émergence de l'homme n'était due qu'à la nécessité pour un préhumain (australopithèque, kényanthrope ou autre...) de s'adapter à un changement climatique (ce que j'ai appelé d'un mauvais jeu de mots l'événement de l'(H)Omo ou (H)Omo Event, une grande sécheresse). Les biologistes ont découvert beaucoup de parasites nouveaux, un nouveau virus, des animaux sains, mais « réservoirs » de virus, et décrit, en collaboration avec l'ethnologue, les traits anatomiques de la population locale, ses groupes sanguins, mais aussi ses stratégies d'alliance, les premiers coïncidant merveilleusement avec les secondes ! L'ethnologue enfin a étudié, seul, cette population, ses comportements, sa langue, et publié un dictionnaire nyangatom-français, français-nyangatom (à tirage réduit, m'a-t-il expliqué).

Mais où est donc le parrainage ? Eh bien, le voici ! Les biologistes, la plupart pasteuriens, à la recherche de parasites, ecto- ou endo-, parsemaient chaque soir la brousse de pièges, qu'ils allaient relever en général au petit matin. Or, un jour, le rongeur piégé se montra porteur d'une puce… et le microscope révéla qu'il s'agissait probablement d'une espèce nouvelle de siphonaptère du genre *Xenopsylla*, mais les heureux « inventeurs » attendirent leur retour en France pour s'en assurer auprès de spécialistes et faire éclater véritablement leur joie ; la puce éthiopienne a ainsi effectué son premier voyage intercontinental et passé, allègrement, les frontières sans passeport. Et, à Pasteur, sa nouveauté a été confirmée ; elle est devenue pour le monde entier *Xenopsylla coppensi Beaucournu*, Houin et Rodhain, 1970 (on est parrain de ce que l'on peut !). Beaucournu était le spécialiste, René Houin et François Rodhain, deux des médecins piégeurs, membres de la mission française de l'Omo. Hommage et plaisanterie se sont ainsi légalement et élégamment associés pour me faire ce cadeau bizarre, évidemment sympathique. Nous avons en effet, en sciences biologiques, ce privilège de donner le nom, plus ou moins bien latinisé, que l'on souhaite (classification linéenne) à tout genre, toute espèce ou sous-espèce que l'on pense avoir découvert, dans la mesure où l'on prouve cette nouveauté en en publiant une diagnose (description soulignant les traits qui le ou la différencient des formes connues) et une figure. Le spécimen, s'il est confirmé, devient ainsi pour l'« éternité » le type de l'espèce en question, celui auquel on devra se référer pour toute détermination à venir. *Xenopsylla coppensi* fut confirmé, et la puce et moi sommes entrés dans le grand livre de la systématique animale. Bien des collègues, à qui j'ai raconté l'histoire, me demandèrent depuis : « Tu l'as sur toi ? »... pour pouvoir l'examiner bien sûr !

Outre la puce, sachez que j'ai bénéficié ainsi de huit autres espèces nouvelles devenues toutes *coppensi* ! Un petit singe charmant, offert à mon parrainage par deux collègues américains, Donald Russell et Philip Gingerich, un mastodonte et un crocodile, offerts par un collègue anglais, Martin Pickford, et puis un rongeur, une autruche, un papillon (le seul vivant, avec la puce, de mon drôle de zoo) et deux arbres fossiles offerts par des collègues français. Merci à tous ces généreux naturalistes de ces hommages qui sont toujours d'agréables surprises.

Une goutte de science. Les primates sont un ordre de mammifères placentaires, à l'origine arboricoles, frugivores et tropicaux, qui apparaissent vers 80 millions d'années en Euramérique. Une de leurs classifications (celle que nous adopterons ici) divise cet ordre en trois sous-ordres, les plésiadapiformes, seul groupe strictement fossile, les strepsirrhiniens (recouvrant les adapiformes fossiles et les lémuriformes) et les haplorrhiniens (recouvrant les tarsiiformes et les simiiformes ou *Anthropoidea*, infra-ordre auquel nous appartenons). L'espèce *Kohatius coppensi*, que je suis fier de parrainer, appartient aux *Omomyidae*, une famille éteinte des haplorrhiniens tarsiiformes.

Les plésiadapiformes, les plus anciens primates donc, encore contemporains pour certains des derniers dinosaures, étaient arboricoles et nocturnes ; ils avaient un long museau, des orbites sur les côtés, 44 dents et encore des griffes au bout de leurs phalanges (d'où leur exclusion de l'ordre des primates par certains auteurs).

Les strepsirrhiniens, qui peut-être descendent vers 50 millions d'années de certains des plésiadapiformes, montrent un museau particulier, humide et sans poils (le rhinarium ou la truffe), qui les distingue des haplorrhiniens, qui ont perdu ce rhinarium au profit d'un véritable nez. C'est dans ce dernier sous-ordre que se rangent donc l'infra-ordre des tarsiiformes (incluant le célèbre petit tarsier aux yeux globuleux et aux très grands pieds, d'où son nom) et celui des simiiformes ou *Anthropoidea*, le nôtre.

Kohatius coppensi appartient, comme on l'a dit, aux tarsiiformes et, parmi eux, à la famille des omomyidés, tous fossiles, éocène et oligocène inférieur (53-35 millions d'années), étaient petits (de 20 à 500 grammes), arboricoles, insectivores et frugivores, répartis sur l'Amérique du Nord, l'Europe et un peu l'Asie (le « mien ») ; ils avaient le museau court, les orbites grandes (la plupart devaient être nocturnes), des mains et des pieds préhensiles équipés d'ongles ; mais coquets, ils disposaient aussi, comme les lémuriens actuels, d'une griffe de « toilette », une faveur de la sélection naturelle !

Un mot sur les simiiformes, ou *Anthropoidea*, nous ! Ces « gens »-là semblent être nés, vers 50 millions d'années, en Extrême-Orient et s'être ensuite déployés vers l'ouest pour atteindre l'Afrique d'abord (vers 40 millions d'années) et puis l'Amérique du Sud (vers 35-40 millions d'années). Ce sont donc eux qui, en Afrique, continent qu'ils n'ont plus quitté depuis leur arrivée d'Asie il y a 40 millions d'années, que vers 10 millions d'années, ont développé la « branche » préhumaine – humaine, bipède et arboricole d'abord puis exclusivement bipède ensuite. L'*Anthropoidea* est donc bien né en Extrême-Orient, mais l'homme, son descendant, est apparu en Afrique tropicale.

Et, dans un exercice inverse, j'ai, moi aussi, fabriqué un certain nombre de taxons, un genre nouveau d'hominidé (*Tchadanthropus uxoris*) que j'avais dédié à mon épouse (1961) qui m'accompagnait alors sur le terrain (mais cette détermination n'a pas été validée), un genre nouveau d'une grosse bête à trompe, *Stegodibelodon schneideri*, dont j'ai dédié l'espèce à un collègue géologue, Jean-Louis Schneider, une espèce nouvelle de gros suidé, *Nyanzachoerus jaegeri*, que j'ai offerte à l'ami paléontologue qui avait découvert le fossile devenu le type de l'espèce et me l'avait confié pour étude, Jean-Jacques Jaeger ; et puis j'ai fabriqué seul une autre espèce et une sous-espèce de proboscidien ; avec mon vieux patron Arambourg, j'ai nommé un hominidé, le tout premier découvert en Éthiopie (*Paranthropus aethiopicus*), et avec deux collègues américains, Donald Johanson et Tim White, compagnons de terrain, un autre hominidé, *Australopithecus afarensis*, et pas des moindres puisque c'est à cette espèce que nous avons rattaché la fameuse Lucy ; avec un élève devenu collègue, Michel Beden, j'ai nommé une sous-espèce d'éléphant fossile, *Mammuthus meridionalis depereti*, du nom d'un collègue lyonnais que nous n'avons pas connu, mais à qui nous avons souhaité rendre hommage (Charles Depéret, 1854-1929), et, avec une collègue anglaise, Shirley Coryndon Savage, j'ai fabriqué une nouvelle espèce d'hippopotame nain. Enfin, grâce à la courtoisie de Michel Brunet et à celle de Brigitte Senut, j'ai cosigné la création de deux genres et trois espèces nouvelles d'hominidés, dans l'ordre, *Australopithecus bahrelghazali*, *Orrorin tugenensis* et *Sahelanthropus tchadensis*.

CHAPITRE 28

Les empreintes de Saint-Lizier

L'ichnologie

Mon cours au Collège de France (de 1983 à 2005) était, à l'exemple de tous les autres cours scientifiques de l'établissement, divisé en deux parties, une leçon (c'est le terme consacré), tout public, et un séminaire, plus technique, ouvert comme le cours à tout le monde, mais forcément fréquenté par un public plus « informé ». J'ai toujours assuré la leçon et le premier des neuf séminaires pour introduire son thème ; mais les huit autres étaient donnés par des invités français ou étrangers, évidemment choisis en fonction du thème en question. Or, l'année universitaire 1998-1999, j'avais décidé de parler de l'ichnologie, science des empreintes, des traces, des « ombres », peu connue alors qu'elle est source d'une très grande richesse et d'une très belle originalité d'informations. En préparant le programme de mon séminaire de cette année-là, outre les collègues qui avaient beaucoup travaillé sur les empreintes dans leurs recherches, j'ai été tenté d'inviter, sans la connaître, une personne de l'Ariège, Jean-Louis Orengo, qui se disait, avais-je lu, ichnologue et fondateur d'un « Repère de l'ichnologie » ! Ce n'était pas banal ! L'audace d'user de ce terme bien peu connu et de le porter en étendard avait, je dois dire, piqué ma curiosité. Je l'invitai donc au Collège, il vint et

Figure 27. *Empreintes de pattes (ichnites) de quelques petits mammifères d'Europe, « Le Repère de l'ichnologie », Saint-Lizier, Ariège.* (*Crédit : sarl Model'nature.*)

nous fit un mémorable séminaire le 26 janvier 1999, séminaire au titre, je dois dire, assez banal : « L'ichnologie, source de connaissances transdisciplinaires », mais au contenu qui ne l'était pas. Nous étions, en effet, nous, les paléontologues, coutumiers de la découverte d'empreintes de pas, de peau, de corps, de queue, et d'interprétations en termes de ports, de locomotions, de comportements, et n'avions guère réfléchi à l'identification, par exemple, du passage d'un escargot, d'un souvenir de glissement de terrain, de l'enregistrement d'un coup de vent, sans parler des empreintes olfactives ou sonores qui évidemment, celles-là, ne pouvaient être que contemporaines. Jean-Louis Orengo nous fit éclater nos frontières et nous éblouit par sa connaissance de la nature, par son sens de l'observation, et par sa passion pour noter, comprendre, transmettre tout ce qu'ainsi il découvrait. D'où sa création à Saint-Lizier, en Ariège, d'un conservatoire des traces, une ichnothèque !

Une goutte de science. L'ichnologie est donc la science des empreintes. Ce que l'on découvre n'a rien d'organique. Il s'agit de la trace, fossile ou actuelle, d'un être (ou plutôt d'une partie d'un être) qui était vivant quand il l'a laissée ; cette marque d'un moment de sa vie, aussi fugace soit-elle, est donc une information extrêmement éloquente sur un mouvement de l'être dont c'est la photographie instantanée, et du même coup sur l'être lui-même.

Durant l'été 1957, je suis allé par exemple, avec deux collègues, Daniel Heyler et Jacques Lessertisseur, à Lodève, dans l'Hérault, relever des empreintes de pistes de petits tétrapodes sur des dalles de schiste du Permien (près de 300 millions d'années). C'était fascinant ! Imaginez un sol boueux, humide sans être détrempé, et sur lequel ont galopé, vécu, se sont croisés des quantités d'animaux le temps de la durée de cet état du sol « enregistreur ». Nous en avons fait des moulages en coulant une matière plastique sur toute la surface « imprimée ». Puis, une fois ce document le mieux relevé possible par dessins, photographies et moulages, nous nous sommes efforcés de détacher la plaque de schiste sur laquelle il s'était inscrit. Et quelle ne fut pas alors notre surprise de découvrir, sous notre dalle, une autre dalle tout aussi « écrite » que celle sur laquelle nous venions de travailler. Et nous avons bien sûr refait, sur ce nouveau plan, de nouveaux relevés et moulages. Cette succession de sols qui se poursuivait, et se poursuivrait sans doute encore s'il s'y faisait de nouvelles recherches, avait l'air de correspondre à une succession, peut-être saisonnière, d'états adéquats d'enregistrements de ces sols.

Comme on l'imagine donc, cette ichnologie est une science complémentaire extrêmement précieuse de celle anatomique des restes osseux ou dentaires qui sont en général les seuls éléments concrets dont on dispose pour décrire et comprendre ces vertébrés disparus, leur fonctionnement, leurs parentés et leurs filiations. On dispose en effet cette fois de l'empreinte de quelques-unes de leurs parties dites

« molles », des « ichnites ». Les empreintes de pas d'homininés de Laetoli, en Tanzanie, vieilles de 3,6 millions d'années, nous donnent, par exemple, la preuve de la première station redressée et de la première bipédie de membres de notre famille, celle des australopithèques ou préhumains, pied plat, sans voûte plantaire marquée, talon rond, hallux (gros orteil) écarté, orteils repliés, appui externe préférentiel et marche chaloupée, en varus, les épaules et les hanches roulantes au point d'imprimer une piste de pas très serrés (bord interne d'un pied dans l'alignement du bord interne de l'autre), voire croisés. Ce croisement des pas (comme celui des mannequins) avait fait dire aux collègues anglais qu'il s'agissait des empreintes de deux australopithèques qui passaient à cloche-pied pour embêter les paléontologues, et à nous, scientifiques français, qu'en fait il s'agissait bel et bien de la preuve de la très grande antiquité des alcools et du vin ! C'est de cette petite plaisanterie dont je me suis servi sur scène pour recevoir à l'excellence française « mon » premier filleul, un jour à l'hôtel Bristol, Louis-Marc Chevignard, Grand Connétable des Chevaliers du Tastevin de Clos-Vougeot (voir le chapitre 10, « Les pensionnaires de Rome ») !

Un ami, Pierre Moinot, de l'Académie française, appelait joliment l'ichnologie préhistorique « la préhistoire du geste » ou encore « le théâtre éteint ». Comme on n'est jamais sûrs qu'une empreinte corresponde à un être bien précis (genre et espèce) et comme on n'en aura jamais la preuve, à moins de trouver le corps de l'être dans l'empreinte en question, on a été contraints de fabriquer une échelle taxinomique à part ; une palichnofaune est faite d'ichnofossiles, d'ichnogenres et d'ichnoespèces, rigueur scientifique oblige ! Rappelons pour finir cette goutte qu'« ichnologie » vient du grec *ichnos* qui signifie « empreinte de pas ».

Mais revenons à notre ami Jean-Louis Orengo. C'est par excellence un personnage passionné, courageux, actif, réfléchi, inventif. Songez qu'il a fait son service militaire dans les chasseurs alpins pour observer d'autres biotopes et s'aguerrir au froid, ayant le projet de se rendre dans le grand nord canadien pour étudier d'autres environnements, ce qu'il fit quelques années plus tard. Et toutes ces connaissances, informations, expériences, à force de se bousculer dans sa tête (qu'il pardonne ma terminologie, sa tête est sans doute plus ordonnée que je le dis), ces images de pattes, de griffes et d'ongles, de mécanismes variés de saisie, de préhension, de retenue, l'ont conduit à inventer… la Georgette ! Une cuillère-fourchette ingénieuse et qui vient de s'accompagner de l'invention complémentaire d'un couteau, le George ! La Georgette, 70 grammes, 19 centimètres, sépare, pique et cueille, dit-il, attrape, mélange et coupe. C'est un ustensile hybride, de couvert et de cuisine, dit de son côté Wikipédia, fait d'un manche, d'un cuilleron, aiguisé sur le haut de la tranche et prolongé par quatre extrémités pointues, les fourchons. Adoptée par plusieurs chefs étoilés, Georgette, « inspirée par la nature, génialement pratique, évidemment écologique et résolument utile », entend-on sur YouTube, mais on pourrait y ajouter ergonomique et beaucoup d'autres qualificatifs encore, est arrivée sur les tables étoilées et même à l'Élysée et a gagné la médaille d'or 2016 au Concours Lépine international de Paris et la médaille d'or 2016 au Concours Lépine européen de Strasbourg… Jean-Louis Orengo nous montre et nous démontre d'ailleurs, sur des vidéos limpides (c'est un bon enseignant), comment il s'est en effet « naturellement » inspiré de la patte du loup (dont l'empreinte est devenue la marque, le poinçon, de la Georgette), mais aussi de celles, entre autres, du putois, de la taupe, de l'ours et de la (bio)mécanique de notre propre main. Quant à George, héritier du biface des préhistoriques, il commence lui aussi brillamment sa carrière par la médaille d'or (décidément) 2018 du Concours Lépine méditerranéen à Montpellier. Le George, 85 grammes et 22 centimètres, a un côté denté, un côté affûté, et ainsi équipé d'une double lame, il peut tartiner, se faire couteau à poisson, couteau à fromage, spatule ou même pelle à gâteau.

Et tout ce succès qui arrive aux Orengo, devinez ce qu'ils en font : bientôt une école, La Tanière des débrouillards (dont je suis devenu parrain), mais un parc aussi, un parc à thème, prolongeant les classes de découvertes de la maternelle et du primaire, pour apprendre aux enfants, sur le terrain, en les hébergeant si nécessaire, l'observation de la nature, c'est-à-dire l'observation tout court. Mais cette nouvelle grande aventure en cours de montage avait été précédée par déjà bien des constructions et aménagements que les Orengo, incapables de rester tranquilles, n'avaient cessé de bâtir, développer, agrandir, transformer.

Et moi, et moi, et moi, que fais-je dans l'histoire de Georgette et de George ? Eh bien nos rapports cordiaux et puis amicaux ont incité ce naturaliste-créateur à me demander mon parrainage pour ses projets, ses inventions, ses initiatives, parrainages que je lui ai bien volontiers donnés ; je me suis retrouvé ainsi fièrement associé à Georgette et à George dont, en effet, je « soutiens » la création, à l'école des Petits Débrouillards que je « cautionne », et à toutes les initiatives ou presque de l'association L'Œil aux aguets, support de ces réalisations et projets, que j'admire et encourage. Merci Jean-Louis et merci à Catherine aussi, plus discrète, mais, comme on l'imagine, très présente et très importante dans l'inspiration et les réalisations du maître ! J'étais déjà parrain de langoustes à Ajaccio et de salade à Signy-l'Abbaye, mais c'est la première fois que je suis parrain des couverts qui m'équipent pour les honorer, couverts, ne l'oublions pas, créés en hommage à l'ichnologie, en hommage à la préhistoire !

VII
Les végétaux

CHAPITRE 29

Le vignoble de Saint-Germain-des-Prés

La confrérie romaine du Tastevin

(2 000 ans)

Je suis un amateur de vin sans en être un expert (et je ne bois qu'avec modération !). Mais mes relations avec les confréries vineuses n'en ont pas moins été nombreuses, généreuses, souvent originales et toujours agréables. Ma première intronisation a dû être celle des vins de Loire à Chinon (j'y suis devenu, en même temps que l'acteur Daniel Gélin, « bon entonneur rabelaisien ») et ma dernière en date celle des vins de Sancerre à Crézancy (j'y ai gagné mon diplôme de « vigneron d'honneur » en même temps que l'astrophysicien Francis Rocard). La première remonte à 1979, la seconde à 2019.

Mais ce que je voudrais raconter aujourd'hui, c'est l'histoire de mon parrainage d'un cep de vigne ! On a les filleuls qu'on mérite !

J'ai donc été invité un jour à Juliénas, joli village du Rhône, par un vigneron de ce grand beau vignoble du Beaujolais, Vincent Audras, propriétaire du Clos de Haute-Combe. Je me souviens fort bien de son accueil, un soir, dans une chaleureuse auberge comme on aimerait en découvrir souvent. Et j'ai dû, le lendemain, donner une conférence ou participer à une manifestation que j'ai oubliée depuis. Toujours est-il que je suis alors devenu « grumeur de juliénas ». Et puis Vincent Audras m'a mieux appris le beaujolais et plus spécifiquement, bien sûr, le juliénas, regrettant – je m'en souviens fort bien – la mode folle du beaujolais nouveau (traditionnellement livré à partir du troisième jeudi de novembre) – portant préjudice en effet à la grande appellation de garde. Rappelons que cette bien élégante appellation de beaujolais recouvre en fait dix crus aux noms tous enchanteurs – saint-amour, juliénas, chénas, moulin-à-vent, fleurie, chiroubles, morgon, régnié, brouilly et côte-de-brouilly. Le juliénas est, quant à lui, un vin rouge, on dit « rubis », de cépage gamay et ses goûteurs-poètes lui trouvent des arômes de fraise, cerise, violette, cannelle, groseille, pivoine, pêche, cassis… Je dirais personnellement qu'au-delà de ces salades de fleurs et de fruits, ses séduisantes senteur et saveur lui sont si particulières que c'est, chaque fois, avec un grand bonheur qu'on le reconnaît et le retrouve.

UNE GOUTTE D'HISTOIRE. C'est vers le début de notre ère, après leur conquête de la Gaule, que les Romains, qui avaient déjà depuis longtemps incité les pays des rives de la Méditerranée (la Narbonnaise) à planter la vigne et à fabriquer leur propre vin (après les Grecs qui avaient fondé Marseille, et fait la même chose aux environs de ce comptoir), ont apporté ce savoir-faire vers les provinces plus septentrionales. Par la vallée du Rhône, ils sont arrivés au Beaujolais (où nous nous trouvons) et puis en Bourgogne (les premiers vignobles y dateraient des Ier et IIe siècles après Jésus-Christ) et, un peu plus tard, dans le bassin de Paris (où nous allons nous trouver). On dit, d'ailleurs, que le nom de juliénas viendrait de « Jules César ». N'oublions pas que c'est en Gaule que ces Romains, qui transportaient leur vin dans de lourdes amphores en terre d'une capacité de quelques dizaines de litres, ont appris des Gaulois et adopté les tonneaux en bois, beaucoup plus légers et d'une capacité de plusieurs centaines de litres, tonneaux dont ces derniers étaient les inventeurs (*tonn* en celte signifie « outre »).

Figure 28. *Amphore romaine pour le transport du vin, tonneau gaulois pour sa garde. (Dessin de Sacha Gepner.)*

Mais revenons à Vincent Audras. Figurez-vous qu'un beau jour de mai 2003 (le mercredi 21), ce fut à Paris, chez moi donc, et qui plus est à Saint-Germain-des-Prés, un quartier dont j'avais vécu le bouillonnement intellectuel d'après-guerre, qu'il m'invita ! Et quand, bien sûr, je me rendis à son rendez-vous, je découvris un bruyant et joyeux rassemblement de gens en toge rouge et jaune, très agités, au chevet de la vénérable église romane. C'était insolite, presque incongru ! Ce petit groupe, armé d'un certain nombre de cuivres et de percussions, tournicotait autour du jardinet du chevet de l'abbatiale, au son de rengaines Nouvelle-Orléans, éclatantes et toujours jubilatoires. Cette facette de l'événement, malgré sa vigueur, était, je dois dire, un peu triste, car tellement anachronique ; « il n'y avait, en effet, depuis longtemps déjà, plus d'après à Saint-Germain-des-Prés » ! Mais voilà que le petit jardin, charmant et discret, appelé square Felix-Desruelles, s'appelait aussi ce jour-là « Le Clos Saint-Juliénas-des-Prés » ; c'était le plus petit vignoble de Paris, planté de douze pieds de vigne que parrainaient, chaque année depuis 1992, douze personnalités, choisies par la confrérie du même nom dont le Grand Maître n'était autre que Vincent Audras ! Et je fus solennellement intronisé ce jour-là, jour du XIe chapitre, un peu gêné, au milieu de passants de bonne humeur mais pour le moins surpris, que j'avais l'impression de tous connaître. Mon filleul était le cep numéro 1. Et le cep numéro 2 était parrainé par la chanteuse canadienne Fabienne Thibeault ; belle grande rencontre, donc, dans le vignoble, bien chaleureuse, et même affectueuse, et tout ça grâce à deux pieds de vigne !

Et je n'étais pas au bout de mes surprises ! Après le rite de l'entrée dans la confrérie (serment et tastevin), le même petit groupe, toujours aussi anachronique, se déplaça en effet le long du boulevard Saint-Germain jusqu'au carrefour de l'Odéon, et puis jusqu'à la rue de l'Ancienne-Comédie et au restaurant Le Procope, qu'il envahit alors sans aucune retenue ! J'étais sidéré ! Le patron du plus vieux café de Paris était en effet un des nôtres, membre lui-même de la confrérie, ce jour-là en toge et jouant d'un cuivre ! Et la fête se poursuivit, à grand renfort de juliénas, dans une ambiance un peu carabine, mais aussi gourmande qui s'impose dans pareil rituel !

UNE GOUTTE D'HISTOIRE. Ce sont donc les Romains, comme on l'a déjà vu, qui ont introduit, vers la fin de l'Empire, vigne et vin dans le Bassin parisien. Au IVe siècle de notre ère, par exemple, Lutèce avait la réputation de produire des vins aussi bons que ceux de Narbonne, de Bordeaux ou de Trèves. Ce vignoble francilien et parisien va prospérer quinze siècles (souvenons-nous du vin préféré d'Henri IV qui a laissé son nom, la Goutte d'or, à un quartier de la capitale !), jusqu'au XIXe siècle, qui le verra se réduire sous la pression de l'urbanisation. Quelques vignes vont subsister, comme celles fameuses de Montmartre, mais ce phénomène demeurera anecdotique. Mais il semble qu'aujourd'hui on vive un renouveau de ce vignoble et que trois cents communes des couronnes parisiennes reprennent le flambeau, qu'elles n'avaient d'ailleurs pas complètement abandonné ; j'ai eu l'agréable surprise d'être ainsi intronisé, en 2006, dans la Confrérie du vin de Joinville-le-Pont (j'ai ajouté, ce jour-là, à mon *curriculum vinae* le titre de membre d'honneur de la Confrérie des Maîtres Goustiers, en compagnie du marathonien, médaillé d'or 1956 des jeux Olympiques de Melbourne, Alain Mimoun). Il s'agissait tout de même du « petit vin blanc qu'on boit sous les tonnelles, quand les filles sont belles, du côté de Nogent… » et de Joinville. Il s'appelle le guinguet ! Pardi !

UNE AUTRE GOUTTE D'HISTOIRE. Fondée au VIe siècle, l'abbaye royale bénédictine de Saint-Germain-des-Prés a été consacrée en 558 par le roi mérovingien Childebert Ier et l'évêque Saint-Germain ; elle a été dédiée à la Sainte Croix et à saint Vincent de Saragosse. L'église possède toujours les reliques de son premier évêque. Comme souvent, des restaurations et des reconstructions survinrent au fil des siècles, à la fin du Xe par exemple (des colonnes aux chapiteaux historiés datant de l'an 1000 y sont toujours visibles aujourd'hui), au XIIe ensuite (le chœur actuel, gothique primitif, consacré par le pape Alexandre III, remonte, lui, à 1163) et au XIIIe encore (les bâtiments conventuels que l'on voit aujourd'hui sont ceux d'il y a 800 ans). Et puis la Révolution fit de l'abbaye, en 1792, une manufacture de salpêtre, mais l'ensemble fut finalement rendu au culte dès 1803. Saint-Germain-des-Prés est aujourd'hui église paroissiale.

ET UNE TROISIÈME GOUTTE D'HISTOIRE ENCORE. Fondé par un Arménien, Grégoire, en 1680, rue des Fossés-Saint-Germain (aujourd'hui rue de l'Ancienne-Comédie), le Café Procope fut racheté en 1686 par un Sicilien de Palerme, alors simple garçon de café, Francesco Procopio dei Coltelli. Cet Italien, entreprenant et plein d'idées, transforma profondément le lieu, le fit luxueusement décorer et lui donna son propre nom qu'il porte encore aujourd'hui. Et dès qu'il rouvrit, en 1689, ce café devint célèbre, fréquenté par de très grands noms de la littérature, des arts, du théâtre, mais aussi de la politique, qui allaient alors y avoir vite leurs habitudes. Citons en vrac Jean de La Fontaine, Voltaire, Rousseau, Balzac, Hugo, Verlaine, Diderot et d'Alembert qui auraient eu là l'idée de l'*Encyclopédie*, Benjamin Franklin qui y aurait écrit la Constitution des États-Unis, mais aussi Danton, Marat et Robespierre, et même le lieutenant Bonaparte qui y laissa son chapeau ! Toujours fameux aujourd'hui (bien que son histoire n'ait pas été aussi continue que sa promotion le dit), Le Procope, qui s'ouvre donc d'un côté sur la rue de l'Ancienne-Comédie (la Comédie-Française, déplacée depuis, y était, en effet, installée), mais aussi sur la cour du Commerce-Saint-André de l'autre côté, est un lieu chaleureux qui propose, dans une multitude de petites et de grandes salles, de niveaux différents, un menu de très belle qualité, riche de plats devenus emblématiques, la tête de veau cocotte, la poule au pot de cent jours, la joue de bœuf braisée, la blanquette traditionnelle, et, beaujolais oblige, le coq au vin ivre de juliénas (c'est le plat que je préfère) !

Mais la belle histoire qui me lie à ce beaujolais élégant et puissant ne s'est pas arrêtée là. J'ai en effet, dès le mois de novembre 2003, été convié à nouveau à Juliénas, à la Fête des vins de ce cru ; je m'y suis bien sûr rendu et bien m'en a pris puisque le samedi 15, en pleine fête, je recevais, au Cellier de la Vieille Vigne, le 40e prix Victor-Peyret. J'appris alors que ce monsieur Peyret dont j'ignorais l'existence, hobereau et mécène, avait créé cette distinction à son nom pour promouvoir le juliénas. En dehors du diplôme de rigueur, ce prix consistait en un lot de 104 bouteilles de ce cru ; 104, avait dit Victor Peyret, c'est 2 fois 52, le nombre de semaines d'une année, et je considère qu'il convient d'offrir au récipiendaire 2 bouteilles par dimanche pour son couple ! Je n'ai pas à discuter du testament de Victor Peyret, mais, autant il m'apparaît que 2 bouteilles pour 2 par semaine, c'est peu, autant 2 bouteilles pour 2 par dimanche, c'est beaucoup ! Mais je les ai acceptées quand même ! J'ai donc quitté ce beau terroir avec 108 ou 110 bouteilles, je ne sais plus, mais en tout cas avec « plus que le compte », car les cartons le permettaient ! Et depuis, chaque début d'année, je vois arriver, avec bonheur, du Cellier de la Vieille Vigne, un carton souriant du beaujolais que je préfère, pour me remercier de ma fidélité au fameux cru, ou pour me rappeler à mes devoirs de sa promotion (je l'avais juré), peut-être un peu les deux. J'ai, par contre, oublié de dire que, pour la circonstance, l'espièglerie de mes compagnons grumeurs les a fait changer l'étiquette de leur vin (pour quelques bouteilles seulement, m'ont-ils assuré) ; au lieu de Bacchus trônant au milieu de femmes bien peu vêtues, je me suis, avec stupeur, mais… fierté, retrouvé sur le trône, à la place de notre Dieu protecteur, celui du vin, mais aussi de l'ivresse.

Et je terminerai en félicitant affectueusement ma compagne en juliénas (le deuxième pied de vigne de Saint-Juliénas-des-Prés), Fabienne Thibeault, pour son obtention, en 2006, du même prix Victor-Peyret.

CHAPITRE 30

Le pissenlit des Ardennes

Les plages mésozoïques du bassin de Paris

(200 millions d'années)

Le puissant pays ardennais – au vert intense et au bleu d'orage (on dirait Chagall !) – n'a cessé de marquer mon existence.

J'avais 6 ans (1940) lorsque mon père, mobilisé quelque part sur le front des Ardennes, m'en rapporta, lors d'une permission, trois fossiles, trois invertébrés, deux coquilles de *Gryphaea arcuata* et un autre mollusque que je n'ai pas réussi à déterminer. Un triste souvenir de tranchée pour mon pauvre papa, bien peu guerrier, mais un merveilleux souvenir pour moi, un déclic de plus vers ma passion naissante ou déjà bien née pour le passé et tout ce qu'il porte d'imaginaire. Cette gryphée-là, connue du Trias au Crétacé, était en effet très abondante dans le Jurassique inférieur des Ardennes (Sinémurien, 200 millions d'années), sur une des rives du bassin de Paris. Ces trois pierres précieuses furent déposées sur du coton au fond de trois petites boîtes d'allumettes, avec des étiquettes en carton (je pliais un petit morceau de carton qui présentait une partie horizontale muette au fond de la boîte et une partie verticale, glorieuse, portant la détermination du fossile).

Inscrit en licence de sciences naturelles à l'université de Rennes (1951), j'enchaînai les certificats d'études supérieures de SPCN (sciences physiques, chimiques et naturelles), PCB (physique, chimie, biologie), zoologie générale, zoologie appliquée, botanique générale, géologie générale ; à la fin de ce dernier certificat, une importante excursion sur le terrain nous emmena, deux bonnes semaines, à travers tout le bassin de Paris, le tertiaire aux environs de la capitale et le secondaire... dans les Ardennes, sous la conduite du merveilleux géologue qu'était Albert de Lapparent, professeur à l'Université catholique de Paris. Nous sommes allés voir de près le contact de ces auréoles du bassin de Paris et du massif primaire des Ardennes. C'était somptueux. La discordance entre ces couches sédimentaires, tellement belles, notamment le long de la Meuse, nous a tous enthousiasmés. J'avais mis beaucoup de cœur à rédiger un généreux rapport illustré de nombreuses photos originales de mon vieux Kodak et de cartes postales achetées sur place, rapport qui, hélas, a sombré au fil des années et des mouvements de ma vie. J'avais pu, moi-même, visiter, dans des conditions évidemment confortables par rapport à celles qu'avait connues mon père quatorze ans avant, le fameux Sinémurien et collecter de nouvelles gryphées.

UNE GOUTTE DE SCIENCE. La géologie des Ardennes est très simple ; du sud-ouest au nord-est s'y succèdent les rivages de plus en plus anciens du bassin de Paris, comme une pile d'assiettes de tailles différentes ; celle du fond, la plus grande et la plus ancienne, qui porte donc les autres et en déborde, est jurassique (de 200 à 145 millions d'années), celle immédiatement au-dessus, plus petite, est crétacé (145 à 66 millions d'années). Et ces assiettes dites « mésozoïques » (de l'ère secondaire) constituent la Champagne, la Thiérache et les crêtes préardennaises. Les flots de ces mers secondaires viennent, plus au nord donc, battre les flancs du vieux massif primaire, Paléozoïque, dit « schisteux-ardenno-rhénan » (sculpté par l'orogenèse hercynienne comme son cousin le Massif armoricain) ; dans les Ardennes, c'est le Cambrien (540 à 480 millions d'années) qui en est le plus vieux représentant. La discordance dont je parlais est donc le contact entre les plus vieux sédiments mésozoïques du bassin (200 millions d'années) et les schistes cambriens du massif (500 millions d'années) ! Les niveaux jurassiques (dont le Sinémurien de mes gryphées) et crétacés, représentant toute une série de transgressions et de régressions marines, offrent dans des marnes et des calcaires variés une très riche faune fossile, marine (surtout), mais aussi lacustre et terrestre. Quant à la géologie du Paléozoïque, faite de schistes (les ardoises cambriennes de Rimogne) et de grès, tous deux métamorphisés, elle est si importante que c'est elle qui a fourni les noms de trois de ses étages, le Givétien (Dévonien moyen, 380 millions d'années), le Devillien (étage du Cambrien), et le Revinien (autre étage du Cambrien). À propos de Givétien, le géoparc dit Mur des douaniers, à Vireux-Molhain, est un des sites fameux de cet étage, rempli de fossiles merveilleusement conservés de trilobites surtout, mais de coraux aussi.

Et puis dans les années 1980, j'ai rencontré une Ardennaise, et elle est devenue ma femme. J'ai donc revu les Ardennes, toutes les Ardennes, celle de la Champagne pouilleuse toute nue et puis celle de la Thiérache toute verte aux forêts et aux bocages généreux, celle dite « de la vallée », couverte aussi de forêts, mais aux reliefs primaires plus tourmentés, celle encore des abords de l'Argonne, au levant, ou des rives de l'Aisne au couchant, ou celle de la Semoy qui s'amuse avec la « frontière belge » ! J'ai vu des châteaux, des manoirs, des gentilhommières lovés au creux de vallées de rêve, des églises fortifiées en veux-tu en voilà, de jolis villages aux maisons en pierres ocre ou en bois et torchis, toutes couvertes des ardoises bleues du pays et alignées le long de rues incroyablement larges ; des tas de bois scié et parfaitement rangé font partie de l'image de ces maisons, de même que la grange, qui chaque fois les jouxte, et le tas de fumier, qui s'étale devant les façades et explique la dimension des voies. Un bouquet de terroirs et d'habitats, tous très beaux dans leur mariage harmonieux, doux et rude à la fois. Je n'ai pas besoin de conclure que j'ai été séduit encore une fois, et plus et mieux parce que plus profondément que les deux premières mises en bouche, une séduction progressive et confirmée !

Finalement, ces quatre-vingt-sept premières années de ma vie ressemblent à une navigation, bien belle d'ailleurs, sur un bassin marin (bassin de Paris) d'une centaine de milliers de kilomètres carrés, entre deux massifs primaires, l'armoricain (384 mètres au Menez Hom dans le Finistère, 416 mètres au mont des Avaloirs en Mayenne) et l'ardennais (504 mètres à la Croix-Scailles dans la commune de Hautes-Rivières, 694 mètres au signal de Botrange dans les Ardennes belges), massifs tous deux bien rabotés, mais dignes dans leurs centaines de millions d'années d'existence face à l'arrogante jeunesse des Alpes et des Pyrénées.

Je n'ai pas encore parlé d'une des facettes de cette séduction et pas des moindres, la cuisine ! Dès qu'on flirte avec le sud du département, on est convié à déguster le fameux boudin blanc de Rethel. Une merveille de finesse de texture et de subtilité de goût comme, sans chauvinisme « par alliance », nulle part ailleurs. Je n'ai pas l'intention de faire de ces mémoires un livre de recettes, mais quand même, si vous faites dorer un chapelet de ces boudins avec quelques pommes du verger d'à côté (du Tourteronnais par exemple), vous avez déjà envie de revenir dans les Ardennes. Et ces boudins tout blancs dans le midi du pays, vous les trouvez un petit peu roux dans le nord, où la coutume les veut aux oignons. L'autre entrée royale dans la gastronomie du pays, entrée qui peut d'ailleurs être aussi garniture, est la salade au lard, une autre merveille ; l'alliance des parfums de la salade cuite, des pommes de terre, du lard gras et du lard maigre et de l'assaisonnement vinaigré est inimitable, mais j'y reviendrai. J'avais été, en outre, interpellé par ce qui était appelé du drôle de nom de « cacasse » sur certaines cartes de restaurants locaux et je me demandais ce qu'il recouvrait : eh bien des saucisses, du porc, du poulet, du gibier et bien sûr des lardons, avec de l'huile, de la farine, des pommes de terre, des oignons, du sel, du poivre, du laurier, du thym, de l'ail, du persil, le tout dans une cocotte ; j'espère que ça vous donne faim ! Il y a bien sûr l'équivalent pour les jours sans viande et ce plat du pauvre se nomme cette fois joliment « cacasse à cul nu » ! Ça ne s'invente pas ! Et je ne vous parlerai pas des grives, ni de la manière de les piéger, car c'est désormais interdit, mais c'était quand même drôlement bon ! Et puis vient le dessert, la tarte au sucre ou le gâteau mollet. La tarte au sucre, c'est aussi vraiment très bon ; j'ai retenu : pâte à tarte, beaucoup de beurre, beaucoup de sucre en poudre, mais ne m'en demandez pas plus ! Le dimanche, dans les hôtels du coin, on a droit, parmi les viennoiseries, à de belles parts de cette tarte, ne serait-ce que pour rappeler où l'on se trouve ! Quant au gâteau mollet, c'est un gâteau à pâte levée, au beurre, aux œufs, au lait, d'une très grande légèreté, je dirais d'une grande élégance, à prendre le temps de déguster, normalement avec le café, comme d'ailleurs la tarte au sucre. Voilà, que vous dire, qu'il y a des bières locales, mais que les bières brunes des abbayes ne sont pas loin, et que le ou les nobles champagnes ne sont pas loin non plus !

Mais j'ai annoncé que je reviendrais sur la salade au lard. Dès notre première escapade dans ce pays (qui curieusement, pour les Parisiens, a l'air très lointain, alors qu'en deux heures, trois au plus, on y est), Martine et moi étions allés dîner dans une bien jolie auberge de son village, l'Auberge de l'Abbaye, aussi belle dehors que bonne dedans. Et figurez-vous qu'on m'y a servi une salade au lard, une salade au lard ardennaise, comme je n'en avais jamais goûté. Le coup de foudre ! Je connaissais et aimais beaucoup la frisée aux lardons, de la salade aussi, mais crue, des lardons aussi, et un œuf mollet et de la vinaigrette pour construire un bel ensemble certes très agréable, mais bien différent de ce que l'on m'offrait ce soir-là. Et je me suis donc régalé ! Régalé au point que je n'ai eu de cesse d'en demander à ma femme, d'en demander à ma belle-mère, d'en commander à toutes les tables des Ardennes, grandes ou petites, et de retourner à « mon » auberge. J'ai ainsi appris, par mon propre goût, qu'il y avait beaucoup de salades au lard, autant que de cuisiniers, je pense, et que chaque fois, bien sûr, on me la présentait comme l'authentique ! Ça allait de soi ! Il n'empêche que la salade au lard de l'Auberge de l'Abbaye à Signy m'avait séduit. Il paraît d'ailleurs que, longtemps anonyme dans cette maison, les patrons et le personnel m'appelaient, entre eux, monsieur Salade-au-Lard.

Que vous dire ? Que les puristes exigent que la salade ne soit faite que de feuilles fraîches de pissenlit, *Taraxacum officinale*, récoltables avant la floraison, donc ici, de mars à mai, mais comme cela réduit considérablement les périodes de consommation, la scarole, la batavia, la frisée, la chicorée ou la romaine peuvent faire l'affaire. Le lard doit être à la fois du lard gras (ma belle-mère y tient beaucoup) et du lard maigre plus classique. Ma femme m'a dit que, pour trois personnes (nous sommes trop), elle prenait un oignon ou deux échalotes, une demi-douzaine de pommes de terre et 400 grammes de lard (les deux), et qu'il fallait, dans l'ordre, faire revenir lard et oignon, d'abord, puis ajouter la salade (parfois juste chaude, parfois vraiment cuite, ce que je préfère de beaucoup, on les appelle « les salades au lard ennemies » !), puis les pommes de terre déjà cuites et entre 5 et 10 centilitres de vinaigre d'alcool – certains disent de vin. Tout simple donc, mais finalement il faut, comme toujours et partout pour faire un chef-d'œuvre, le savoir-faire, la tradition, la « patte » du cuisinier ou de la cuisinière. L'auberge nous a donc vus souvent, Martine et moi seuls, d'abord, longtemps, avec notre fils plus tard, venir déjeuner ou dîner, quelquefois en aller et retour de Paris pour le plaisir, et puis un beau jour, une des jeunes cuisinières-serveuses m'ayant aperçu par hasard à la télévision, mon identité a été dévoilée à tout le personnel ; nous sommes alors devenus très amis avec les patrons, Jean et Simone Lefebvre (décédés), et puis avec les enfants, les beaux-enfants et les petits-enfants ; c'est le fils, Frédéric, et sa femme, Sophie, qui ont repris la maison, le fils à la ferme (la source) et la belle-fille au restaurant (la transformation). Et les choses en étaient là lorsqu'un jour, consultant leur carte, j'ai lu et relu et relu encore, je n'en croyais pas mes yeux : « Salade au lard Yves Coppens » ! C'est ce qu'on appelle un abus de pouvoir ; moi, simple (mais bon) consommateur, je devenais parrain d'une salade de pissenlits aux pommes de terre et au lard que je n'avais jamais tenté de réaliser moi-même, alors que sa dénomination semblait me donner la place d'un grand chef, d'un grand expert du plat en question. Une amie namuroise, Marie Gevers d'Udekem d'Acoz, « descendant » un jour en voiture, avec son mari et ses enfants, vers la Méditerranée, m'a raconté s'être arrêtée, par le plus grand des hasards, à cette auberge pour déjeuner et avoir alors découvert avec angoisse ce qu'elle pensait être ma nouvelle « orientation » ! Il faut dire qu'elle est scientifique et que j'avais été, en 1989, à Namur, membre de son jury de soutenance de mémoire de fin d'études de l'Institut d'informatique des facultés universitaires Notre-Dame-de-la-Paix, mémoire sur « l'analyse cladistique : problème et solutions heuristiques informatisées ». On peut comprendre que les rapports entre ce qu'avait été alors mon expertise et ce qu'était apparemment devenu mon nouvel investissement ne pouvaient lui sauter immédiatement aux yeux. Elle n'avait pas osé alors, m'a-t-elle raconté, me téléphoner pour me demander ce qui était arrivé dans ma vie ! Il a fallu qu'à l'occasion d'une conférence à l'Université de Namur, m'invitant à séjourner chez elle et ne me trouvant apparemment pas trop « sorti » de mon monde scientifique habituel, elle me raconte son histoire. Et je l'ai donc rassurée en lui racontant la mienne.

Produits du terroir

Entrées :	Tartine de Maroilles et vinaigre balsamique	9,50 Euros
	Viandes séchées maison - copeaux de foie gras	16,00 Euros
Plats :	Salade aux lards Yves Coppens (selon saison)	14,50 Euros
	(salade cuite, lardons, pommes de terre, échalotes, déglacé au vinaigre)	

Spécialités de notre ferme biologique

Entrée :	Carpaccio de bœuf au basilic	11,00 Euros
Viande de bœuf :	Tripes au jus de pommes	14,00 Euros
	Fondue vigneronne de bœuf	17,00 Euros
	Pièce de bœuf poêlée	23,00 Euros
Mix de viandes :	Bœuf, agneau, porc	19,00 Euros

Consultez la liste des allergènes à la fin de cette carte — Prix net service compris

Figure 29. *Auberge de l'Abbaye, Signy-l'Abbaye, Ardennes, extrait de la carte.*

Une goutte d'histoire. J'ai donc déjà cité Signy-l'Abbaye, parlé de l'Auberge de l'Abbaye ; je vais vous présenter enfin cette abbaye pleine de mystère : c'était une abbaye cistercienne, aujourd'hui disparue, victime de la Révolution française, en 1793. On raconte que douze moines, sous la direction de l'un d'entre eux, l'abbé Bernard de Cambrai, avaient quitté leur abbaye d'origine du Val d'Igny, à Arcis-le-Ponsart dans la Marne, pour aller fonder la leur propre quelque part vers le nord ; c'était il y a presque neuf cents ans. Leur itinéraire était alors passé par l'abbaye de Chaumont-Porcien, où ils demandèrent l'hospitalité, puis par Draize, où ils s'installèrent. Ils avaient en effet trouvé, tout près, un hameau appelé Signiacum, du nom d'un établissement gallo-romain installé sur la Vaux, dont le site leur avait plu, car placé au milieu de forêts (abondance de bois) et de marécages (abondance d'eau). Et ils se lancèrent, sans attendre, dans d'importants travaux qui aboutirent à la construction d'un très important établissement dédié à la Vierge Marie et consacré dès 1135, Beatae Mariae de Signiaco. La règle cistercienne, née du souhait des moines de Cîteaux d'une plus grande observance de la discipline monastique en réaction au « relâchement » d'autres ordres contemporains, prêchait la pauvreté, l'isolement, la prière, mais aussi le travail manuel. Et, pour vivre en autarcie, ces moines réalisèrent en effet un extraordinaire ensemble de travaux, « manuels » précisément, depuis ceux d'agriculture, notamment céréalière, avec constructions de granges et installations de moulins (moulins de Librecy, sur la Vaux, en amont de Signy), ceux de carrières d'extraction de l'ardoise et même du fer (forge du Hurtault en aval), ceux encore d'élevage de bétail et même de poissons, etc. Sur le plan spirituel, parmi de nombreux abbés aux notoriétés incontestables, on fait en général surtout mention de la personnalité de Guillaume de Saint-Thierry, théologien et mystique, né à Liège et retiré à Signy (où il mourut en 1148) comme simple moine, alors qu'il avait le statut d'abbé à Saint-Médard près de Soissons ; il laissera de nombreux écrits d'une grande force spirituelle, inspirés de ceux de saint Augustin, d'Origène et même de Plotin. Aujourd'hui, des archéologues et passionnés locaux (dont Nicole Boucher) se sont efforcés, avec succès, de rechercher les plans de l'abbaye, ses nombreuses propriétés, ses ouvrages de génie civil (dont un ingénieux système hydraulique), et d'inventorier tous les matériaux, tous les objets lui ayant appartenu et dispersés dans le pays.

Et mes rapports avec les Ardennes n'ont plus cessé. J'ai été sollicité pour parrainer le très beau et difficile projet d'un parc naturel régional en Ardenne, couvrant une large partie du nord du département (91 communes, 117 680 hectares dont 62 000 de forêts). C'était en 2005. J'avais pu enclencher l'affaire et puis n'ai cessé de suivre le dossier ; il a abouti, bien des années plus tard (2011), mais avec le succès qu'il méritait. J'en parle dans ce livre à un autre chapitre.

Et puis je me suis retrouvé une autre fois, à Revin, président du jury de la sixième Exposcience Champagne-Ardenne et parrain de la remise de ses prix à des classes, je dis bien à des classes, entières ; c'est toujours un bonheur de rencontrer des enfants, surtout des enfants en attente de résultats pour lesquels ils ont concouru, et, bien sûr, de célébrer les gagnants, mais aussi les autres ! Mais j'ai eu le malheur, ne connaissant pas encore les coutumes ardennaises, de faire la bise à la première petite fille de la première classe gagnante, classe qui était montée tout entière sur le podium, mais la bise s'est transformée en fait en quatre bises, à droite, à gauche, à droite, à gauche ! Belle inconscience ! Ayant commencé, je ne pouvais guère réduire mon geste vis-à-vis des petites ou des petits camarades, car c'était l'âge où les petits garçons aussi tendaient « le bec » pour recevoir leur baiser, que dis-je, leurs baisers, si bien que j'ai embrassé ce jour-là, je le répète parce que c'est un record, quatre fois tous les enfants de toutes les classes gagnantes de ce concours qui avait des quantités de prix selon les sections, les classes d'âge, les matières... ; le concours s'était tenu du 19 au 21 mai 2005 ; le grand jour avait donc été, pour les enfants et pour moi, le 21 !

Que dire encore ? Qu'adopté par ce pays, j'y bénéficie de bien des parrainages variés ; je citerai celui qui me paraît le plus voyant, la médiathèque-centre social de Signy-l'Abbaye qui s'appelle de mon nom (inauguration en 2005 et célébration du dixième anniversaire en 2015), initiative bien agréable du maire de cette commune (Jean-Pierre Grès) et d'une de ses adjointes (Catherine Groud), dans ces années 2004-2005.

Enfin, j'ai raconté dans ce livre (dans le chapitre 5, « Le collège de Liart ») comment, attristé par le fait que le grand préhistorien ardennais Édouard Piette, découvreur, entre autres, de la merveilleuse statuette de 25 000 ans en ivoire de mammouth, dite la Dame à la Capuche ou Vénus de Brassempouy, conservée aujourd'hui au musée d'Archéologie nationale, à Saint-Germain-en-Laye, n'ait pas encore été honoré dans son propre pays, j'avais écrit au président du conseil régional. Et sa réponse avait été immédiate et positive puisqu'il avait donné le nom d'Édouard Piette au collège de Liart. Henri Delporte, préhistorien, spécialiste de ces statuettes du Paléolithique supérieur, et moi avions été les parrains de ce baptême.

Mais j'aimerais encore que soient mieux honorés : Robert de Sorbon, né en 1201 à Sorbon (près de Rethel), théologien, chanoine et fondateur, en 1254, du collège de la Sorbonne, pour les étudiants pauvres, établissement à l'origine de l'Université de Paris. Jacques Boucher de Crèvecœur, né en 1788 à Perthes (près de Rethel), devenu douanier à Abbeville et considéré comme le fondateur de la préhistoire ; découvrant en effet des pierres taillées et des dents de mammouths dans la même couche sédimentaire, il avait été le premier à penser que ces restes étaient contemporains et prouvaient donc l'existence d'un homme d'avant le Déluge. Paul Rivet, né à Wasigny en 1876, professeur au Muséum national d'histoire naturelle et fondateur, en 1937, du musée de l'Homme (inauguré en 1938 par le président de la République, Albert Lebrun) ; ce musée, héritier des collections du Musée d'ethnographie du Trocadéro et de celles de la chaire d'anthropologie physique du Jardin des Plantes, fut le premier qui ait pensé raconter en un même lieu l'homme d'avant et celui d'aujourd'hui, l'homme d'ailleurs et l'homme d'ici, l'homme dans son unité et dans sa diversité, en d'autres termes, l'homme dans sa globalité, concept repris depuis par beaucoup de musées à travers le monde.

CHAPITRE 31

Le jardin de Philadelphe

Le bassin houiller d'Albi

(350 millions d'années)

C'est en 1991 qu'Hubert Curien, ministre de la Recherche et de l'Espace, souhaitant depuis longtemps rapprocher la science du public, avait eu l'idée de lui ouvrir les portes des jardins de son ministère, blotti au fond de l'ancien campus de l'École polytechnique dans le vieux quartier de la Montagne-Sainte-Geneviève. Et le succès fut tel que ce fut dès l'année suivante, 1992, qu'il fonda, avec l'appui de quelques scientifiques qu'il avait sollicités et dont je faisais partie, La Science en fête, trois jours de manifestations scientifiques variées, dont de nombreuses « portes ouvertes », destinées au public en général et aux jeunes des écoles, collèges, lycées et universités en particulier. Le but était évidemment de montrer ce qu'était la science et ce que faisaient les chercheurs pour rendre notre monde moins mystérieux, plus accessible et surtout plus attractif pour la jeunesse. L'idée était belle et bonne puisqu'on fête la science depuis (trente et un ans), que La Science en fête, devenue en 2000 La Fête de la science, est désormais un rendez-vous très attendu, non plus de trois jours, mais de huit (au moins), non plus de printemps (juin), mais d'automne (octobre), extrêmement animé tant du côté des acteurs que de celui des « consommateurs ». Et que de nombreux pays ont copié.

Toujours est-il que, pour une de ces fêtes de la science, celle de 2009, ce fut l'école des mines d'Albi qui m'invita pour faire, aux élèves ingénieurs, conférence et débats variés. Je m'y rendis évidemment, fus accueilli à l'aéroport de Toulouse par la personne chargée de la communication, Rita Franco (je crois qu'on dit déléguée à la communication), et à l'école, par son directeur. Les contacts, autant avec les élèves qu'avec leurs professeurs et tous les personnels, furent très chaleureux, très enthousiastes et réactifs, au point que je fus invité à revenir l'année suivante comme parrain cette fois de la promotion 2010 des ingénieurs de la maison. J'étais donc à nouveau à l'école des mines d'Albi, en 2010, pour des conférences encore, mais surtout pour ce grand jour de la remise solennelle des diplômes à la promotion d'ingénieurs de l'année, en présence de leurs familles et de leurs proches, en d'autres termes un amphi bondé pour un discours particulier. J'en avais conscience au point d'en avoir écrit la structure, ce qui n'est pas dans mes habitudes. J'ai fait de mon mieux, en ne jouant évidemment pas le donneur de leçons pour la vie à venir de ces jeunes gens qui avaient bien d'autres choses à penser et à fêter ce jour-là, mais pour raconter au moins les quelques réflexions qu'avaient pu m'apprendre les années, les expéditions, les recherches, les voyages, les gens, celles que peut offrir, même humblement, un vieux à des jeunes. L'ambiance avait été très sympathique « pendant », très enthousiaste « après », et j'ai été réinvité, donc ça n'avait pas dû heurter de trop ces diplômés tout neufs dont je respectais, sans efforts, le travail, la compétence et la personne.

J'ai retrouvé, sur une page de bloc, une liste de cinq points pour la partie « réflexions » de ce « discours » ; les voici : 1) félicitations, ce jour est formidable pour vous et aussi pour moi ; 2) dans l'existence, il faut se souvenir qu'il n'y a que très peu de choses importantes qu'il faut vite apprendre à distinguer des milliers de choses accessoires ; 3) l'essentiel est d'y être heureux et pour cela je suggère beaucoup de curiosité, d'où un émerveillement de tout instant, du travail et de la patience, mais de l'ambition aussi, de l'honnêteté, de l'humilité et surtout de la distance, autrement dit de l'humour, de l'humour, de l'humour ; 4) l'avenir en général (et ses incroyables promesses technologiques [prothèses, robots], numériques [communications, traitements des données], physiques et biologiques [accès à la cellule, à la molécule, à l'atome]), et « votre » avenir en particulier seront aussi beaux que le fut notre passé ; 5) et, en conclusion, n'oubliez jamais que la plus belle chose au monde demeure le sourire de l'autre. Beaucoup d'évidences donc, mais auxquelles je tenais et tiens toujours !

Et pendant ces bien agréables séjours, j'avais pu tisser, avec Rita Franco, omniprésente, une sincère amitié. J'ai pu, avec elle, visiter Albi, la ville, la cathédrale, le musée Toulouse-Lautrec et beaucoup d'autres lieux moins connus des circuits culturels. Et, triste peut-être de voir mon aventure albigeoise s'achever après mon parrainage, elle me concocta un séjour-surprise à Gaillac en 2011 et puis encore un autre, tout aussi surprise, à Alès, en 2013.

Nous voici donc à Gaillac en mai 2011 ; j'y étais évidemment invité pour y donner une conférence, ce que je fis. Mais j'y fus reçu aussi par la Confrérie de la Dive Bouteille, adoubé par le Grand Maître Thierry Carcenac ; j'en devins Chevalier. « Yves Coppens, en bourlingueur des basses latitudes, écrit *La Dépêche du Midi* du 10 mai 2011, a déquillé sans frayeur ni frisson le grand ballon de blanc qui le fit entrer dans la confrérie » ; inquiété par le verbe « déquiller », j'ai consulté Internet et j'ai appris qu'il signifiait, dans le jeu de quilles, « en faire tomber une », ou, dans celui de boules, « en déplacer avec succès » ; j'ai donc osé prendre cette expression pour une sorte de compliment, un peu rabelaisien certes, puisque c'est tout de même le contenu d'un grand ballon de vin blanc que j'avais « déplacé », mais compliment quand même que, dans ce contexte, j'assume complètement ! Et le journal ajouta : « Et Yves Coppens a prêté serment de défendre le vin de Gaillac... » C'est vrai et je tiens ce serment depuis.

Le lendemain de ce grand jour, Rita m'emmena visiter, science oblige, le muséum d'histoire naturelle, appelé musée Philadelphe-Thomas, situé place Philadelphe-Thomas. Et je découvris, dans une jolie maison bourgeoise du XIXe siècle, une extraordinaire accumulation de collections naturalistes et archéologiques dans leur présentation figée du même âge que celui de la maison, « qui a le charme du suranné », avait écrit un visiteur sur le livre d'or. Un peu un musée de musée en effet, ayant conservé les récoltes d'un passionné, médecin et naturaliste, qui passa sa vie à réunir insectes et oiseaux, coquillages et poissons, fossiles et pierres taillées, à les déterminer et puis à les offrir, dès 1896, au public (puisque c'est lui qui avait construit ce musée spécialement pour abriter ses récoltes et sa bibliothèque).

Dans les débuts de ma propre existence, j'ai été, au fond, un peu « Philadelphe Thomas », piquant coléoptères et papillons dans de belles boîtes et réunissant cristaux et poteries dans d'autres. Mais dans mon cas, l'archéologie a dominé, écartant toutes les autres disciplines, et j'ai pu en faire ma profession, ce qui fit s'éteindre mon désir de collections. Et ce fut aussi l'histoire d'Édouard Piette qui, dans son enfance et son adolescence, courant sa campagne ardennaise, ramassa longtemps échantillons géologiques et préhistoriques, les uns et les autres avec autant d'intérêt, avant de se spécialiser dans la préhistoire, même s'il n'a pas souhaité, lui, en faire son métier. Et c'est finalement le cas, je pense, de beaucoup de jeunes (et d'ailleurs de moins jeunes), pour peu qu'ils soient curieux et s'intéressent à ce qu'ils rencontrent, qu'ils « collectent » et, à terme, collectionnent. Se constituent souvent ainsi de petites vitrines, de petits ou de grands musées, qui n'ont malheureusement pas toujours ni les moyens ni les compétences pour « conserver » lesdites collections une fois le collectionneur disparu.

Mais revenons à Gaillac. Le docteur Philadelphe Thomas (1826-1912) était certes médecin, mais riche propriétaire par sa famille et par son mariage, il n'avait pas eu besoin d'exercer beaucoup. Étudiant à la faculté de médecine de Paris, il avait beaucoup fréquenté le Muséum national d'histoire naturelle, était entré à la Société géologique de France et à l'Association française pour l'avancement des sciences, et était devenu ainsi bien plus qu'un amateur. Rentré dans le Tarn, il n'avait alors cessé de prospecter, de recueillir, de réunir, des dizaines d'années durant, des milliers d'objets nourrissant sa passion. J'ai appris que son musée possédait 700 oiseaux empaillés, 10 000 œufs, quelques centaines de nids, des mammifères, des reptiles, des poissons, 10 000 insectes, des milliers de mollusques, 4 000 pages d'herbier, 10 000 échantillons de roches et de minéraux, 20 000 fossiles, 500 objets pré- et proto-historiques, etc. On mesure le travail et le trésor que tout cela représentait, mais aussi le casse-tête de son entretien et sa présentation publique. Sans descendant, le docteur Philadelphe Thomas avait fait don à sa mort de l'ensemble « musée et collections » à la ville de Gaillac et cet établissement était devenu, sans peine, le plus important musée d'histoire naturelle du Tarn, qu'il est toujours.

Mais cette imposante maison donnait aussi sur un très joli jardin, joli par son exposition, dominant la ville et la rivière, et joli par son charme et son parfait entretien. Et c'est là que résidait ma surprise ! Rita Franco et la municipalité de Gaillac, je suppose, s'étaient demandé ce qu'ils pouvaient m'offrir pour m'honorer. Il n'y avait, paraît-il, pas de rues anonymes, une impasse seulement qu'ils n'ont pas voulu retenir, vu sa « connotation » ! Alors ils ont trouvé… un banc, « un banc du jardin du muséum d'histoire naturelle Philadelphe-Thomas » ! Ce n'est pas rien ! Et ce banc, au pied de l'élégant escalier de pierre descendant du musée et à l'ombre d'un généreux tilleul, portait en effet, à son revers, une plaque confirmant qu'il était bien devenu mon filleul ! Deux jeunes femmes de Gaillac qui m'avaient accompagné dans cette visite et Rita Franco s'assirent alors, toutes les trois, sur ce banc, pour l'inaugurer – je ne pouvais guère espérer baptême plus généreusement approprié ! –, image que je fixai solennellement sur mon portable. Et j'ai quitté Gaillac, très fier de mon banc et de ses marraines !

Et puis deux années après (2013), encore en mai, Rita me proposa un autre voyage, une autre conférence et d'autres surprises. C'est vers le Gard cette fois que nous avons dirigé nos pas. Rendez-vous à Lyon et joli itinéraire jusqu'à… Alès. Il y a en effet une école des mines dans cette jolie ville, sœur de celle d'Albi, ceci expliquant cela. Toujours est-il que je fis, bien sûr, une conférence, LA conférence, à l'école des mines : très agréable accueil, très bel amphi, très chaleureux public, très plaisant succès. Cela étant accompli, si je puis dire, restaient les surprises. La première fut intellectuelle ; invité par l'Académie cévenole, j'eus bien sûr à y faire un exposé, mais au terme de celui-ci, je devins membre de cette noble compagnie qui réunissait tous les notables de la culture du département et des environs, de tout ce pays légendaire des Cévennes. « Paléontologue “au long cours” et chercheur médiatique, Yves Coppens est surtout un humaniste », entendis-je alors, et ce condensé de description me plut beaucoup. Et puis une incroyable autre surprise m'attendait, pas intellectuelle celle-là, mais tout aussi culturelle, l'intronisation dans la Confrérie des Mange-Tripes ! Je fus reçu dans une longue salle par la cohorte des chevaliers et autres grades en très grande tenue colorée, vite revêtu d'un généreux tablier tout rouge, puis soumis au rituel initiatique ; j'ai eu ainsi à « engloutir » une belle ration de tripes dans une minimarmite, à en boire, sans en laisser une goutte, le merveilleux jus et à encaisser sur l'épaule un coup vigoureux d'une longue spatule en bois, assené par le Grand Maître Jacques Boissin – j'ai donc été ainsi adoubé « Chevalier fin palais ». Après quoi nous sommes passés à table – où Jérôme Caïa, mon parrain en cette confrérie, a fait, de ma petite personne, un très élégant portrait – et nous avons pu déguster à loisir ces célèbres tripes ; j'en garde vraiment un souvenir gastronomique extraordinaire, souvenir de leur goût, de leurs saveurs, de la densité et de la texture de leur sauce, de leur assaisonnement, de leur température, je ne sais comment les décrire, mais cette préparation alésienne était exceptionnelle, je ne le dirai jamais assez ! Devant rentrer à Paris cet après-midi-là, figurez-vous que j'étais « bêtement » pressé, victime d'un simple horaire de chemin de fer. Quelle horreur ! Je me suis promis fermement, depuis, d'y retourner terminer mon déjeuner de tripes à la mode d'Alès !

Mais je n'ai pas pu poursuivre ces grands rendez-vous de Rita (merci, Rita !), qui me promettait pourtant vingt-deux (je m'en souviens bien) intronisations nouvelles… J'avais d'autres expéditions à conduire et, quand même, quelques recherches à poursuivre ! Un paléontologue n'est pas toujours en vacances !

UNE GOUTTE DE SCIENCE. Pourquoi des écoles des mines à Albi et à Alès ? Parce que les régions d'Albi et d'Alès sont toutes les deux connues pour leurs bassins houillers et l'exploitation ancienne de leur charbon. C'est au fond du golfe d'Aquitaine, vers son contact avec le vieux Massif central, que l'on rencontre des niveaux du Carbonifère et le bassin houiller dit de Carmaux-Albi. Comme ce niveau affleure (près de Carmaux) avant de plonger sous des niveaux sédimentaires plus récents, le charbon y a été « exploité » dès le XIIIe siècle. Les charges de *carbo de peira* (« charbon de pierre ») étaient alors taxées à leur passage sur le pont du Tarn par les consuls d'Albi. Le bassin de Carmaux-Albi est constitué en fait de deux sites d'un même synclinal, séparés par tout un jeu de failles avec des rejets de plusieurs dizaines de mètres. L'orientation de ces bassins est en gros nord-sud, leur puissance de 25 à 40 mètres pour 5 à 10 niveaux de charbon exploitable, à moins de 300 mètres de profondeur.

Le bassin houiller des Cévennes, également carbonifère, situé dans le Gard, au nord d'Ales, est, quant à lui, beaucoup plus important que l'éparpillement des sites des deux bassins du Tarn. Il a fait depuis le XIIIe siècle, comme son voisin (le charbon y était appelé ici « terre noire »), l'objet d'exploitations importantes qui ne se sont réellement éteintes que vers les années 1980. On cite le chiffre d'une production de plus de 3 millions de tonnes de charbon vers les années 1960, extraits par une vingtaine de milliers de mineurs. Une mine témoin de ce bassin houiller cévenol a été intelligemment ouverte au public depuis quelques années.

CHAPITRE 32

Les pins de la Villa

Gymnospermes et angiospermes

(300 et 100 millions d'années)

J'aime beaucoup les arbres, du moins certains d'entre eux (mais pas au point de les enlacer !) ; j'ai toujours été impressionné par le fait que ce soient des êtres vivants, souvent de grande taille et de grande longévité, de grande élégance et de grande dignité.

Le monde des plantes m'a d'ailleurs toujours fasciné. J'ai obtenu à la faculté des sciences de l'université de Rennes le certificat dit « de botanique générale » (en 1954), après deux années (obligatoires) de physiologie (un peu), de biologie (pas mal) et de systématique (énormément). Rébarbatif au départ par son exigence de mémorisation, j'ai été très vite séduit finalement par la diversité de ces êtres et par leurs incroyables astuces adaptatives pour survivre. Mon patron (en chef) s'appelait Philippe Hagène et il avait emmené ma promotion herboriser dans le Jura, lieu de sa thèse ; un autre de mes patrons, spécialiste des lichens, avait le joli nom d'Henry des Abbayes ; quant au chef de travaux, une sorte de grand croque-mort triste, mais très sympathique une fois déridé, il s'appelait Lenoir. Les séances de coupes fines au rasoir droit (le coupe-chou) et puis de colorations savantes, de tranches de pédoncule ou de tige, de feuilles ou de fleurs, de spores ou de graines, insérées dans des bâtons de moelle de sureau avant leur présentation solennelle entre lame et lamelle sous les modestes microscopes optiques dont nous disposions, ont toujours été, pour moi, de grands moments de méditation sur la beauté du monde. Pendant longtemps, d'ailleurs, après ces années végétales, je n'ai pas pu m'empêcher de regarder une herbe, une fleur, un arbre, sans penser aux merveilleuses images que me donneraient des sections de leurs divers tissus sous mes lentilles magiques !

Mais revenons aux arbres. Il y en a, bien sûr, qui me séduisent plus que d'autres, je ne sais pas pourquoi. Leur silhouette peut-être ?

Je commencerai par les pins. Les pins bretons (*Pinus insignis*) d'abord ; je pense à leurs tout petits « bois » de bord de mer ou à leurs un tout petit peu plus grands massifs, recouvrant parfois des champs de girolles ou de généreux cèpes plutôt solitaires. Et je pense au tout petit « bois » de la propriété de mes grands-parents, qui s'est vu réduire d'abord lorsque mon grand-père a agrandi sa maison (devenue la mienne), et disparaître ensuite de mon fait lorsque les arbres dont j'avais hérité se sont faits gênants par leur coiffure qui volait le soleil aux voisins et arrogants par leurs racines qui déchaussaient les murs et bousculaient leur propre maison protectrice. Abattre un arbre est toujours douloureux ; il y a donc bien une facette affective dans cette relation avec ces grands êtres silencieux.

Et je poursuivrai la description de mon podium par les pins de Rome, pins parasol (*Pinus pinea*). Rome est une ville magique, je n'apprendrai rien à personne, par sa lumière, ses monuments, sa pierre toujours teintée d'ocre ou de vieux rose, ses ruelles, son ambiance, ses places, ses espaces que l'on dit « verts », et, en tout premier lieu, ses habitants, qui en sont les auteurs et les acteurs. Eh bien, pour moi, Rome est aussi magique par ses pins ! Dès que se profile le premier pin parasol avec sa généreuse tignasse, on sait qu'on est à Rome. Et le nombre de ces pins va très vite se multiplier… pour le bonheur des yeux et du cœur. Je dois connaître cette noble ville et son arbre icône depuis soixante-dix ans, et l'une comme l'autre ont toujours été pour moi source de la même séduction, de la même émotion. Toujours est-il que, lorsque, j'ai reçu en 2015 le titre pour le moins surprenant de nouveau prix de Rome, en fait parrain de la promotion 2015-2016 des pensionnaires de la Villa Médicis (je l'ai raconté ailleurs), je me suis retrouvé au cœur d'un parc de pins romains, beaux, généreux, colorés, fiers, souriants, conscients de leur élégance sans ostentation, heureux de plaire sans trop le montrer… J'ai passé une merveilleuse année au service des pensionnaires évidemment, et une année de contemplation de mes pins copains. Nous avons eu une vraie complicité ! Comme, en outre, je me suis trouvé à la Villa pour la célébration du 350e anniversaire de l'Académie des sciences de l'Institut de France dont cette maison dépend, les festivités qui ont accompagné cette célébration sont passées par la plantation d'un jeune pin parasol (2016). Et j'ai donc eu l'honneur de participer à porter cet enfant jusqu'à son berceau, à l'y installer, à le couvrir de terre fraîche, à lui donner son premier arrosage. Mon parrainage des vingt jeunes gens lauréats s'est ainsi agréablement enrichi de celui d'un petit *Pinus pinea* !

Les pins sont des gymnospermes, des plantes à graines nues, sans emballage fruitier.

Je poursuivrai avec mon deuxième arbre favori (ou peut-être mon premier, je n'ai jamais pensé à un ordre), le somptueux acacia parasol, *Vachellia tortilis* (de la famille des fabacées et de la sous-famille des mimosacées), peut-être parce que, comme le pin romain, sa frondaison s'ouvre comme un parapluie. *Tortilis* est l'espèce que m'a suggéré de citer une amie botaniste, Raymonde Bonnefille, car elle est la plus commune de tous les « acacias » ou « faux acacias » parasols de toutes les savanes d'Afrique tropicale, tout en m'expliquant qu'il en existait au moins quatre-vingts ! Je retiendrai quand même aussi *Vachellia xanthophloea* et *Vachellia abyssinica*, proches parentes. Tous ces arbres apparaissaient, d'ailleurs indifféremment, sous les noms d'acacias, de mimosas ou d'épineux (ou *thorn trees*), avant les savants classements des systématiciens. Ce sont des arbres somptueux, bourrés d'épines défensives et adaptatives, souvent isolés, trônant au cœur des « *miles and miles of bloody Africa* » et qui apportent à ces immenses espaces, déjà grandioses en eux-mêmes, toute leur dignité et leur magnificence. L'acacia parasol est, sans doute, pour le monde végétal tropical ce qu'est le lion pour le monde animal, un symbole. Il est noble et il le sait ! J'ai passé de longs moments devant ces êtres pour le plaisir de leur contemplation, de longs moments dessous pour le confort de leur ombrage, même s'il n'est pas comparable à celui d'un manguier.

Figure 30. *Les pins de la Villa Médicis, 2015.* (*Photographie d'Yves Coppens.*)

Les « acacias » sont des angiospermes, des plantes à fleurs, des plantes à fruits.

J'ai encore un autre arbre à vous offrir, deux en fait, le palmier dattier (*Phoenix dactylifera*) et le palmier doum (*Hyphaene thebaica*). La séduction que j'éprouve pour les dattiers est ancienne, mais le grand coup de foudre date, comme je l'ai déjà sûrement raconté, de mon arrivée, par vent de sable, un beau jour de février ou mars 1961, à Faya-Largeau, une oasis du grand nord du Tchad. Les conditions y étaient peut-être pour quelque chose ; j'arrivais, au volant de mon Dodge, puissant, mais poussif, d'un de mes campements de fortune dans cet immense Sahel steppique à cram-cram et venais de traverser 300 kilomètres difficiles d'un erg aux barkhanes à la visibilité très ensablée. Et puis, comme dans un rêve, se sont dessinées au bout de ma piste les têtes agitées et souriantes de quelques dattiers, recouvrant, de leurs chevelures un peu vertes un peu grises, un damier de carrés, vert tendre ceux-là, quadrillé de rigoles d'eaux claires… Ça ne se décrit pas ! On comprend d'un coup ce que peuvent être des mirages de petites mares menteuses (que je connais bien), méchamment enjolivées de palmiers que la fièvre fait parfois pousser. Mais cette fois-là, je n'avais pas de fièvre, j'étais fatigué certes, mais pas assez pour ne pas boire à pleins poumons ce paysage de bonheur, réel, profond, vivant, coloré, habité. J'y ai passé un séjour délicieux, y suis revenu en y retrouvant chaque fois la même intensité de bonheur. Les palmiers dattiers sont de belles « bêtes » de 20 à 30 mètres de haut aux feuilles composées pennées (à deux rangs de folioles – petites feuilles – le long de la nervure centrale).

Quittant Largeau, durant ce séjour de 1961, pour l'ouest-sud-ouest, les frontières du Niger et la fameuse falaise de l'Angamma, immense delta récent, mais relief notable dans ce désert peu vallonné, j'ai rejoint une autre oasis, mais celle-là sauvage, plantée d'un autre type de palmiers, le palmier doum ! Nouveau coup de foudre. Avouez que je suis un homme heureux ou peut-être volage ; je les accumule ces coups au cœur ! Le lieu devait être de temps en temps humide (j'y ai creusé un puits et j'ai en effet trouvé l'eau à quelques mètres) et c'est la raison pour laquelle il était planté d'un généreux bouquet de doums, tout isolés, comme ça au milieu de rien, pour rien, à ce moment précis, juste pour me recevoir. Et j'y ai bien sûr établi mon camp que j'ai rendu un petit peu moins éphémère que les autres. Comme le lieu était très isolé, le colonel (Baylon), chef de région, avait exigé que je m'y rende à condition que j'y sois équipé d'un appareil de transmission et accompagné d'un militaire maîtrisant le morse pour donner notre position et notre « humeur » chaque jour. Ce que nous fîmes sous la forme d'un RAS, un peu sec sans doute, mais rassurant. Alors j'ai fréquenté avec bonheur les doums, aux troncs d'une trentaine de mètres à division dichotomique, aux palmes palmées (comme les doigts d'une main), et aux fruits dits « comestibles ». Mais autant les dattes sont des fruits merveilleux, généreux, gorgés de sucre, autant les noix de doums sont dures, douceâtres et, je dois dire, d'une séduction gustative très relative.

Mais comment oublier le cocotier (*Cocos nucifera*), lui aussi arbre à fleurs… ! Il aligne ses silhouettes, élégamment courbées, avec grâce, tout le long des rivages tropicaux et son image a beau être celle qu'on attend des plages de ces rivages – symboles de chaleur, de bien-être, de nature, de liberté, de vacances, et que sais-je encore –, il conserve son élégance et sa majesté dont on ne se lasse pas. Un de mes amis photographes a eu beau me déclarer un jour : « J'en ai marre de faire poser, sur toutes les plages du monde, des starlettes *topless* sous des cocotiers bienveillants ! », je n'étonnerai personne en avouant que ses photographies et leurs sujets n'étaient pas désagréables à regarder ! J'ai fréquenté beaucoup de cocotiers dans ma vie errante et bu beaucoup de leur lait, sur les côtes de sable de corail du Kenya, de la Tanzanie, de Zanzibar ou des Comores, sur les côtes tout aussi belles des îles indonésiennes de Java, de Bali, de Lombok, de Sulawesi et des Moluques, sur les plages du Brésil, de Guyane ou des Caraïbes et sur beaucoup d'autres rivages encore… les cocotiers, leur docilité à la brise, leur ombre discrète, leur belle taille et leur coup de peigne exemplaire, ne sont pas près de cesser de séduire. J'ai même vu, dans l'île de Lamu, sur la côte kényane, des maisons se construire autour de cocotiers qui continuaient ainsi paisiblement leurs existences et leurs croissances en traversant des chambres, des cuisines ou des salles à manger.

Quand j'étais enfant, passionné d'archéologie, mais rêvant aussi de voyages et tout particulièrement d'Afrique, deux arbres ornaient mon imaginaire, le baobab (lié au Sénégal) et l'arbre du voyageur (lié à Madagascar) ; il faut dire que leurs images étranges, aussi bien à l'un qu'à l'autre, se démarquaient sans peine, pour un petit garçon épris d'aventures, des pommiers et des poiriers de son jardin familial. Je n'ai pas mis très longtemps pour croiser la route du baobab, car amoureux de toute l'Afrique tropicale sèche, c'est un arbre que l'on rencontre aussi bien à l'ouest (Sénégal et Guinée) qu'à l'est (Tanzanie et Mozambique). 25 mètres de haut et 20 mètres de circonférence plantent déjà une silhouette particulière (l'« arbre bouteille »), surtout lorsqu'on y ajoute le fait que ses branches, quelque peu désordonnées, n'apparaissent que très haut, souvent à plus de 20 mètres, comme une couronne de racines (l'« arbre à l'envers »), lorsqu'elle n'est pas habillée de ses feuilles. Le baobab (*Adansonia digitata*) est en outre un arbre sacré – dans certains pays, on y dépose les morts –, un arbre à palabres – le chêne de Saint Louis –, et il a enfin l'immense mérite de retenir l'eau de pluie et de créer ainsi une citerne naturelle dont on imagine l'intérêt (un arbre peut stocker dans ses fibres le temps d'une saison jusqu'à 150 000 litres d'eau !).

J'ai mis plus de temps à venir saluer l'arbre du voyageur, lui seulement malgache, mais je l'ai trouvé, comme je l'avais imaginé, un immense éventail (20 mètres de haut) d'une belle élégance et d'une parfaite « finition » (dans un seul plan). Invité à m'exprimer à l'Académie malgache, j'ai raconté, entre autres choses, à ceux qui allaient devenir mes confrères, la patience que j'avais dû avoir pour ce premier rendez-vous avec *Ravenala madagascariensis*, ce qui les avait, m'ont-ils dit, amusés et touchés. J'étais en effet en Afrique tropicale continentale en 1960, à Madagascar, la première fois, seulement en 1975. Et pourquoi porte-t-il ce joli nom rafraîchissant d'arbre du voyageur, ce paravent si décoratif ? Parce que, croyait-on, les bases de ses feuilles, réunies en coupe, gardant une belle petite vasque d'eau, on avait imaginé que c'était à elle que devait se désaltérer le malheureux itinérant, mort de soif, lorsqu'il apercevait l'arbre sauveur ; en fait cette jolie coupe, très accessible, était évidemment particulièrement fréquentée, comme on peut l'imaginer, par une belle faune très diverse, un vrai bouillon de culture, d'une garantie sanitaire relative ; ce n'était donc pas là que le voyageur se désaltérait, comme me l'ont montré mes amis malgaches, mais tout simplement en consommant la sève abondante du précieux Ravenala, sève comestible et accessible d'un simple coup de machette (ou coupe-coupe ou panga) ou bien sûr d'un banal coup de couteau.

On dit qu'on n'a pas réussi sa vie tant qu'on n'a pas fait un livre, planté un arbre et eu un enfant. Je suis fier d'avoir rempli le programme !

J'ai déjà parlé du petit pin romain que j'avais participé à porter en terre (comme quoi la naissance et la mort peuvent avoir parfois la même terminologie) ! Toujours est-il que je parraine en effet un *Pinus pinea* des jardins de la somptueuse Villa Médicis et je n'en suis pas peu fier. Devenant conservateur du bien noble manoir de Kerazan, en pays bigouden, mon intronisation (2016) s'est aussi accompagnée de la plantation d'un autre arbre, un ginkgo biloba, l'abricotier d'argent, dit aussi l'« arbre aux 40 écus », en hommage à la mémoire d'un collègue, conservateur avant moi de cette belle demeure, Georges Le Rider. Notons que ce drôle d'arbre, gymnosperme (sa graine est nue), et dont l'origine, chinoise, avoisinerait les 270 millions d'années, peut vivre plus du millénaire ; notons encore qu'il n'a ni maladie ni prédateur (!), qu'il ne serait arrivé en Europe qu'au XVIIIe siècle et que les fameux 40 écus auraient été le prix du pied proposé à un botaniste anglais par le Français M. de Petigny en 1788 (mais après un déjeuner arrosé, l'amateur parisien s'en serait allé avec cinq pieds pour le prix d'un !). J'ai donc planté un pin à Rome, un ginkgo à Loctudy, et on va voir bientôt que j'ai eu l'honneur de planter un superbe troisième gymnosperme (décidément) et quand même (ouf !) quelques autres arbres à fleurs.

UNE GOUTTE DE SCIENCE. Les classifications naturalistes changent souvent, en s'améliorant, bien sûr, mais il faudrait suivre en permanence ou presque le travail savant des systématiciens pour ne pas dire trop de bêtises. À la faculté des sciences, dans les années 1950, j'ai appris la belle dualité cryptogame (organe de reproduction caché ou peu apparent)/phanérogame (organe de reproduction apparent). Le Muséum national d'histoire naturelle proposait lui-même, quand je suis arrivé en 1956, une galerie de cryptogamie et une galerie de phanérogamie. Et la phanérogamie recouvrait les gymnospermes (graine nue) et les angiospermes (graines dans un fruit). Ces deux dernières divisions sont désormais réunies dans les spermatophytes, plantes à graines, sous-division des *Tracheophyta*.

Mais revenons à nos arbres. Ce sont les gymnospermes (le pin, le ginkgo, le cyprès, l'if, le genévrier) qui sont de loin nées les premiers, au Carbonifère, vers 300 millions d'années (et sans doute un peu avant : les plantes dites « progymnospermes » sont connues du Dévonien,

385 millions d'années), suivis donc par les angiospermes (l'acacia, les palmiers, le cocotier, le noyer, l'arbre du voyageur), apparus seulement, si l'on peut dire, au Crétacé, aux alentours de 130 millions d'années (sans doute avant également – au Jurassique). Mais il convient évidemment de distinguer l'origine profonde de tout être et puis l'époque où il s'épanouit. Cette succession a, sans doute, eu beaucoup de conséquences ; elle aurait participé à l'extinction des dinosaures, consommateurs de gymnospermes ; et elle aurait participé à l'émergence des primates, consommateurs d'angiospermes (de leurs fruits) ; ce n'est tout de même pas rien !

Un beau jour du printemps 2003, le directeur de l'Arboretum du Val des Dames de Gretz-Armainvilliers, Christian Bourdeille (les dames ayant été les religieuses du prieuré dit de la Charité de Chalon, fondé au XVIe siècle, et dont c'était le jardin), m'adressa un joli message inattendu me proposant de parrainer un arbre récemment acquis par le parc ; en cas d'accord de ma part, nous devions, le directeur et moi, prendre rendez-vous pour planter ensemble le jeune filleul. J'acceptai bien sûr avec enthousiasme parce qu'il est toujours agréable de planter un arbre et, à plus forte raison, quand il s'agit d'un arbre dont on vous offre le parrainage. Comme c'était à la fois un bel événement et une belle promenade, je proposai à mon jeune fils (7 ans et demi) de m'accompagner et nous filâmes tous les deux au petit matin frais vers ce superbe lieu, honteusement inconnu de nous alors qu'il n'est qu'à quelques encablures de Paris. Arrivés sur place, nous fûmes merveilleusement reçus par le directeur, Christian Bourdeille, par Jean-Paul Garcia, maire de la commune, et par Jean-François Savy, secrétaire général de la préfecture de Seine-et-Marne, qui nous firent les honneurs des lieux (16 hectares), au charme et à la belle tenue agréables à constater ; nous apprîmes que cet arboretum avait été créé en 1880 par le professeur Victor-André Hutinel, un médecin passionné de botanique, qui avait acheté la propriété, construit un château et fait de son parc un sanctuaire végétal ; nous apprîmes aussi que ledit sanctuaire, qui avait été acquis par la commune en 1978, comptait actuellement environ 500 arbres différents et que, bien sûr, il s'enrichissait sans cesse, d'où notre présence ce jour-là. Et pour accroître encore le prestige du parc, l'équipe de gestion avait décidé de choisir désormais, pour chaque nouveau pensionnaire, une personnalité pour le parrainer (Germaine Tillion, Boutros Boutros-Ghali, Albert Fert, Jean-Pierre Haigneré, Alice Saunier-Seïté, Hubert Reeves, Allain Bougrain-Dubourg, Denis Vialou, Henry de Lumley, etc.). Les présentations étant faites, le directeur m'emmena donc vers le filleul qu'il m'avait choisi, un cyprès de Nootka. Avant de participer à lui creuser son lit, nous fîmes donc connaissance. Le cyprès en question, *Cupressus*, ou *Chamaecyparis*, ou *Xanthocyparis*, ou *Callitropsis* (visiblement, il y a débat à propos de son appartenance générique !) *nootkatensis*, est originaire de l'ouest de l'Amérique du Nord, de l'Alaska au nord de la Californie, reconnu pour la première fois sur l'île de Nootka, proche de l'île de Vancouver. Puissant conifère (gymnosperme donc) d'une quarantaine de mètres de haut pour une dizaine de mètres de large, il est conique, aux feuilles persistantes, un peu tombantes, en draperies, dit-on, ce qui lui donne, je trouve, un petit air triste que traduit d'ailleurs parfois son qualificatif de « pleureur ». Nous fûmes quatre ou cinq personnes, dont Quentin, à pelleter avec ardeur, pour souhaiter à cet hôte américain la meilleure des bienvenues. Et puis le directeur charmant, ayant sans doute remarqué l'intérêt de Quentin pour ce somptueux monde végétal, lui proposa, à son tour, le parrainage d'un autre arbre, un parrainage pour lui tout seul. Je voyais mon fils s'efforcer de rester digne, mais mourant d'envie d'exploser de surprise et de joie ; c'était un grand honneur pour un petit garçon ! Et le directeur s'orienta vers un élégant érable, d'origine chinoise, dit « érable du père David » (*Acer davidii*), le révérend père David ayant été un missionnaire qui envoyait de Chine en France des échantillons des espèces végétales qui lui paraissaient nouvelles, intéressantes, curieuses et belles. Haut d'une quinzaine de mètres, cet érable joufflu a été remarqué entre autres par son écorce, superbe : lisse et marbrée, dite « jaspée » ; quant à son feuillage, il prend, paraît-il, de somptueuses couleurs qui passent du doré au rouge flamboyant dès que vient l'automne. Des photographies d'une généreuse boule toute rouge ont été offertes à mon fils pour lui montrer ce que le bronzage de l'été avait fait de son gros buisson vert d'aujourd'hui. Tu as un bien joli filleul, Quentin !

Et me voilà encore, pelle en main, en 2016 ; j'étais l'invité d'honneur de la ville de Schiltigheim, jouxtant Strasbourg, et j'ai enchaîné ce 23 mars, après un excellent déjeuner conférence, une allocution au conseil municipal des enfants (très instructive), une allocution à la mairie à la remise de la médaille de la ville et une conférence grand public pour clore cette journée bien remplie (initiée et merveilleusement organisée par Éliane Marnas, avec la complicité inattendue d'un des anciens sous-directeurs de ma chaire au Collège de France, Herbert Thomas, en retraite dans cette ville). Mais la surprise est venue des enfants qui m'avaient réservé, après le fameux conseil, le parrainage de deux noyers (*Juglans regia*) de « leur » verger ; ces jeunes hôtes (très jeunes) n'avaient rien oublié ; j'ai eu droit au ruban à l'entrée du verger (un grand terrain un peu nu, je dois dire, aux côtés de bâtiments un peu modernes), et, après l'avoir très officiellement coupé et en avoir distribué de petits bouts à TOUS, j'ai eu le droit de pénétrer sur la terre sacrée (après tout *Juglans* signifie « le fruit de Jupiter » !) où l'on m'a équipé de force pelles, pioches, déplantoirs, sarcloirs, fourches, sécateurs et je ne sais quoi encore. Et il n'était pas question qu'ensuite je simule le creusement du berceau des petits noyers (qui ne ressemblaient pas encore à grand-chose, sauf à un fouillis bien dense de branches désordonnées) :

j'étais, en effet, sous le feu d'une belle petite douzaine d'appareils photo braqués sur mes travaux de terrassement, travaux que j'étais censé bien connaître après avoir raconté à ces enfants que j'avais creusé pour d'autres causes toute ma vie. Et les deux noyers furent « immergés » sous des kilos de terre bien grasse et des tonnes de joyeux applaudissements de plein de bien charmants petits confrères ès fouilles !

Et n'oublions pas, avant de quitter ce jardin, les deux arbres qui m'ont été offerts par Jean-Claude Koeniguer, paléobotaniste. L'un, *Colaxylon coppensi*, est une sterculiacée, sans doute proche de l'arbre des tropiques d'Afrique appelé colatier, dont les fruits, ou noix de cola, ont toutes les vertus que l'on imagine, désaltérantes, gustatives, médicinales, excitantes, aphrodisiaques (bien sûr !), etc. ; l'autre, *Myrianthoxylon coppensi*, est une moracée, proche du *Myrianthus*, ou arbre à pain, ou ananas du singe ; c'est aussi un arbre des tropiques d'Afrique, mais très inféodé, celui-là, aux écosystèmes forestiers. J'avais récolté ces deux bois fossiles lors de mes expéditions au Tchad ; en dehors de leur intérêt taxinomique, ils ont apporté de précieuses informations, complémentaires à celles des faunes, sur les paysages, les milieux, les climats, la pluviosité, les températures des différentes époques illustrées par les niveaux géologiques qui les ont livrés.

CHAPITRE 33

Les rameaux de la gloire

Le ruban du collembologue

(50 ans)

Nous allons parler, cette fois, de rubans et de médailles, mais aussi de sciences de la nature, de botanique et même de zoologie.

Quand on reçoit une décoration, on n'en est vraiment titulaire que lorsqu'on l'a officiellement reçue, en public, des mains d'une personne titulaire de la même décoration et parvenue au moins au même grade. Cela veut dire que l'on doit se mettre, sans trop attendre, à la recherche d'un parrain ou d'une marraine pour se la faire remettre et, ainsi, la valider. Or, quand on est entré dans un ou dans plusieurs des ordres en question, et, à plus forte raison, quand, en montant en âge, on est monté en grade, on devient susceptible d'être sollicité pour devenir un de ces parrains ou une de ces marraines. Et cela m'est donc arrivé trente et une fois ; il y en a une trente-deuxième en attente. Notons ici qu'officiellement ce rôle s'appelle délégué ou déléguée, parce que le parrain ou la marraine reçoit délégation du président de la République pour remettre la médaille en question à son récipiendaire, mais ce mot est affreux, vous en conviendrez, alors que la fonction est belle ! Je préfère donc « parrain ».

Et, quand on est choisi pour être délégué, c'est toujours un honneur. Ça signifie à la fois « choix » au plein sens du terme, et donc, dans une certaine mesure, une certaine reconnaissance du statut du parrain, reconnaissance alliée à une dimension affective. On peut certes imaginer que les sentiments exprimés précédemment n'excluent pas, parfois, un souci quelque peu intéressé et bien humain d'usage dans le futur, dans un CV par exemple, du nom du parrain ou de celui de la marraine. Mais j'ose et je veux croire que les premiers sentiments, ceux qui président au fameux choix, sont spontanés et sincères. En tout cas, chaque fois que je suis sollicité, je suis, quant à moi, ému et fier de l'avoir été et c'est avec un vrai plaisir que je m'attelle à l'exercice de rédaction de l'éloge du récipiendaire, genre particulier de discours, qui se doit d'être à la fois solennel, mais pas trop, et drôle, mais pas trop non plus !

UNE GOUTTE D'HISTOIRE. Les ordres, médailles, décorations ont été évidemment créés pour récompenser et, du même coup, consolider les liens entre les citoyens honorés et l'État qui les honore ; c'est le rôle de tout rituel, qu'il soit sacré ou profane. Il existe, en France, un certain nombre de décorations ; nous ne nous intéresserons ici qu'à celles des ordres nationaux (il y en a trois : Légion d'honneur, Libération et Mérite) et des ordres ministériels (il y en a quatre : Palmes académiques, Mérite agricole, Mérite maritime, Arts et Lettres). Je n'ai en fait été sollicité que pour remettre les insignes de trois de ces ordres, la Légion d'honneur, le Mérite national et les Palmes académiques.
La Légion d'honneur a été créée le 19 mai 1802 par Bonaparte, Premier Consul, pour récompenser militaires et civils ayant rendu des services éminents à la nation. Pour la petite histoire, cette création ne s'était pas faite sans opposition ; il faut se souvenir en effet que la Révolution toute proche avait banni le principe même de tout ce qui ressemblait à une récompense. Un ministre avait même traité ces futures médailles de « hochets » ! Le Conseil d'État ne l'avait d'ailleurs adoptée que par 14 voix contre 10. La loi est donc signée le 29 mai 1803, le premier chancelier nommé le 14 août de la même année, les premiers récipiendaires en septembre et la première remise officielle en

la chapelle des Invalides, le 15 juillet 1804, par le même Bonaparte devenu l'empereur Napoléon Bonaparte (depuis le mois de mai) ; il y déclara : « Je veux décorer mes soldats et mes savants ! » La Légion d'honneur est la plus haute décoration honorifique française ; elle a trois grades, chevalier, officier et commandeur, et deux dignités, grand officier et grand-croix. Son ruban est rouge. Quant à la médaille que porte ce ruban, inspirée de la croix du Saint-Esprit (ordre le plus prestigieux de la chevalerie créé en 1578 par le roi de France Henri III) et attachée à une couronne de feuilles de chêne (à gauche) et de laurier (à droite), elle consiste en une étoile à cinq rayons doubles émaillés de blanc, les dix pointes boutonnées, enserrant un médaillon portant une tête de Cérès de profil ; les rayons de cette étoile sont par ailleurs reliés entre eux par une couronne de feuilles de laurier (à gauche) et de chêne (à droite), aux extrémités entrelacées et nouées.

L'ordre national du Mérite n'a été créé qu'en 1963 (le 3 décembre), par le général de Gaulle, alors président de la République, pour récompenser les services « distingués » rendus à la nation ; cet ordre est en fait censé réunir et remplacer dix-sept ordres ministériels civils et coloniaux ; André Malraux parvint à « sauver du grand passage à la casserole » l'ordre des Arts et des Lettres, Christian Fouchet, celui des Palmes académiques, et Edgard Pisani, celui du Mérite agricole. L'ordre du Mérite, comme celui de la Légion d'honneur, offre trois grades et deux dignités. Son ruban est bleu et il a le troisième rang dans l'ordre de préséance. Au ruban est attachée, par une couronne de feuilles de chêne entrelacées, une étoile à six branches doubles, émaillées de bleu, entourée de feuilles de laurier tressées, enserrant un médaillon à l'effigie de la République.

L'ordre des Palmes académiques a été, quant à lui, « réinstitué » le 4 octobre 1955 par Edgar Faure, alors président du Conseil (décret signé par le président René Coty), mais il succède au titre d'officier d'académie créé par Napoléon (encore lui !), dès 1808, pour honorer ses universitaires. L'Empereur avait bien compris l'importance de l'enseignement dans la croissance d'une nation et il avait ainsi fait en sorte d'encourager ses serviteurs. L'ordre des Palmes académiques a trois grades, mais pas de dignités, comme les trois autres ordres ministériels, et il est décerné par le ministère de l'Éducation nationale. La couleur de son ruban est violette. Il a le numéro onze dans l'ordre de préséance des distinctions. Au ruban est donc accroché l'insigne, à l'origine une branche d'olivier et une branche de laurier entrecroisées, mais, depuis 1955, deux branches (identiques) de laurier !

Un mot enfin des ordres du Mérite agricole et des Arts et des Lettres que je n'ai pas encore eu l'honneur de remettre, mais dont je suis titulaire. L'ordre du Mérite agricole, appelé de manière populaire « le Poireau », a été créé le 7 juillet 1883 par le ministre de l'Agriculture, Jules Méline, pour récompenser tout service rendu à l'agriculture. Son ruban est composé d'une large bande verte encadrée par deux étroites bandes rouges et sa médaille, une étoile double face à six rayons émaillés de blanc et entourée d'une couronne d'épis de maïs à droite et d'épis de blé à gauche. Le rang de préséance de cet ordre est le douzième.

Quant à l'ordre des Arts et des Lettres, il a été fondé le 2 mai 1957 par Jacques Bordeneuve, secrétaire d'État aux Arts et aux Lettres, alors sous la tutelle du ministère de l'Éducation nationale ; ce secrétariat d'État s'en libérera en 1959, grâce à André Malraux, pour passer cette fois sous celle du ministère de la Culture. On dit, un peu pour la poésie, qu'il est l'héritier de l'ordre de Saint-Michel, fondé en 1469 ! Son ruban est à bandes verticales vertes et blanches, ses insignes, une étoile double face à huit branches émaillées de vert, et sa médaille, les lettres A et L enlacées à l'avers, une effigie de la République au revers. Cet ordre a le quatorzième rang dans celui des préséances.

Pour l'anecdote, souvenons-nous que, sous ce que l'on connaît sous le nom de la Convention, régime politique français de 1792 à 1795, les récompenses étaient des armes d'honneur, voire même des tambours d'honneur. Or il se trouve que la jeune République éthiopienne a ainsi honoré, en 2004, Maurice Taieb (hélas décédé en 2021), à l'occasion d'un colloque qu'il avait organisé à Aix pour le trentième anniversaire de la découverte du préhumain Lucy, en lui faisant remettre une djambia d'honneur (poignard à lame courbe). Maurice Taieb était en effet à l'origine de tous les travaux de paléontologie, de paléoanthropologie et de préhistoire de la grande région des Afars ; c'est lui qui y avait recueilli le premier fossile de vertébré (que j'ai eu le plaisir de déterminer et de dater), entraînant la création, en 1972, de l'Expédition internationale de recherches de l'Afar (IARE, International Afar Research Expedition) et la mise au jour, en 1974, de ce fossile désormais emblématique, dit « Lucy ».

UNE GOUTTE DE SCIENCE. Comme on vient de le voir, la botanique est honorée dans nos médailles par l'emprunt qu'on lui a fait du chêne, du laurier et de l'olivier, d'une part, du blé, du maïs et des poireaux, de l'autre !

Le chêne, *Quercus*, y est symbole de majesté, de force et de générosité ; le laurier, *Laurus*, symbole de succès, de victoire et de l'immortalité qui en découle. Quant à l'olivier, *Olea*, il est plutôt synonyme de paix, de sagesse, de fidélité, mais aussi de richesse et d'abondance, tout en partageant la force avec le chêne et l'immortalité avec le laurier. Ces trois arbres ont d'ailleurs une très longue histoire symbolique et mythologique dans les cultures juives, grecques, romaines, celtes, germaniques…

Le chêne est un arbre d'une cinquantaine de mètres de haut au maximum, aux branches noueuses, à l'écorce crevassée, aux feuilles lobées ou entières et aux fruits, les glands, portés par une élégante cupule ; en Bretagne, il s'agit de *Quercus pedunculata* et de *Quercus robur*, mais il en existe entre 400 et 500 espèces en Eurasie et en Amérique du Nord. Cet arbre, de la famille des fagacées, offre des formes à feuilles caduques et d'autres à feuilles résistantes (à épines), les premières plutôt en régions tempérées, les secondes en régions méditerranéennes, voire tropicales.

Le laurier, *Laurus nobilis*, de la famille des lauracées, est un arbuste, ou un arbre, dioïque (pieds mâles, pieds femelles) de 5 à 6 mètres de hauteur dans certaines régions, mais jusqu'à 15 à 20 mètres dans d'autres, aux feuilles résistantes, toujours vertes, d'où sa réputation d'éternité (il a donné par exemple le mot « lauréat », nom qui lui-même a donné « baccalauréat », et c'est en laurier qu'est faite la baguette centrale du caducée, emblème sacré des médecins). Ses fleurs, petites et blanches, sont regroupées en ombelles, quant à ses fruits, nus, de couleur violette et portant une graine chacun, ce sont des drupes. D'origine méditerranéenne, le laurier s'est beaucoup répandu, mais il reste fragile aux températures fraîches. Nous n'oublierons pas, bien sûr, son rôle en cuisine.

L'olivier, *Olea europaea*, de la famille des oléacées, est un arbre dont les fruits, consommés en tant que tels, sont aussi à l'origine de la fabrication de la fameuse huile d'olive. D'origine méditerranéenne, il se contente souvent de sols secs et caillouteux, gardant longtemps l'eau qui lui parvient. Haut de 15 à 20 mètres et vivant des siècles (voire des millénaires), l'olivier a un tronc très noueux d'où naissent de nombreuses branches, un tronc à l'écorce craquelée et au bois très dur et très dense ; ses feuilles, quant à elles, sont persistantes, ovales et allongées, ses fleurs, petites et blanches, sont regroupées en grappes de 10 à 50 unités, et ses fruits, des drupes, sont à noyau, pulpe charnue et « peau » cireuse et imperméable (la pruine), fruits dont il existe des centaines de variétés et de « crus » !

Le seul Mérite agricole va ajouter, officieusement, le poireau, « synonyme » quelque peu moqueur de la décoration, mais aussi le blé et le maïs, figurés sur l'insigne. Le poireau (*Allium ampeloprasum*) est une amaryllidacée, une plante herbacée, vivace, dont les feuilles sont consommées. Quant au blé (*Triticum*) et au maïs (*Zea*), ce sont des céréales, herbacées, aux inflorescences en épis sur longues tiges, tous deux de la famille des poacées (graminées) et tous deux des symboles de l'alimentation humaine et de l'alimentation animale dans nos pays ; mais n'oublions pas que le blé et le maïs sont aussi les premières céréales cultivées, le blé dans l'Ancien Monde (Proche-Orient), le maïs dans le Nouveau (Mexique).

Figure 31. *Insignes d'ordres nationaux français. De gauche à droite : Légion d'honneur, Mérite national, Palmes académiques (ancienne et nouvelle versions).* (Dessin de Sacha Gepner.)

Mes trente-deux parrainages se divisent en trois catégories, les gens de ma discipline (*sensu lato*), les gens affiliés d'une manière ou d'une autre à la recherche ou à l'administration de ma discipline (toujours *sensu lato*) et des gens qui en sont éloignés, mais qui pour d'autres raisons (voisinage géographique, sympathie) m'ont choisi.

Toutes ces rencontres ont été très agréables et j'ai toujours préparé mes discours avec beaucoup de plaisir et un réel intérêt pour le parcours biographique de la filleule (treize femmes, dont deux par deux fois, donc quinze remises au total !) ou du filleul (seize hommes). Avouez, au passage, que la distribution des femmes et des hommes est étonnamment paritaire, avec, en même temps, une très discrète supériorité du nombre des hommes, pour que nous demeurions majoritaires (un sur deux plus un !). Mais je reprends le fil sérieux de mon propos ; contrairement à mes conférences que je donne depuis toujours sans papier (c'est mon luxe !), bien qu'évidemment je les prépare, ces éloges, je tiens en effet à les écrire ; il s'agit d'une « adresse » personnelle, en présence de collègues, en général informés, mais en présence aussi et souvent de « la » famille qui, elle, ne l'est pas ou l'est beaucoup moins. Comme c'est moi qui « accroche » la médaille, « au nom du président de la République et en vertu des pouvoirs qui me sont conférés », le déroulé de la cérémonie propose toujours, dans cette partie centrale, le même ordre de prise de parole : mon discours, la remise, l'accolade, les applaudissements, la réponse du récipiendaire. Mais cet épisode, évidemment essentiel, est parfois précédé par un mot de bienvenue du patron de l'institution qui a offert la salle, et parfois par d'autres intervenants quand il y en a qui le souhaitent. Je n'ai jamais eu le trac pour mon discours, j'ai au contraire eu chaque fois un vrai plaisir à le délivrer, mais j'ai, par contre, toujours appréhendé l'accrochage de la médaille, boîte qui ne s'ouvre pas, médaille qui s'accroche mal (avec moi presque toujours, je dois être très maladroit !), hésitation sur le choix du côté (je dois être dyslexique !). Une fois, j'ai annoncé « chevalier de la Légion d'honneur » et j'ai entendu, à ma grande honte, tous les invités, sans exception, hurler : « Mérite, Mérite ! » J'ai réparé !

Mon premier filleul a été curieusement un professeur du Muséum national d'histoire naturelle, Claude Delamare-Deboutteville, spécialiste des collemboles (petits arthropodes du sol), de seize ans mon aîné ! Il avait été nommé dans l'ordre des Palmes académiques et avait déclaré qu'il ne voulait que moi pour le décorer, sinon il refusait de l'être. De très grande réputation scientifique, il était en fait un peu mis à l'écart par ses collègues, pour des raisons « comportementales » (?) et professionnelles (l'étroitesse de sa spécialité !), ils l'appelaient le collemboleur, étroitesse qui reflétait en fait ce que l'on demande à tout systématicien, une extrême précision. Moi, j'avais trouvé, en lui, un aîné brillant, encyclopédique, charmant… mais triste, dont j'admirais le savoir et que je ne me permettais pas, de toute manière, de juger. D'où, peut-être, cette confiance et mon baptême de remise de ruban dans son laboratoire d'écologie générale à Brunoy. C'était dans les années 1970 ; il est mort en 1990. Quant à mon dernier filleul en date, en 2021, c'était en fait une filleule, Emmanuelle Pouydebat, directeur de recherches au Centre national de la recherche scientifique, nommée chevalier de la Légion d'honneur, et déjà filleule à plus d'un titre (Fondation de la Vocation, thèse, édition) ! Et figurez-vous que c'est dans le parc du laboratoire d'écologie du Muséum national d'histoire naturelle de Brunoy qu'elle a choisi de se faire « épingler » et qu'elle le fut !

Une goutte de science. Les collemboles sont une classe d'arthropodes (embranchement) pancrustacés (clade) ; ils ressemblent un peu à de petites crevettes sauteuses. Leur origine remonte au Dévonien (400 millions d'années) ; ils précèdent donc les insectes. Très petits (2 à 3 millimètres en moyenne) et représentés par une dizaine de milliers d'espèces recensées, ils se rencontrent dans de nombreux milieux (du sol – surtout – à la canopée), différentes latitudes et altitudes, des tropiques aux régions polaires et du niveau de la mer à la haute montagne ; très grégaires, ils peuvent être plusieurs centaines de milliers d'individus au mètre carré, soit plusieurs millions au mètre cube. Ces petits animaux fascinants (porteurs, entre autres, d'un organe abdominal particulier, un ressort dit « furcula », pour sauter, et d'un organe ventral spécial, un tube dit « collophore », pour réguler pression intérieure et respiration) jouent un rôle considérable dans la circulation de la microfaune et dans celle des nutriments, rendant ces derniers disponibles au monde végétal. Discrets, ils sont longtemps passés inaperçus, alors que leur densité et leur efficacité consécutive font la qualité de bien des sols et la stabilité de bien des écosystèmes ; « leur » photographe, Philippe Garcelon, les appelle joliment les « artisans de la terre ». Un auteur indien, Mitra, a créé en 1976 un genre nouveau de collembole, *Delamarerus*, dédié, comme on l'a compris, à Claude Delamare-Deboutteville. Ce dernier a créé de son côté une famille de collemboles, les *Spinothecidae*, de nombreux genres (*Cephalophilus*, *Cyphoda*, *Serroderus*, etc.), de nouvelles espèces (*Acherontiella variabilis*, *Paronella montana*, *Cyphoderus omoensis*, etc.) de ce groupe ;

et bizarrerie de la systématique, une espèce, *machadoi*, que Claude Delamare avait décrite en 1958, a été revue et finalement attribuée au genre *Delamarerus* qui, comme on l'a vu, lui avait été dédié, *Delamarerus machadoi* donne ainsi l'impression que c'est Claude Delamarre lui-même qui s'est dédié un genre !

VIII

Les roches

CHAPITRE 34

Les faluns du devoir

Une mer du Cénozoïque

(15 millions d'années)

J'ai bien aimé l'armée !

Comme tout jeune mâle (en 1952, c'était ainsi), j'ai été appelé successivement au conseil de révision (à Vannes), aux trois jours de tests (à Dinard) et au service (à Angers). Le conseil, à 18 ans (pour moi, 1952), vous déclarait « bon (ou pas) pour le service » (je le fus), le filtre des trois jours vous orientait vers une arme (pour moi, le génie), et l'entrée « sous les drapeaux » se faisait à 20 ans (pour moi, 1954). Mais comme en 1954, je me trouvais entre licence et thèse, je bénéficiai, sans problème, d'un sursis de cinq ans (pour moi, 1959), et comme il était possible de rallonger de trois ans ce premier report, je le demandai et l'obtins sans plus de problèmes que pour la première fois (pour moi, 1962). C'est ainsi que j'entrai au 6e régiment du génie d'Angers (caserne Verneau) en septembre 1961 et c'est du même 6e régiment du génie d'Angers (caserne Verneau) que j'en sortis en mars 1963 (après dix-huit mois de séjour).

Deux remarques tout de suite. 1° La première, personnelle : autant, dans mon existence, j'ai gravi les marches professionnelles vite, autant j'ai « traîné » dans mes « décisions » personnelles (militaire, 27 ans ; père, 60 ans). 2° La deuxième, militaire : j'ai trouvé l'armée comme on me l'avait décrite ; volontaire pour l'infanterie de marine, j'ai été affecté dans le génie !

Figure 32. *Écussons des 1er et 6e régiments du génie.* *(Dessin de Sacha Gepner.)*

Arrivé à Angers, je me suis bien sûr présenté à l'heure à la caserne Verneau. Pour provoquer un peu cette armée dont on m'avait dit beaucoup de choses, d'ailleurs contradictoires, j'avais anticipé la première étape de mon initiation, le coiffeur, en me rasant la tête, mais en conservant ma barbe. Je suis évidemment sorti de ce « salon » glabre ! J'ai alors été affecté à une chambrée et j'ai touché mon paquetage ; mais, à peine habillé, je me suis fait condamner à huit jours de corvée de ch… parce que j'avais mis mon calot à l'envers ! J'avais heureusement déclaré au sergent chef (une terreur) un faux nom, misant sur le fait que, jeune arrivé parmi beaucoup d'autres, il y avait quelque chance pour qu'il n'ait pas encore eu le temps de mémoriser ni mon visage ni ma silhouette (j'avais décliné le nom d'une rue de Neuilly, adresse d'un de mes correspondants du moment... il faut faire vite dans ce cas-là !). Le triste résultat a évidemment été que lesdites ch... n'ont pas été nettoyées huit jours, le nom de « ma » rue figurant en effet sur le tableau des corvées. Et la vie de « presque » jeune appelé s'est donc mise en route doucement. Réveil, café (ça s'appelle comme ça), lever des couleurs en présence de tout le régiment, parcours du combattant, cours en salle – devoirs d'un sapeur-mineur, maniement d'armes, rôle du génie en opérations, etc. – et déjeuner dans un immense réfectoire bruyant, mais joyeux. L'après-midi, terrain, marches, tirs, pose de mines, déminage (moins drôle), maniement d'explosifs, construction de baraques, construction de ponts, ouverture de routes, aménagement de pistes d'atterrissage, etc. Et puis retour à la caserne, couleurs, dîner, couvre-feu, tout cela évidemment dans une agitation très tonique, mais plutôt sonore. Les premiers six mois, ce que l'on appelle « les classes », se déroulèrent ainsi ; on était dans une forme physique éblouissante. On en a profité d'ailleurs, tous, pour passer un ou deux brevets sportifs sans aucun problème. Et puis vinrent les affectations dans la caserne, pour les mois suivants – on ne savait d'ailleurs pas, à ce moment-là, de combien de mois il allait s'agir, car les « événements » d'Algérie, comme on disait, guerre là-bas, OAS ici, étaient en cours. J'ai dû alors faire ma très mauvaise tête, me battre, provoquer ma hiérarchie, pour échapper aux maudits bureaux – un intellectuel, ça s'affecte évidemment dans un bureau – et j'ai fini par gagner... J'ai été affecté au « terrain » ; moi, archéologue – j'avais d'ailleurs déjà fait deux campagnes en Afrique noire –, je ne me voyais pas dans l'administration, enfermé au sens propre dans mon casernement... Devant mon manque de soumission, mes officiers m'avaient « menacé » de me muter à... Charleville-Mézières (3e régiment), comme si c'était une punition. Pauvres Ardennes !

Ma nouvelle vie se mit en place sans difficulté. J'avais un lieutenant, commandant de compagnie (la compagnie G, je crois...), le lieutenant Pierre Guyot, très agréable, très généreux, très arrangeant, bavardant volontiers (un appelé de 27 ans ne peut se traiter comme une recrue de 20 ans). Le colonel, commandant le 6e régiment, était, par ailleurs, content de mes services ; il était venu en effet inspecter un jour un de mes enseignements au moment où je faisais l'« apologie » de la bombe H, en termes de « rendement » (!), par rapport à la bombe atomique, et il m'avait trouvé tout à fait dans le ton d'un vrai soldat, froid comme un engagé – m'avait-il dit (comme il s'appelait Tricot et n'avait pas d'enfants, je l'avais appelé bien sûr Tricostéril !). Le jeune lieutenant d'active qui encadrait, avec moi (devenu caporal, puis caporal-chef, puis sergent), les jeunes recrues, charmant et cultivé, sympathisait volontiers, sur le chemin des champs de manœuvres, avec le petit sous-off de réserve que j'étais (celui-là s'appelait Garcin, et je lui avais trouvé, bien sûr, un prénom, Lazare, dont les Parisiens s'amusaient beaucoup !). Le sergent d'active, mon binôme sur le terrain, était, lui, un joyeux luron, très relax, devenu presque « copain ». Quant à mes compagnons appelés, soit très jeunes, soit sursitaires, ils étaient tous de belle humeur, et nous étions solidaires, avec bien sûr toute la diversité d'une petite communauté humaine. J'y ai fait beaucoup de relations et d'amis – j'en vois certains encore aujourd'hui (j'ai même été parrain d'un enfant de l'un d'entre eux) –, mais j'ai été surtout « inséparable » d'un Angevin, Morin, avec lequel j'ai construit, dans la plus grande illégalité, la plus confortable adaptation qui puisse convenir à la vie d'un appelé.

J'ai d'abord loué un appartement à Angers, rue Godard-Faultrier, fais venir ma jeune femme, qui a très vite trouvé un emploi intéressant à l'école de médecine voisine. Morin étant, lui, angevin, n'a pas eu ce préalable à mettre en place. Nous avons ensuite, tous les deux, descendu, dans les caves de la caserne, nos lits et nos armoires, en prenant soin de nous effacer des listes d'appel du soir. Ayant bien compris que, pour les gens d'active, l'essentiel était que la caserne tourne et qu'ils n'aient pas d'ennuis avec leur hiérarchie presque caricaturale, nous avons bien sûr, Morin et moi, rempli toutes nos obligations, services et corvées (les vingt-quatre heures de garde – poste, sentinelles, armurerie, lingerie – chaque quinzaine ou chaque mois, je ne sais plus) et nous n'avons jamais manqué un lever ou une descente des couleurs. Moyennant quoi, nous avons vécu, nous, appelés, à peu près la vie d'engagés. Une seule ombre, et pas des moindres, ce fameux sergent-chef, le chef Coste, gentil bonhomme, mais qui devait crier beaucoup, sanctionner beaucoup, pour simplement faire son travail, apprendre la discipline à quelques gentils, mais à beaucoup de rebelles, et bien sûr se faire respecter.

Les dix-huit mois ont donc été parfaits. Pour décrire notre paysage de fin de séjour, sachez par exemple que le chef Coste nous emmena, un jour, Morin et moi, de chais en chais, pour choisir avec lui le rosé qu'il achetait pour sa famille pour l'année ! Sachez encore qu'un jour où la garde me paraissait un peu trop zélée (je devais quand même entrer chaque matin et sortir chaque soir de la caserne avec, chaque fois, des complicités ou de très bonnes excuses !), je me suis dissimulé dans la voiture du lieutenant Guyot, qu'il laissait toujours ouverte au parking de la caserne, allongé, à l'arrière, sur le plancher ; tout s'est très bien passé, mais quand, bien engagé dans la ville, je suis sorti de ma cachette, j'ai fait la peur de sa vie (pour un militaire, c'est raisonnable) au malheureux lieutenant, qui s'est contenté de me dire : « Ah ! c'est malin, qu'est-ce que je vais faire de vous maintenant ? » Et il m'a laissé dans une petite rue discrète, très inquiet lui-même qu'une patrouille aperçoive la scène, ce qui l'aurait sûrement mis dans l'embarras vis-à-vis de sa hiérarchie (l'armée ! si on y porte un uniforme, ce n'est pas pour rien). Je peux, dans le même ordre d'idées, évoquer encore la question des « motifs » des permissions, qu'il valait mieux avoir sur soi, comme les dérogations pour le couvre-feu en ce moment de tensions en Algérie et en métropole. Et, pour ces fameuses permissions, je me souviens avoir utilisé tous les motifs de mon imagination, « conférence », « femme malade », « grand-mère morte » et, un jour, « a le feu chez lui ». Et le lieutenant, évidemment pas dupe, m'avait dit : « Et comment vous savez ça ? » Je lui avais répondu très sérieusement « Mon lieutenant, je vois la fumée »... Il avait signé !

Le terrain, c'était La Meignanne beaucoup, une grande surface vallonnée où l'on pouvait, sans gêner les civils, jouer à la guerre, faire le sapeur, mais aussi le mineur et le démineur, et c'était aussi Bouchemaine un peu, à l'embouchure de la Maine et de la Loire, comme son nom l'indique, et où l'on jouait plutôt aux exercices aquatiques, traversées de rivières, ponts, zodiacs. Et, de manière exceptionnelle, ce pouvait être encore des sorties de plusieurs jours, souvent sur des îles de la Loire, navigations de nuit, installations de campements sur des terrains trempés, bivouacs, alertes à n'importe quel moment... C'étaient ces opérations que je préférais de beaucoup, car nous plantions en général nos tentes sur des faluns, calcaires coquilliers contenant souvent de superbes fossiles de vertébrés. Quand les « opérations » m'en laissaient le loisir, je mettais mes sapeurs à la prospection paléontologique et lorsque celle-ci était fructueuse – ce qui arrivait –, tout l'engagement guerrier, y compris celui de nos chefs, s'effondrait. J'ai vu souvent, avec grande joie, toute la compagnie G, fusil en bandoulière, chercher des fossiles en pleine grande manœuvre « militaire » !

UNE GOUTTE DE SCIENCE. La mer des Faluns est une mer miocène – moyen et supérieur (15 à 11 millions d'années) – qui a couvert l'ouest de la France, de la Normandie à la Vienne, et notamment, en ce qui « nous » concerne ici, les régions d'Angers, de Tours, de Blois ; due à des transgressions marines de l'Atlantique, c'est en fait une mer très peu profonde (25 mètres, dite « épicontinentale ») et, comme le climat était tropical, de température élevée (22 °C). La faune marine, déposée sur place, est évidemment importante (bryozoaires, coraux, mollusques, crustacés, échinodermes, requins, poissons cartilagineux et poissons osseux et quelques mammifères, baleines, dugongs, phoques), mais la faune terrestre, transportée par les fleuves voisins ou remaniée de niveaux antérieurs, est aussi extrêmement riche (150 espèces répertoriées). Citons, parmi les mammifères, le pliopithèque, premier primate européen, le chalicothère, très gros périssodactyle ressemblant au rhinocéros, l'anchitherium, autre périssodactyle plus proche du cheval, le *Gomphotherium*, proboscidien à quatre défenses, et le *Deinotherium*, proboscidien à deux défenses, inférieures, le *Paleomeryx*, très grand ruminant, et le *Caïnotherium*, tout petit ruminant également, l'amphicyon, très gros carnivore, etc. Les fossiles eux-mêmes étaient superbes, très minéralisés, aux couleurs très vives, bien lustrés par leur séjour dans cette mer à l'étonnante biodiversité (en fait une biodiversité tropicale). Les faluns, paradis du paléontologue, ne pouvaient que séduire les sapeurs-mineurs du 6e régiment du génie. J'avais personnellement déjà fouillé, avant ma vie sous les drapeaux, avec un collègue et ami du Muséum national d'histoire naturelle, Léonard Ginsburg, grand spécialiste de ces faunes des faluns, le très beau site d'Artenay, dans le Loiret (région Centre-Val de Loire). Mais j'ai complété mes « fouilles » et agrandi mes récoltes, grâce à mon service militaire, cette fois en Anjou et en Touraine.

Une quarantaine d'années après ma « quille », je donnais une conférence à Strasbourg. L'exposé terminé, les questions épuisées, je m'apprêtais à quitter mon micro et mon estrade lorsque arriva du fond de la salle (vraiment du fond) un monsieur d'un certain âge qui me demanda de lui accorder quelques instants, ce que bien sûr j'acceptai. Il se présenta donc : « Chef de bataillon Guyot ! » C'était, « en chair et en os », mon commandant de compagnie d'Angers. Cette rencontre me fit grand plaisir, car je gardais un excellent souvenir de cet officier, comme d'ailleurs de mon séjour à Verneau sous ses ordres. Il me raconta qu'il était, lui aussi, très heureux de me retrouver (ça avait l'air sincère), qu'il avait été muté au 1er régiment du génie d'Illkirch, qu'il y avait gravi les échelons de capitaine et de commandant, et qu'il était désormais en retraite. Et il ajouta, non sans arrière-pensée, que, pour occuper cette retraite, il avait mis sur pied une association, une amicale, des anciens de l'arme que nous partagions. Puis, parlant quand même un peu de ma conférence, il me fit beaucoup de compliments sur mon exposé, mes connaissances, mais aussi ma carrière, mon parcours… et en vint à l'objectif de l'arrière-pensée ! « Vous honorez le génie, me déclara-t-il, solennel ; accepteriez-vous de devenir membre de mon association ? » Pensant que mon engagement, en acceptant son offre, ne paraissait pas exorbitant, et heureux en plus de faire plaisir à quelqu'un dont j'avais, en d'autres temps, apprécié l'amitié et la complicité, je lui donnai immédiatement mon accord. Il s'en réjouit, me remercia et nous nous quittâmes, nous promettant bien sûr de nous revoir. Et, rentré à Paris, je reçus en effet, très peu de jours après, ma carte de membre de l'association, non pas des anciens du génie, mais des anciens… du 1er régiment du génie d'Illkirch-Graffenstaden ! Je téléphonai donc très vite à mon commandant-président pour lui dire que j'avais bien reçu ma carte et que je l'en remerciais, mais qu'il y avait une erreur ; j'avais bien été sapeur-mineur dix-huit mois, mais au 6e régiment et non au 1er ; je n'avais d'ailleurs jamais été affecté où que ce soit ailleurs que dans ce 6e régiment d'Angers. « Ça n'a pas d'importance, me dit-il, l'essentiel c'est que vous soyez membre d'une association d'anciens de votre arme ! » Que dire ?

Je reçus donc, comme tout membre de toute association, des bulletins de mon amicale, avec des nouvelles de quelques anciens, des convocations, des invitations, des bulletins de vote pour des élections au conseil d'administration, des demandes de participations à diverses œuvres humanitaires, à divers déjeuners, à plein d'excursions… ! Je ne répondis évidemment à rien, n'en ayant guère le temps et ne connaissant vraiment personne de cette société, hormis son président. Mais un beau jour, une invitation, tout de même, retint mon attention ; le quartier Lecjerc d'Illkirch-Graffenstaden organisait une grande fête, strictement réservée aux sapeurs d'active ou de réserve et à leurs familles, pour le changement de colonels du 1er régiment ; il y aurait salut aux drapeaux du régiment, réunion et défilé des anciens, grand défilé du matériel spécifique du génie, décorations, accueil du nouveau colonel, champagne, dîner… et je ne sais quoi encore. C'était en juillet 2001. Je me décidai, inscrivis ma petite famille, ma femme, mon petit garçon (de presque 6 ans) pour qui j'étais sûr que ce serait un vrai spectacle, et moi. Nous nous rendîmes à Strasbourg la veille, y passâmes la nuit, et nous étions, cartes d'invitation « Ancien du 1er régiment du génie et sa famille » en main, à l'entrée filtrée de la caserne tôt le lendemain matin pour ne rien manquer du grand jour. Nous fûmes d'abord accueillis, nous et nos familles, dans une enfilade de salles, pour nous mettre à l'aise (il faisait très chaud), bavarder (tous ces gens, eux, se connaissaient et se voyaient souvent), et grignoter quelques viennoiseries du petit déjeuner, arrosées de café, de thé ou autre boisson chaude ou fraîche. Le commandant Guyot et sa femme vinrent nous saluer. Et bientôt « nous », les anciens, cette fois sans nos familles, fûmes appelés dans une autre salle pour être briefés sur le programme de la journée et sur les rôles que nous devions tenir. Ce moment a évidemment été pour moi le plus compliqué ; j'aurais pu dire la vérité tout de suite ; je ne l'ai pas fait, ne voulant pas « mouiller » mon ancien lieutenant ! J'ai donc choisi de me vêtir de l'habit de l'ancien de ma classe 54-63 du 1er régiment ! Mais il y avait là, évidemment, de vrais anciens de ces mêmes années, qui me disaient des choses du genre : « C'est drôle, on ne te reconnaît pas, toi ! » Il me fallait alors plaisanter en leur répondant, par exemple : « Mon pauvre ami, tu dois sérieusement vieillir pour perdre ainsi la mémoire ! » Mais certains insistaient, en évoquant des amis absents, des scènes vécues collectivement, des événements, des drames même ! Bref, ce fut le moment le plus difficile de la journée ; je ne peux pas dire que je l'ai vraiment réussi, mais je l'ai traversé. Et puis nous sommes tous sortis pour une première cérémonie ; je me suis retrouvé, au premier rang, entre deux anciens qui portaient des drapeaux, au garde-à-vous automatique lorsque je vis des officiers nous passer assez informellement en revue ; Quentin était venu me rejoindre et je ne l'avais pas renvoyé ; c'était d'ailleurs sûrement le plus heureux de tous. Après un déjeuner sur le pouce, le fameux grand défilé eut lieu, celui-là superbe, riche d'une collection impressionnante de véhicules de toutes sortes, de toutes formes, de toutes tailles, de toutes couleurs, des véhicules de combat, bien sûr, mais surtout d'étranges engins de transport, de terrassement, de chantier, un défilé qui n'en finissait plus, une vraie démonstration de force et d'équipement, un émerveillement pour les yeux d'un petit garçon. Le défilé terminé, la passation de pouvoir eut lieu, solennelle, au milieu de la place d'armes, et lorsqu'elle fut finie à son tour, Quentin me demanda d'aller saluer le nouveau colonel, ce que nous fîmes tous les deux, avec le succès des officiels et du public que l'on imagine. Mais l'ambiance était à la fête « entre soi », ce qui permettait un certain relâchement des conventions. L'armée, c'est aussi ça. On est alors tous passés dans une grande salle faisant face à l'enfilade des petites salles du matin et, là, quelques officiers officiels, encore, remirent quelques médailles et figurez-vous que j'en reçus une, pour mon bonheur bien sûr, mais surtout pour celui de Quentin, une médaille de 1re classe d'ancien sapeur et non d'ancien sapeur de première classe, il n'y avait pas d'ambiguïté ! Et les bouchons de champagne sautèrent dans une atmosphère chaleureuse, celle que j'ai toujours connue dans les milieux militaires, autant en métropole (dans le génie) qu'outre-mer (dans la Légion, les paras ou les RIMA). Le retour à l'hôtel le soir et à Paris le lendemain fut animé, comme on peut s'en douter, par un débriefing enthousiaste et j'étais très heureux d'avoir joué honnêtement le rôle que le gentil commandant de compagnie – chef de bataillon – président Pierre Guyot m'avait offert par affection.

J'ai continué évidemment à recevoir convocations et invitations de mon amicale d'anciens, mais n'ai pas eu l'occasion de renouveler mon « exploit ». Et puis le commandant Guyot est mort (sa femme aussi, m'a-t-on dit) et le 1er régiment du génie a été dissous en juin 2010. Le 6e régiment, lui, par contre, est toujours vivant ! Une conférence, que j'ai donnée fin 2021 (novembre) à l'École de guerre, m'a d'ailleurs permis de rencontrer de jeunes officiers qui étaient en rapport étroit avec cet ancien régiment.

CHAPITRE 35

Les pierres de Crozon

Les schistes de Châteaulin

(300 millions d'années)

Charles Kermarec, le grand patron de la fameuse librairie Dialogues de Brest, me proposa, dans le courant de l'année 2016, de venir passer quelques jours dans le bi du bout du Finistère pour y parler, signer et partager avec lui, ses collaborateurs et sa famille l'art de vivre breton qu'il n'avait évidemment pas besoin de me vanter. Il se recommandait d'un grand ami commun, Michel Serres, ancien marin, resté en effet très attaché à la Bretagne en général et à la région brestoise en particulier, et familier de longue date de cette librairie. J'acceptai de grand cœur et rendez-vous fut pris pour le mois d'août 2017. Je fus accueilli (nous fûmes, Martine et moi) avec chaleur et générosité, dans un joli site du bout de la rade, la pointe Saint-Mathieu, près du Conquet, et je remplis avec joie mes engagements de conférences, interviews et signatures, comme demandé. Dès mon arrivée, Charles Kermarec me fit, par ailleurs, part de la demande d'un sculpteur, finistérien d'adoption, de me rencontrer pour me soumettre un projet… et il m'expliqua qu'il avait répondu à ce monsieur qu'il attendrait mon accord pour lui donner mes coordonnées. Je n'avais pas de raison de fermer ma « porte » à cette sollicitation et rencontrai donc Thomas Langrand, une personnalité très sympathique, très ouverte, très enjouée et très sérieuse à la fois, d'une petite quarantaine d'années, les yeux remplis d'idées et, me sembla-t-il, déjà des images des réalisations de ses idées ! Et il me raconta quelque chose que j'ai eu, sur le coup, de la peine à comprendre : il me demandait en effet de choisir des phrases de mes écrits, celles que j'aimais particulièrement, de les lui faire parvenir, et lui se chargerait de les graver sur des rochers des côtes de ce pays… pour une saison ! Je l'imaginais alors, sur les plages, graver les falaises, pour offrir mes pensées éternelles à la mer et à ses vagues… Je trouvais l'idée très poétique, une œuvre pour rien, pour la beauté du geste, de l'idée qui s'envole et finalement s'efface sous l'assaut des marées et du vent. Pourquoi pas ? J'acceptai son offre, pour le moins inattendue, qu'il m'amusait de voir se réaliser, mais, pour prendre un peu de recul, lui proposai d'attendre janvier 2018, date à laquelle sortirait le prochain de mes livres, *Origines de l'Homme, origines d'un homme*, aux éditions Odile Jacob. Il accepta et j'oubliai. Mais, courant janvier 2018, je reçus un courrier de Thomas Langrand qui m'annonçait avoir acheté mon livre, l'avoir lu avec bonheur, et y avoir sélectionné lui-même un certain nombre de phrases qu'il me soumettrait pour validation. Après un très léger remodelage, permettant à certains extraits de se tenir debout sans leur contexte, je validai ses choix et attendis… curieux de voir ce qui allait se passer.

Ce fut en mai, dès mai, que j'eus des nouvelles de l'artiste et que je compris un peu mieux ce qu'il avait fait et ce qu'il allait faire. Ce sont en fait des blocs de pierre (des ardoises des carrières de Plévin, schistes carbonifères – 300 millions d'années – dits « de Châteaulin »), mobiles, que Thomas Langrand gravait dans son atelier. Le travail terminé, il les faisait déposer (par un camion et une petite grue, je suppose) le long des chemins des bords de mer, pour la lecture et la réflexion des promeneurs, et puis les récupérait, la saison terminée, à nouveau dans son atelier ou ailleurs… Les sites retenus étaient cinq sites de la pointe dite de la Chèvre (Beg ar C'Houbez, Mez ar Carn, Saint-Nicolas, Keo Leug et Feunteunigou), dans la presqu'île de Crozon, superbe endroit, sauvage à souhait, dominant mer et rochers et parcouru par un petit chemin dans la lande et la bruyère. En début de parcours, le promeneur pouvait lire : « Cinq œuvres du sculpteur Thomas Langrand, gravées d'extraits du dernier ouvrage d'Yves Coppens, *Origines de l'Homme, origines d'un homme*, sont à découvrir le long des chemins qui épousent les courbes et les dédales du cap de la Chèvre en presqu'île de Crozon. » C'était la première fois que je devenais le parrain de grosses pierres. « Les mots sont faits pour quitter les livres, me disait Thomas Langrand, ils sont faits pour faire l'école buissonnière ; ce sont des pages de pierre, offertes à la nature ; comme quand on marche, les idées cheminent, ce n'est pas inutile, dans ces paysages puissants, de donner à ceux qui sont venus jusqu'ici – et ça représente déjà un tri – des sujets de réflexion, de méditation, dans un premier temps, de discussions, de commentaires, éventuellement dans un second. » J'ai lu d'une journaliste-écrivain, voyageuse, navigatrice, Sandrine Pierrefeu, ces mots que je trouve très jolis : « Depuis quatre étés le cap de la Chèvre s'offre un nouvel émoi : au détour du sentier, des pierres prennent la parole. Thomas Langrand pose, sur le chemin, chaque année, des nouvelles stèles gravées de citations. Les mots, muets, résonnent dans le silence. » Thomas Langrand avait appelé ce geste et les œuvres qui en résultaient *Les Chemins de l'écrivain* et il avait, en effet, sollicité, successivement, pour cela, Michel Serres en 2015, Erik Orsenna en 2016, Yann Queffélec en 2017, et moi-même, donc, pour 2018 (de mai à octobre) ; et j'ai appris que c'était Axel Kahn qui m'avait suivi en 2019 et Isabelle Autissier en 2020. Je trouve l'idée très belle, les lieux se prêtant, curieusement, en regardant au loin, à regarder en soi ! « Il y a mille ans, dix mille ans, c'est sûr, d'autres hommes, sur ce balcon-là, se sont arrêtés pour s'éblouir. Et la pierre, déjà, chantait dans le vent. Et la mer, toujours, bruissait de l'attendre, écrit ailleurs Sandrine Pierrefeu. Yves Coppens, toute sa vie, a cherché les traces des anciens hommes et le sens de leur évolution. Avec lui, on retrouve la mémoire : les anciens habitants de ce Finis Terrae ont peint et gravé les roches qui les abritaient. Bien plus tard, ils ont levé des pierres vers les étoiles et compté leurs routes aux chemins du ciel. » Les services de la mairie de Crozon avaient écrit par ailleurs : « Que les mots soient lus en silence, déclamés du haut de la falaise ou effleurés du bout des doigts, *Les Chemins de l'écrivain* offriront chaque été un supplément d'âme au spectacle déjà si envoûtant » de notre pays du bout du monde.

Mon éditeur, Odile Jacob, sera sans doute agréablement surprise et, je pense, amusée de voir comment les Bretons confient la publicité des livres qu'ils aiment aux pierres et aux vents, aux landes et aux embruns !

Il se trouve que, par ailleurs, je suis conservateur d'une superbe demeure du XVIe siècle, le manoir de Kerazan, dans le sud du même Finistère, entre Pont-l'Abbé et Loctudy, dans le pays bigouden, la Cornouaille. Propriété de l'Institut de France, le manoir fonctionne en effet, comme tous les biens immobiliers de cet établissement, sous la gestion d'un administrateur (en général sur place) et celle d'un conservateur, obligatoirement membre de l'Institut, d'où ma fonction. Et comme ce domaine dispose d'un immense parc, j'ai proposé à Thomas Langrand d'y mettre « mes pierres » en dépôt après usage. Autant le caractère éphémère des *Chemins de l'écrivain* se comprend et fait joliment partie du geste, autant le revers du décor, l'empilement à la casse des morceaux de pensées, donne, je trouve, l'image d'un naufrage. On passe de la gloire de la sélection, offerte, dans un lit de petites bruyères mauves, au vent du ponant, aux embruns salés et à l'esprit des passants, à l'oubli d'un vulgaire tas de cailloux. Je n'aurai pas

Figure 33. Les Chemins de l'écrivain, *cap de la Chèvre, presqu'île de Crozon, Finistère. Le sculpteur Thomas Langrand à côté d'une de ses pierres gravées, 2018.* (*Courtesy Thomas Langrand*/Les Chemins de l'écrivain.)

l'impudence, en ayant offert « mes » terres, de vouloir sauver mes pensées et de ne vouloir sauver qu'elles, en abandonnant vilement celles de mes amis, pêle-mêle, au fond d'une décharge (je n'ai d'ailleurs jamais demandé à Thomas Langrand ce qu'il faisait des supports des morceaux qu'il avait choisis, après les avoir soustraits à l'assaut tonique des humeurs de la nature !) ; cette offre de ma part a plutôt correspondu au constat d'une relation possible entre ce domaine voisin dont je pouvais bénéficier et le souci de l'artiste de se débarrasser des œuvres dont il n'avait plus l'usage. Après réflexion (d'archéologue, qui plus est) je pense qu'en fait, en « récupérant » mes pierres, je me suis exclu de l'étrange texte qu'un de mes confrères du futur pourrait, en effet, composer, « reconstituer », pensera-t-il, à partir de ce florilège d'idées, de cette anthologie de textes d'écrivains du XXIe siècle.

UNE GOUTTE D'HISTOIRE. Le manoir de Kerazan est une demeure seigneuriale construite à la fin du XVIe siècle par la famille de Kerfloux, et transformée, en partie, au XVIIIe, par les comtes de Rosmorduc. Ses derniers occupants, Joseph Astor (qui acquit le domaine en 1847) et puis son fils, Joseph Georges Astor, grands amateurs d'art tous les deux, réunirent dans leur château une riche collection de peintures et de faïences (dont un violoncelle en faïence peinte, pièce unique comme on imagine !) ; et c'est Joseph Georges Astor, sans descendance, qui créera une fondation à son nom et la léguera en 1928 à l'Institut de France. En dehors de la beauté de l'architecture du manoir et de la qualité de ses collections, c'est incontestablement la conservation de l'ensemble de ce domaine breton qui en fait l'exceptionnel intérêt, probablement unique : communs, parc à l'anglaise (5 hectares), potager, murs de clôture, citerne, vivier, douves, canal (du XVIIIe siècle), fermes, et immense terrain agricole et forestier (inaliénable). Jean-François Brousmiche, dans son *Voyage dans le Finistère*, décrit ainsi en 1829 son arrivée (à cheval) au domaine : « Le promeneur doit mettre pied à terre, pour visiter le château de Kerazan, maison de très bon goût, renfermant toutes les dépendances nécessaires à l'habitation de l'homme ayant de la fortune, maison entourée de bois épais, d'allées superbes, de spacieux et magnifiques jardins, de fermes entretenues... » J'avais été personnellement très séduit (comme je l'ai déjà écrit ailleurs), il y a longtemps, par une image que j'avais aperçue du manoir de Kerazan ; c'étaient et ce sont toujours la simplicité de l'architecture de sa façade, d'une très grande noblesse et d'une parfaite élégance, et la grande beauté de son matériau, un granite bleu, qui m'avaient impressionné ; et les choses en étaient restées là, jusqu'à ce que j'apprenne que ce manoir était la propriété de l'Institut. Et puis les choses en étaient encore restées là, lorsque j'entendis un jour parler, à l'Institut, que j'avais rejoint en 1983 comme correspondant et en 1985 comme membre, de l'existence de conservateurs de ces propriétés. Il m'a ainsi fallu beaucoup de temps, beaucoup d'années, pour que je perçoive la possibilité de me « rapprocher » de cette demeure de rêve. C'était alors Nicole Le Douarin, secrétaire perpétuel de l'Académie des sciences et professeur au Collège de France, qui en occupait le poste et elle m'avait confié qu'elle en était fatiguée. J'avais bondi sur la perche, peut-être tendue, et lui avais proposé de reprendre volontiers son flambeau dès qu'elle souhaiterait s'en dessaisir, et ce jour arriva. Pour mon adoubement (en 2016), j'eus l'honneur, dans le parc du manoir, de quelques discours de personnalités locales et parisiennes (auxquelles bien sûr je répondis), dans une ambiance très émouvante (pour moi, en tout cas) de mélodies celtiques offertes par un bagad voisin (celui de Loctudy), et je fus invité à planter un arbre, un ginkgo biloba, en hommage à la mémoire d'un des conservateurs du lieu, membre de l'Institut évidemment, Georges Le Rider, confrère que j'ai d'ailleurs très bien connu. L'administratrice était alors Danièle Bolloré. L'administratrice actuelle est Brigitte Renedo. Je viens d'être renouvelé pour trois ans (2021-2023) dans mes fonctions de conservateur de ce noble manoir.

CHAPITRE 36

Le caillou du ciel

Entre Mars et Jupiter

(4,5 milliards d'années)

J'ai déjà parlé de la Fondation de la Vocation, merveilleuse invention de Marcel Bleustein-Blanchet pour aider les jeunes passionnés, « partis » pour diverses raisons dans d'autres voies de l'existence que celles qu'ils convoitaient, à revenir à ces dernières. Eh bien, avoir été lauréat de la Fondation MBB pour la Vocation (c'est son nouveau nom), comme l'avoir été de L'Excellence française ou de tout autre cercle, ou communauté, ou club, ou réseau, vous insère dans un maillage de personnes avec lesquelles vous partagez désormais des valeurs qui vous importent, avec lesquelles vous « partagez le pain », vous êtes devenu *cum panis*, « compagnon ». C'est la raison pour laquelle j'ai souvent appelé mes amis baroudeurs des terres tropicales d'Afrique orientale les compagnons du Rift, ceux qui ont écrit avec moi la loi constitutionnelle dite « Charte de l'environnement » les compagnons de la charte, et ceux de la Fondation de la Vocation les compagnons de la Vocation ou Bande à Marcel (Bleustein-Blanchet) ! Tout cela pour dire que je vais vous parler d'un des compagnons de cette dernière bande, Jean-Claude Merlin.

Jean-Claude Merlin est un brillant astronome, né en 1954, et lauréat, en effet, de la Fondation Marcel Bleustein-Blanchet pour la Vocation en 1982. Né en 1934 (voyez ! Il y a déjà un rapprochement entre nous, un décalage tout « rond » !), j'ai été lauréat de cette fondation en 1963 – Jean-Claude Merlin a donc déjà eu sur moi, dans ce domaine, un an d'avance ! Et sur les routes du ciel, je ne vous dis pas les avances qu'il a prises, car figurez-vous qu'il passe le meilleur de son temps à jouer, entre Mars et Jupiter, dans la ceinture principale d'astéroïdes, vers 500 millions de kilomètres de nous (80 millions entre la Terre et Mars, 800 millions entre la Terre et Jupiter) ! Il y a là, en effet, des millions de cailloux qui n'ont pas pu s'agglomérer au moment de la formation du système solaire et qui tournent « en rond » depuis quelques milliards d'années. Et l'autre jour, le 3 mars 2005, Jean-Claude Merlin est revenu de son ciel avec des images (il séjournait alors à l'observatoire Tenagra II, à Nogales, en Arizona) d'un de ces nobles cailloux que personne n'avait encore jamais repérés ; eh bien, par nécessité professionnelle, il l'a appelé 2005-EU 27 et 172850, et, par amitié de compagnonnage, il l'a officiellement baptisé « Coppens ». Merci, Jean-Claude ! Cette propriété morale nouvellement offerte a peut-être quelques kilomètres dans sa plus grande dimension et pourrait être composée de roches, de métaux et de glace. On s'est promis, avec mon fils, d'aller visiter ce domaine un de ces jours. J'avais donc donné des millions d'années de rêve à Jean-Claude Merlin, il m'a renvoyé des millions de kilomètres pour rêver moi-même !

Et tout ça, c'est un peu de la faute de Lucy, qui, comme beaucoup le savent, est une jeune préhumaine de 3,2 millions d'années, découverte par une expédition franco-américaine dans le nord-est de l'Éthiopie. Cette expédition, l'IARE, l'International Afar Research Expedition, a été fondée en 1972 par deux Français, Maurice Taieb et moi-même, et deux Américains, Donald Johanson et Jon Kalb, et puis elle a été codirigée par trois d'entre nous, Maurice Taieb, Donald Johanson et moi ;

dès la deuxième année de recherches (1973), nous y avions découvert des restes de préhumains et nous en avons recueilli ensuite chaque année jusqu'en 1977, date à laquelle nous avons dû clore cette première série de campagnes (six ans) pour des questions de sécurité (nous prospections et fouillions entre une guerre et un maquis !). La fameuse Lucy, portant le premier joli nom de AL 288, avait été collectée sur le terrain, en 1974, par Donald Johanson et un de ses étudiants en thèse, Tom Gray, et nous l'avons, deux collègues américains, Donald Johanson et Tim White, et moi-même, attribuée en 1978 à une espèce nouvelle d'hominidé, *Australopithecus afarensis*. Le prénom qui a participé à sa gloire, emprunté à la chanson des Beatles « Lucy in the sky with diamonds », a été proposé dans le camp par une jeune collègue ; quelle idée de génie ! Mais la gloire de notre héroïne a été due aussi au fait que, conservée à 40 %, on a pu lui donner une silhouette et, pour la première fois, montrer concrètement à quoi ressemblait une préhumaine en la rendant soudain plus vivante ! Toujours est-il que, dans l'esprit de ce chapitre, il faut savoir qu'un astronome canadien, Willian Kong Yu Yeung, avait nommé « Lucy » un astéroïde dès 2001 (32 605), qu'un autre astéroïde, découvert en 1981 (52 246) par l'astronome Schelte John Bus et resté sans nom, avait été offert à Donald Johanson en 2015 et s'appelle désormais « Donaldjohanson » ; mon astéroïde « Coppens », nommé en 2005, inscrit donc sa naissance et son baptême chronologiquement entre les deux. Enfin, cerise sur le gâteau, une sonde du nom de « Lucy » vient d'être lancée par la NASA le 16 octobre 2021 (lanceur Atlas V 401) de cap Canaveral (avec un programme de survol qui la ferait revenir en 2033, j'aurai 99 ans !) pour tirer de près le portrait de ces nobles cailloux. Trois astéroïdes donc et une sonde pour les beaux yeux d'un petit squelette, devenu la star de la savane africaine ; mais il est vrai qu'elle avait déjà été décrite « *in the sky with diamonds* »,

« dans le ciel au milieu des étoiles », par les fameux chanteurs de Liverpool des années 1960, que le LSD participait à faire rêver !

Une goutte de science. Les astéroïdes sont de petits corps du système solaire ; ceux dont il a été question ici appartiennent à la ceinture située entre Mars et Jupiter, et dite « principale », tout simplement parce qu'il en existe d'autres (la ceinture de Kuiper par exemple, à la limite du Système solaire). « Nos » astéroïdes représenteraient les résidus du Système solaire primitif, piégés là pour des raisons d'influence gravitationnelle (celles, en l'occurrence, du Soleil et de Jupiter) et n'auraient jamais constitué de planète (leur masse est trop faible et il y a trop de différences de composition entre eux), contrairement à ce que l'on avait pensé lors de leur découverte. Leur taille varie entre celle d'un grain de poussière et celle de « monstres » de plusieurs centaines de kilomètres de long ; quant aux distances qui les séparent, elles sont très grandes, d'au moins 1 million de kilomètres chaque fois. Nous avions craint que les sondes qui devaient traverser leur ceinture n'y parviennent pas sans dommages, voire même sans destructions ; or il n'en a rien été. L'histoire de ces objets n'a, par contre, pas été, quant à elle, d'une parfaite tranquillité ; on peut lire, dans leur structure, des traces incontestables de collisions et, dans leurs positions, des preuves de perturbations gravitationnelles (dues notamment à la proximité de Jupiter). Leurs orbites actuelles sont par contre devenues plus stables, majoritairement, circulaires ou presque, proches du plan de l'écliptique. Leur composition les classe en astéroïdes silicatés (olivine, pyroxène), astéroïdes carbonatés, astéroïdes métallifères (fer, nickel) et astéroïdes basaltiques, mais, comme on peut l'imaginer, ces catégories ne sont pas aussi strictes qu'elles apparaissent, ce serait trop simple. Pour la première fois, une sonde vient, d'ailleurs, de rapporter sur Terre (5 décembre 2020) un échantillon d'astéroïde ! Il s'agit de la sonde japonaise Hayabusa-2, qui « nous » a élégamment largué, dans le désert de Woomera, au nord d'Adélaïde, en Australie donc, un précieux petit colis, après six années de voyage et 5,3 milliards de kilomètres de parcours. Lancée en effet le 3 décembre 2014, c'est l'astéroïde Ryugu qu'elle est allée visiter et, en remerciement de son effort, ce gentil caillou lui a généreusement offert un peu de sa matière intime (peut-être 1 gramme !). On attend avec impatience les résultats de l'étude de ce prélèvement, étude qui sera menée à la fois en Australie, le pays hôte, et au Japon, le pays géniteur. Quant à la sonde courageuse, comme elle avait encore beaucoup de carburant, elle a poursuivi son vol avec, pour mission cette fois, la « biopsie » d'un autre astéroïde, beaucoup plus petit celui-là, mission qui devrait ne lui prendre qu'une dizaine d'années. Bonne route, Hayabusa-2, et rendez-vous en 2030 !

Mais, revenons, quand même, quelques instants, ne serait-ce que pour les connaisseurs, à l'astéroïde Coppens. Avec 1 723 jours de période orbitale, ce caillou de rêve propose 2,81 UA (unité astronomique, c'est-à-dire la distance Terre-Soleil, 150 millions de kilomètres) de demi-grand axe, 2,66 de périhélie, 2,97 d'aphélie, 0,06 d'excentricité, 1,8° d'inclinaison, 23,4° de longitude du nœud ascendant, 63,6° d'argument du périhélie, 148,9° d'anomalie moyenne, 16,7 de magnitude absolue ! Voilà, je ne peux pas faire mieux ! Que vous dire en conclusion, que de se sentir

Figure 34. *L'astéroïde « 2019 OK ».* *(Photographie © Handout / AFP Photo.)*

parrain d'un rocher dans le ciel vous donne, soudain, une impression bizarre de responsabilité réciproque, à la fois parrain et filleuls, une impression plus volontiers chargée de sérénité que d'angoisse, de sagesse que de révolte, et bien sûr une vraie émotion. Même si 500 millions de kilomètres nous séparent, nous sommes bel et bien, mon astéroïde et moi, nés dans le même système stellaire, nous avons le même âge et nous appartenons à la même famille ; nous n'avons eu que des destinées différentes ! Nous sommes au fond, tous les deux, des compagnons du Soleil !

Postface

En postface, je commencerai par rappeler qu'avant d'être père et parrain, j'ai été fils et filleul. D'abord fils d'un physicien et d'une pianiste, j'ai reçu le patronyme de Coppens, « fils de Jacob », de ma généalogie profonde et le « petit » nom d'Yves, de ma généalogie de proximité, avec un premier parrain, un grand-oncle par alliance, Édouard Legastelois, un monsieur austère du monde de la finance, et une marraine, ma propre grand-mère maternelle, Jeanne Le Rouzic-Dagorne, une dame enjouée d'un monde de marins ; parrain et marraine sont ainsi à l'origine de mes autres prénoms, Jean et Édouard. Une vingtaine d'années plus tard (un petit peu plus), c'est pour entrer au Centre national de la recherche scientifique que Jean Piveteau, professeur à la Sorbonne, mon « directeur », me choisit pour parrain Jean-Pierre Lehman, alors chef de travaux à la Sorbonne avant de devenir professeur au Muséum national d'histoire naturelle ; une trentaine d'années plus tard (un petit peu moins), c'est pour mon entrée au Collège de France que Marcel Bleustein-Blanchet, président de Publicis et président de la Fondation de la Vocation dont j'avais été lauréat, m'« offrit » Raymond Aron, professeur au Collège de France, pour être, avec lui-même, un de mes deux parrains de la fondation. Et puis se sont évidemment ajoutés, tout au long de ces années-là et les années suivantes, des parrains et/ou des marraines à chaque entrée dans une association, une académie, un club ou une confrérie, à chaque remise de diplôme, de prix, de médaille ou de ruban, chaque fois qu'une (ou plusieurs) personne(s) a (ou ont) dû s'engager pour se porter garante(s) de ma loyauté concernant le corps à rejoindre ou l'objet à recevoir.

Sur le seuil de ce troisième volume de mémoires, le seuil de sortie, avant d'en tirer la porte, il me reste à dire toute ma gratitude à tous les parrains et marraines qui ont engagé leur honneur pour accompagner ma vie, et bien sûr à tous les filleuls et filleules qui, en me demandant d'accompagner les leurs, m'ont apporté joie et honneur. Ce sont ces derniers que ce livre a souhaité célébrer, une célébration joyeuse dans laquelle ils se reconnaîtront, avec le même sourire que celui que j'ai eu à les raconter. Il doit quand même exister un profil de parrain (!), un genre de bonhomme suffisamment « sérieux » pour être fiable et suffisamment léger pour être abordable. Je me vante sûrement un peu, mais tant pis. Ce n'est pas à moi de confirmer, ou pas, ce diagnostic ; c'est par contre à moi de garantir une bonne humeur chronique (ou à peu près), une disponibilité à toute épreuve (ou presque) et un optimisme têtu.

Je n'ai pas besoin de préciser par ailleurs que dans ce livre tous les chapitres du premier type (histoires fermées) ou ceux du deuxième (histoires insérées) sont venus, dans ma mémoire (de mammouth) et sur mon écran, dans un désordre total, le bon désordre des souvenirs qui s'amusent. Le terme que j'y ai mis a été artificiel, terrible décision à prendre alors que beaucoup d'autres images (et vidéos !) continuaient à se bousculer à l'affleurement de mon cortex ! J'aime beaucoup l'idée rassurante de Maurice Mimoun qui annonce, d'entrée, que le livre qu'il propose est inachevé. Quant à la construction de l'édifice éditorial, j'ai à peine besoin de l'avouer, il s'est bâti *a posteriori*, sans trop de mal ma foi, dans un équilibre qui peut faire illusion. À titre confidentiel, sachez que j'ai quand même dû tirer un peu sur les rubans pour qu'ils se végétalisent et astiquer un peu le fémur du TGV pour qu'il éblouisse ! Mais comme tout sort de la même tête, tout a forcément la même couleur, ce qui facilite le rangement de l'ensemble. Au premier accord, on reconnaît un musicien. Et dire que des années de collège, de lycée, de fac ne cessent de vous rabâcher qu'il convient de commencer tout texte, sans exception, par un plan, voire un plan détaillé ! « *Kalbat* », auraient dit mes collaborateurs africains, dans leur arabe véhiculaire, lorsque, par exemple, je leur décrivais le métro comme une succession de camions sur barres de fer et sous terre, en termes polis : « bonne blague ! », « cause toujours, tu m'intéresses ! ».

Et pire que tout ! Sans arrêt coupé, dans mes propres réflexions et dans mes propres discours, par le besoin d'un éclaircissement technique ou savant de ce à quoi je viens de penser ou de ce que je viens d'écrire, j'ai la fâcheuse tendance, sans tout de même perdre le fil, à ouvrir des parenthèses. En me « coiffant » ici de mes casquettes de préhistorien, d'historien ou de naturaliste, j'ai remplacé les maudites parenthèses par de généreuses gouttes de science ou gouttes d'histoire, éditées dans une police à part, pour laisser au lecteur la liberté de consommer ces gouttes en suivant ou séparément, de ne consommer qu'elles ou de ne pas les consommer du tout. Je suis ainsi tout à fait conscient de l'étrangeté de ce texte, composé comme un gigot à l'ail ou un foie gras truffé (je dois avoir faim !). Prenez donc mes gouttes comme l'ail ou la truffe, le supplément qui fait la saveur !

Un jour, à la Villa Médicis, une pensionnaire, Anne-Margot Ramstein, une filleule bien sûr, travaillant sur l'architecture et les décors des arcs ou des porches, m'avait demandé de l'aider dans la recherche de documents et d'idées sur ces sujets, ce que j'avais fait de mon mieux (pas glorieux !). Et elle m'avait fait remarquer, à cette occasion, que les entrées étaient toujours mieux traitées que les sorties. J'avais fouillé dans mes souvenirs, dans la littérature, dans tous les ouvrages d'art monumental, et largement confirmé cette déclaration, en lui trouvant quand même quelques exceptions. Une entrée, c'est en effet un accueil, une bienvenue, une hospitalité, ce que n'est évidemment pas une sortie, même si celle-ci n'est pas forcément mal connotée. On entre par la grande porte, dans tous les sens du mot, on sort au mieux la tête haute, une leçon inaugurale au Collège pèse beaucoup plus lourd qu'une leçon clôturale, une initiation qu'un retrait. Vous voyez où je veux en venir. Je dois conclure. Conclure dans la joie, sans chercher une porte dérobée, mais sans emprunter non plus le péristyle d'accès à ces histoires et à leurs gouttes entrecroisées. Sortir sans fermer la porte ; j'ai, de toute façon, laissé la clé sous le paillasson.

Table

DEUXIÈME PARTIE

L'histoire naturelle

DU MÊME AUTEUR
CHEZ ODILE JACOB

Le Savant, le Fossile et le Prince. Du labo aux palais, 2020.

Origines de l'Homme, origines d'un homme. Mémoires, 2018.

Des pastilles de préhistoire. Le présent du passé 4, 2015.

Pré-ludes. Autour de l'homme préhistorique, 2014.

Le Présent du passé au cube. Des nouvelles de la préhistoire, 2013.

Pré-textes. L'homme préhistorique en morceaux, 2011.

Yves Coppens raconte nos ancêtres. L'Éveil de l'homme au sacré, 2011.

Yves Coppens raconte nos ancêtres. La Vie des premiers hommes, 2010.

Le Présent du passé au carré. La fabrication de la préhistoire, 2010.

Yves Coppens raconte nos ancêtres. L'histoire des singes, 2009.

Le Présent du passé. L'actualité de l'histoire de l'homme, 2009.

Yves Coppens raconte l'homme, 2008.

L'Histoire de l'homme. 22 ans d'amphi au Collège de France, 2008.

Le Genou de Lucy, 1999.

Pré-ambules. Les premiers pas de l'homme, 1998.